21世纪高等学校计算机专业实用系列教材

微型计算机原理及应用
（第3版·微课视频版）

李　云　主　编

曹永忠　于海东　副主编

葛桂萍　李　彬　高龙琴　强继朋　蒋　超　参　编

U0360574

清华大学出版社

北京

内 容 简 介

本书以最具代表性的 Intel 8086 为背景，主要讲述了 16 位微机的原理及应用，同时兼顾 32 位微处理器。全书首先介绍微型计算机的基础知识与运算基础，然后详细地介绍 8086 微处理器的内部结构、工作原理、寻址方式、指令系统及汇编语言程序设计，最后深入地介绍存储器、输入输出接口技术、典型可编程接口芯片的原理和应用等。同时引入了课程主要章节的 MOOC 短视频，丰富了学习资源，扩展了学习空间；还提供和本书配套的课件，从而方便课程的教学。本书还配套出版包括例题、习题、实验等内容的《微机原理学习与实践指导》（第 3 版），按照单个实验项目分层次的思想设计了大量的实验项目。

本书可以作为高等学校电气信息类、机电类专业"微型计算机原理及应用"课程的教材，也可以作为其他各类学生和广大科技工作者学习微型计算机相关知识和应用技术的参考书。

图书在版编目（CIP）数据

微型计算机原理及应用：微课视频版/李云主编. —3 版. —北京：清华大学出版社，2023.8
21 世纪高等学校计算机专业实用系列教材
ISBN 978-7-302-63726-4

Ⅰ. ①微…　Ⅱ. ①李…　Ⅲ. ①微型计算机－高等学校－教材　Ⅳ. ①TP36

中国国家版本馆 CIP 数据核字（2023）第 099663 号

责任编辑：黄　芝　张爱华
封面设计：刘　键
责任校对：李建庄
责任印制：宋　林

出版发行：清华大学出版社
　　　　　网　　　址：http://www.tup.com.cn，http://www.wqbook.com
　　　　　地　　　址：北京清华大学学研大厦 A 座　　　邮　　编：100084
　　　　　社　总　机：010-83470000　　　　　　　　　邮　　购：010-62786544
　　　　　投稿与读者服务：010-62776969，c-service@tup.tsinghua.edu.cn
　　　　　质量反馈：010-62772015，zhiliang@tup.tsinghua.edu.cn
　　　　　课件下载：http://www.tup.com.cn，010-83470236
印 装 者：三河市龙大印装有限公司
经　　销：全国新华书店
开　　本：185mm×260mm　　　印　　张：16.5　　　字　　数：400 千字
版　　次：2010 年 7 月第 1 版　　2023 年 9 月第 3 版　　印　　次：2023 年 9 月第 1 次印刷
印　　数：1～1500
定　　价：59.80 元

产品编号：099229-01

前　言

"微型计算机原理及应用"课程是学习和掌握微型计算机基本组成、工作原理、接口技术以及汇编程序设计的重要课程,也是较难学习掌握的课程。通过本课程的学习,能够使学生具有微型计算机系统软硬件开发和应用的基本能力。

本书是在第 2 版的基础上,根据读者的反馈意见、多年使用的体会和微型计算机系统的发展与应用需要精心修订而成的。本书仍保留第 2 版的特色,保持了原教材的基本结构和叙述方式,精心推敲了原教材内容的细节,更正了原教材存在的不足,对原有内容进行增删和调整。例如,在存储器组织部分增加了数据存放方式,更易于后续理解不同类型数据存储与访问;在叙述计数器/定时器 8253 时,参考芯片手册说明对计数工作过程进行了重新调整,纠正了国内部分教材存在多年的错误;总线技术更新了当前使用的总线标准,体现微型计算机总线技术的新进展等。本版教材最重要的修订是引用了 MOOC 短视频,并根据短视频调整了部分章节的顺序。通过 MOOC 短视频的引用丰富了学习资源,扩展了学习空间,使得本书的特色更加凸显。

本书共分为 11 章,由李云主编。第 1 章和第 6 章由李云编写,第 2 章由葛桂萍编写,第 3 章和第 4 章由曹永忠编写,第 5 章由强继朋编写,第 7 章由高龙琴编写,第 8 章和第 10 章由于海东编写,第 9 章由李彬编写,第 11 章由蒋超编写,本书电子课件由强继朋制作。本书的第 1 章和第 6 章短视频由李云讲解录制,第 2～4 章由葛桂萍讲解录制,第 5 章和第 7 章由史庭俊讲解录制,第 8 章和第 10 章由于海东讲解录制,第 9 章和第 11 章由李彬讲解录制。全书由李云统稿。本教材先后被遴选为江苏省高等学校精品教材和"十二五"江苏省高等学校重点教材,入选扬州大学 2022 年精品本科教材建设工程项目,获得扬州大学信息工程学院(人工智能学院)出版基金资助。

由于编者水平有限,时间仓促,书中难免有疏漏之处,恳请各位读者批评指正。

编　者
2023 年 6 月于扬州大学

第 2 版前言

"微型计算机原理及应用"课程是学习和掌握微型计算机基本组成、工作原理、接口技术以及汇编程序设计的重要课程。全书在内容的安排上注重系统性、先进性和实用性，各章前后呼应，并采用了大量的应用实例，以便于读者深入了解微型计算机的原理、结构，以及如何运用这些知识设计实用的微型计算机应用系统。

本书是在第 1 版的基础上，根据读者的反馈意见和微型计算机系统的发展和应用需要精心修订而成。本教材仍保留第 1 版的特色，在保持教材的基本结构和叙述方式，对教材原有内容进行增删和组合，对部分知识点进行重新编排。譬如把总线周期的概念放在引脚的功能定义之前讲述，便于解释某些引脚功能有效时刻；"汇编语言程序设计"中的主程序与子程序之间传递参数方法的实例重新设计，使之更加清晰直观；中断技术的内容重点为8086/8088 的中断，同时增加中断向量的设置方法等，使得教材的重点更加突出；总线技术描述了当前使用的一些总线标准等。同时根据微型计算机技术新的发展和新的接口技术的应用，重点在"新""用"方面进行扩展，更加凸显教材的特色。

本书共分为 11 章，由李云主编。第 1 章和第 6 章由李云编写，第 2 章由葛桂萍编写，第 3 章和第 4 章由曹永忠编写，第 5 章由管旗编写，第 7 章由高龙琴编写，第 8 章和第 10 章由于海东编写，第 9 章由李彬编写，第 11 章由周磊编写，本书电子课件由于海东制作。全书由李云统稿，秦炳熙审稿。本教材先后被遴选为江苏省高等学校精品教材和"十二五"江苏省高等学校重点教材，还得到了扬州大学出版基金的资助。

由于编者水平有限，时间仓促，书中难免有疏漏之处，恳请各位读者批评指正，以便在今后的修订中不断改进。

编　者
2015 年 5 月于扬州大学

第 1 版前言

由于微型计算机具有高可靠性、高运算速度、大存储容量、价格低、配置灵活、方便等特点，因此，其发展速度很快，应用范围很广。只有对微型计算机系统的硬件有深刻的认识，才能正确地组成实际的微型计算机应用系统。"微型计算机原理及应用"课程是学习和掌握微型计算机基本组成、工作原理、接口技术以及汇编程序设计的重要课程。

本书以最具代表性的 Intel 8086 为背景，主要讲述了 16 位微机的原理及应用，同时兼顾 32 位微处理器，以反映微型计算机的新发展，帮助读者自然地向高档微型计算机的领域过渡。全书在内容的安排上注重系统性、先进性和实用性，各章前后呼应，并采用了大量的应用实例，以便于读者深入了解微型计算机的原理、结构，以及如何运用这些知识设计实用的微型计算机应用系统。

本书共分为 11 章，第 1 章介绍微机的基础知识与运算基础；第 2 章详细介绍 16 位微处理器 8086/8088 的内部结构、工作模式、操作时序以及存储器的组织等，并简要介绍 32 位微处理器 80386、Pentium；第 3 章讲述微型计算机的指令格式、8086/8088 微型计算机的寻址方式、指令系统，并简述 32 位微机新增的寻址方式和指令集；第 4 章详细介绍汇编语言程序设计的相关技术，并介绍常用的 DOS 功能调用；第 5 章介绍微型计算机中半导体存储器的使用方法，特别针对 16 位微型计算机存储器的扩展技术进行了较为详尽的讲述；第 6 章介绍输入输出接口技术，讲述常用的输入输出传送控制方式，重点讲述中断传送方式及其中断接口；第 7 章全面地讲述并行接口，先介绍简单的不可编程并行接口，然后详细介绍可编程并行接口 8255A，最后作为并行接口的应用实例，介绍常用的简单并行输入输出设备——键盘和 LED 显示器；第 8 章介绍串行接口及其相关技术，并对 BIOS 的串行通信功能进行了简述；第 9 章详细介绍可编程计数器/定时器 8253 及其应用；第 10 章分别介绍模数（A/D）转换和数模（D/A）转换的基本原理，并介绍常用的 A/D 转换器和 D/A 转换器及其使用方法；第 11 章简要介绍微型计算机系统的总线规范及其相关技术。同时，本书还配套出版包括例题、习题、实验等内容的"微机原理学习与实践指导"教材，提供和教材配套的课件，从而方便课程的教学。考虑学生动手能力的提高，配套教材《微机原理学习与实践指导》按照单个实验项目分层次的思想设计了大量的实验项目，通过实验巩固理论学习，训练学生技能，培养学生的创造能力。

在编写本书的过程中，编者参考了大量的文献资料，吸取众家之长，并结合编者多年来建设"微型计算机原理及应用"平台课程的成果以及"微型计算机原理"课程教学、计算机应用研究方面的实际经验，对全书的内容进行了精心的编排，力求做到内容深浅适当、通俗易懂；覆盖知识面宽、重点突出；叙述简练、深入浅出；反映新知识、侧重实用等，体现"浅、宽、精、新、用"的特色。

本书由李云主编,第 1 章、第 6 章和第 11 章以及第 7 章的第一节由李云编写,第 2 章由葛桂萍编写,第 3 章和第 4 章以及第 7 章的第 2～4 节由曹永忠编写,第 5 章由管旗编写,第 8 章和第 10 章由于海东编写,第 9 章由李彬编写,本书电子课件由于海东制作。全书由李云统稿,秦炳熙审稿。在全书审定中秦炳熙提出了许多宝贵意见,在此对他表示深深的感谢。

由于编者水平有限,时间仓促,书中难免有疏漏之处,恳请各位读者批评指正。

编　者

2009 年 11 月于扬州大学

目　录

IX

XI

第 1 章 微型计算机基础

1.1 微型计算机发展

自从 1946 年第一台电子计算机 ENIAC(Electronic Numerical Integrator and Calculator)问世以来,计算机的发展经历了从电子管计算机、晶体管计算机、集成电路计算机、大规模集成电路计算机等发展历程。

随着半导体技术的迅猛发展,大规模集成电路(LSI)器件的采用使得计算机的运算器、控制器组成的中央处理器(CPU)可以集成在一个芯片中,从而出现了微处理器芯片,并使得以微处理器为核心的微型计算机成为现实。随着大规模集成电路技术的发展,几乎每隔两三年就推出一代新的微处理器,微型计算机得到了迅猛发展。

1.1.1 微处理器和微型计算机的发展

微型计算机与大型机、中型机和小型机在工作原理上并没有本质的区别,仍是以运算器、控制器构成的 CPU 为核心。但由于它采取了 LSI 器件,把运算器、控制器集成在一个芯片中,出现了微处理器(microprocessor),而微型计算机(microcomputer)是以微处理器为基础,配以内存储器以及输入输出接口(I/O 接口)电路和相应的辅助电路构成的计算机。微型计算机随着微处理器的发展,也经历了 5 个阶段(或 5 个时代)的演变。

第一代微处理器(从 1971 年开始),典型产品为 Intel 4004/8008,字长为 4 位/8 位,芯片采用 PMOS 工艺,集成度为 2000 只晶体管/片,时钟频率为 1MHz 左右,平均指令执行时间为 $10\sim20\mu s$。

第二代微处理器(从 1973 年开始),典型产品为 Intel 8080、Intel 8085、Motorola MC6800、Zilog Z80,字长为 8 位,芯片采用 NMOS 工艺,集成度为 9000 只晶体管/片,时钟频率为 $1\sim4MHz$,平均指令执行时间为 $1\sim2\mu s$。

第三代微处理器(从 1978 年开始),典型产品为 Intel 8086、Intel 80286、Motorola MC68000、Zilog Z8000,字长为 16 位,芯片采用 HMOS 工艺,集成度为 2 万～7 万只晶体管/片,时钟频率为 $4\sim25MHz$,平均指令执行时间为 $0.5\mu s$。

第四代微处理器(从 1983 年开始),典型产品为 Intel 80386、Intel 80486、Motorola MC68020、Zilog Z80000,字长为 32 位,芯片采用 CHMOS 工艺,集成度为 15 万～50 万只晶体管/片,时钟频率为 $16\sim40MHz$,平均指令执行时间小于 $0.1\mu s$。

第五代微处理器(从 1993 年开始),典型产品主要有 Intel 公司的奔腾(Pentium)系列,如 Pentium 586、Pentium pro、Pentium MMX、Pentium Ⅱ、Pentium Ⅲ、Pentium 4 等,是属于高档的 32 位微处理器。集成度为 310 万～4200 万只晶体管/片,时钟频率为 60MHz～

2GHz。由于奔腾系列微处理器采用了超流水线技术、超高速缓存技术等新的技术,使得微处理器的性能得到大幅的提升。

在不断完善 32 位微处理器系列的同时,Intel 公司 2000 年 11 月又推出了第一代的 64 位微处理器 Itanium,标志着 Intel 微处理器进入 64 位时代。

微处理器发展到今天,已使微型计算机在整体性能、处理速度、图形图像处理、多媒体信息处理以及网络通信等诸多方面达到甚至超过了小型机。

1.1.2　微型计算机的分类及其应用

1. 微型计算机的分类

微型计算机的分类方法很多。按微处理器的位数划分,有 4 位机、8 位机、16 位机、32 位机和 64 位机;按组装形式和系统规模划分,有单片机、单板机和个人计算机等。

1) 单片机

将微处理器、RAM、ROM 及 I/O 接口电路等集成在一块芯片上的计算机,称为单片微型计算机,简称单片机。由于单片机体积小、功耗低、可靠性高,在智能仪器仪表和控制领域得到广泛应用。典型的有 Intel 8051、Intel 8096 以及 Motorola 6805、6811 等产品。

2) 单板机

将微处理器、RAM、ROM、I/O 接口电路及少量的输入输出设备装配在一块印制电路板上的计算机,称为单板微型计算机,简称单板机。单板机结构简单、价格低廉、具有独立的微型机操作功能,但输入输出设备简单,一般为小键盘、数码显示器等,通常用在简单的控制系统和教学实验中。典型的有以 Z80 为 CPU 的 TP-801、以 Intel 8086 为 CPU 的 TP-86 等。

3) 个人计算机

个人计算机(Personal Computer,PC)是指由微处理器组装而成,供单个用户使用,便于搬运和维护的计算机。通常说的微型计算机或家用电脑就属于个人计算机。典型的有 IBM 公司推出的 IBM-PC 系列计算机。随着各厂家先后加入 PC 的研制和生产,PC 的价格大幅降低、性能大幅提高,也加速了 PC 的普及和应用。现在,PC 在商用、家用、科学研究、教育等领域都得到了广泛的应用。

2. 微型计算机的应用

微型计算机由于具有体积小、功耗低、价格低、可靠性高、性能优良等显著特点,已广泛应用于各个领域。下面仅对如下几方面的应用做简单说明。

1) 科学计算

微型计算机用于处理科学研究和工程技术中所遇到的数学计算。现在,微型计算机的性能已超过原来的小型机,具有很强的运算能力。由多个微处理器或多个微型计算机组成多处理器或多计算机系统,已成为搭建大型计算机系统的主流。

2) 信息处理

对信息进行采集、存储、变换与传递等过程。用微型计算机进行信息处理、存储、交换,已成为信息社会中必不可少的手段。微型计算机配上适当的管理软件,实现诸如办公自动化、银行管理、航空管理、企业资源管理等,并且采用多媒体技术已可以方便地处理图、文、声、像等各种信息。

3）计算机控制

用计算机参与控制并借助一些辅助部件与被控对象相联系,以获得一定的控制目的。生产过程中采用实时计算机控制及自动化生产线,可以大大提高产品的数量和质量,节约能源,降低劳动强度。卫星和导弹的发射也离不开计算机控制。

4）智能仪器

以单片机为主体,将计算机技术和检测技术有机结合,组成智能化仪表。配备微处理器的仪器仪表,可以极大地提高仪器的精度。工业过程中的检测仪器、大型医疗器械等都广泛使用了微处理器。

5）计算机通信

以数据通信形式出现,在计算机之间或计算机与终端设备之间进行信息传递的方式。计算机技术和通信技术的结合使得通信事业得到了迅速的发展。微机控制的通信设备广泛部署,通信工具愈来愈先进和智能化,特别是以计算机技术和通信技术为基础的网络技术的发展已彻底改变了人们的生活。

1.2 微型计算机系统的组成

微型计算机系统和其他计算机系统一样,也由硬件系统和软件系统两大部分组成。

1.2.1 微型计算机硬件

运算器、控制器组成的 CPU 集成在一个芯片中,形成微处理器。微型计算机硬件由微处理器、存储器、输入输出接口电路和一些必不可少的外部设备(简称外设)组成,并通过系统总线连接成有机整体,如图 1.1 所示。

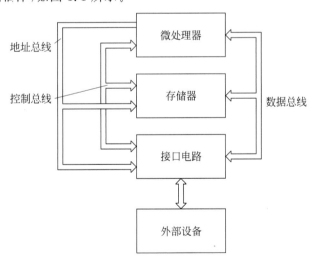

图 1.1　微型计算机硬件组成框图

微处理器是 CPU,由算术逻辑部件(ALU)、累加器和通用寄存器、程序计数器(PC)以及时序与控制逻辑部件等组成。

其中,ALU 主要实现算术运算(加、减、乘、除等操作)和逻辑运算(与、或、非、异或等操

微型计算机基础

作),是运算器的核心;通用寄存器用来存放参加运算的数据、中间结果等;PC指向将要执行的下一条指令的位置,具有自动加1功能,以决定程序的执行顺序;时序与控制逻辑部件主要负责对整机的控制,包括对指令的取出、译码、分析,确定指令的操作,使CPU内部和外部各部件协调工作。

存储器主要用来存放程序和数据,这里指的是内存储器或主存储器,分为随机存储器(RAM)和只读存储器(ROM)。存储器由许多存储单元组成,每个单元的位数可以是1位、4位、8位、16位等,其中8位为一个字节(byte,B)。存储器的容量是指存储器所能存储的二进制位数,通常用能存储的字节数来衡量,单位有KB、MB、GB等。存储器中每个存储单元都有一个编号,称为存储地址,简称地址,以便于对存储器的访问。微处理器就是按照存储单元的地址来访问内存的。对存储器的访问操作有读操作和写操作,用于实现从存储器中读出信息和把信息写入存储器。每当访问存储器时,都首先由微处理器给出地址,然后通过地址译码器选择相应的存储单元,再发出读或写控制信号,从而从指定地址的单元读出数据或把数据写入指定地址的存储单元。

输入输出接口也称I/O接口,用来连接输入输出设备(外部设备)。输入输出设备用来实现信息的输入输出,包括外部存储器、键盘、显示器等。

系统总线包括地址总线(AB)、数据总线(DB)、控制总线(CB),是CPU向存储器和输入输出接口传送地址、数据和控制信息的公共通路。

1.2.2 微型计算机软件

软件(software)是指在硬件上运行的程序和相关的数据及文档,包括计算机本身运行所需的系统软件(system software)和用户完成特定任务所需的应用软件(application software)等。

1. 系统软件

系统软件是指用来实现对计算机系统资源的管理,便于人们使用计算机而配置的软件。系统软件以计算机系统本身为管理对象,通常包括操作系统、计算机语言的处理程序、编译解释程序、调试诊断程序等。

2. 应用软件

应用软件是用户针对某一实际问题而设计的程序,是以计算机系统作为工具以达到某一应用需要的软件,包括文字处理系统、计算机辅助设计软件、各种信息管理系统等。

1.2.3 微型计算机的工作过程

微型计算机的工作过程就是执行存放在存储器中程序的过程,也就是逐条执行指令序列的过程。每条指令的执行都包括从内存储器中取出指令和执行指令两个基本阶段,所以,微型计算机的工作过程就是不断地取指令和执行指令的过程。

假定程序已由输入设备存放到内存中。那么,微型计算机的工作过程(微型计算机执行程序的过程)包括的基本步骤有:

(1)首先将第一条指令由内存中取出(即取指令)。

(2)将取出的指令送指令译码器译码,以确定要进行的操作。

(3)读取相应的操作数(或操作对象)。

（4）对操作数进行指令规定的操作，并存放结果（即执行指令阶段）。

（5）一条指令执行完后，转入下一条指令的取指令阶段。如此周而复始地循环，直到程序中的指令执行完。

不同计算机内部的组成可能不同，且不同指令的执行所需的操作不仅和指令本身的功能有关，而且和具体计算机内部的组成有关。

一个典型的模型计算机 CPU 的组成结构如图 1.2 所示，其中包括 ALU、累加器（AL）、通用寄存器（BL）、标志寄存器 F、地址寄存器（AR）、数据寄存器（DR）、PC、指令寄存器（IR）、指令译码器（ID）和可编程逻辑阵列（PLA）等，并通过地址总线（AB）、数据总线（DB）和存储器 M 连接。

要执行指令的地址由 PC 提供，AR 将要寻址的单元的地址通过 AB 送至存储器，从存储器中取出指令后，由 DR 送至指令寄存器 IR，再通过 ID 译码，并通过 PLA 控制电路发出执行一条指令所需要的各种控制信息。在控制信号的控制下，准备好参加运算的操作数，并由 ALU 完成对操作数的运算处理，同时把运算过程中的状态标志信息存放在标志寄存器 F。

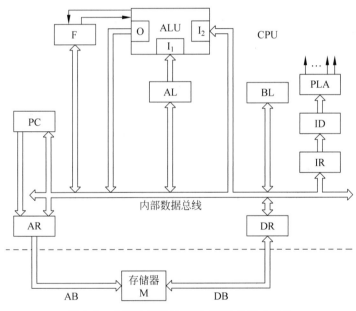

图 1.2　典型的模型计算机 CPU 的组成结构

以简单的加法运算为例，假定要运算的数已存放在存储器中，加法运算程序至少包括两条指令：

（1）把第一个数从它所在的存储单元取出送至运算器中的累加器，如 MOV AL，[addrx]。

（2）把累加器和存放在指定存储单元的第二个数相加，并将结果存放在累加器，如 ADD AL，[addry]。

那么，在模型计算机下，该加法运算程序的执行过程（假定 PC 中已存放第一条指令在存储器中的地址）包括：

（1）取第一条指令，即 PC 送到 AR，并送至内存储器，经地址译码器译码，选中相应的

微型计算机基础

单元;读存储器,把第一条指令取出来,经 DR,送 IR。同时 PC 自动加 1,指向下一条指令的位置(地址)。

(2) 通过指令译码分析,确定该指令是完成从内存 addrx 单元中取数的功能,即把第一个数的地址 addrx 部分送 AR,并送至内存储器,通过读存储器,把第一个数取出来,经 DR 送累加器 AL。

(3) 取第二条指令,其读取过程与第一条指令是完全一样的。

(4) 通过指令译码分析,确定该指令是完成把 AL 和存放在 addry 单元的第二个数相加的功能,即把第二个数的地址 addry 部分送 AR,并送至内存储器,通过读存储器,把第二个数取出来,经 DR 送 ALU,同时暂存在 AL 中的第一个数也送 ALU,然后 ALU 进行加运算,并把结果输出到 AL。

1.3　微型计算机系统的性能指标

衡量一台微型计算机的性能需要考虑多种指标,下面给出微型计算机系统的基本性能指标。

1. 字长

字长指计算机内部一次可以处理的二进制数的位数。字长越长,计算机所能表示的数据精度越高,在完成同样精度的运算时数据的处理速度越高。但字长越长,机器中的通用寄存器、存储器、ALU 的位数和数据总线的位数都要增加,硬件代价增大。在微型计算机中,通用寄存器的位数、ALU 的位数一般等于字长的位数,存储器单元的位数通常等于字长或字长的整数倍,CPU 内部数据总线的位数一般等于字长,而外部数据总线的位数取决于系统总线的宽度。

字长一般是字节的整数倍,通常由硬件直接实现运算的字长称为基本字长,并支持用软件实现多字长的运算和处理。PC/XT 微机的字长为 16 位;386、486 微机的字长为 32 位;Pentium 微机的字长为 32 位或 64 位。

2. 存储器容量

存储器容量是衡量计算机主存储器能存储二进制信息量大小的一个重要指标。主存储容量反映了主存储器的数据处理能力,存储容量越大,其处理数据的范围就越大,并且运算速度一般也越快。微型计算机中通常以字节为单位表示存储容量,如 $1B=8$ 位,$1KB=2^{10}B$,$1MB=2^{10}KB$,$1GB=2^{10}MB$,$1TB=2^{10}GB$ 和 $1PB=2^{10}TB$。

3. 运算速度

计算机的运算速度以每秒能执行的指令条数来表示。由于不同类型的指令执行时所需的时间长度不同,因此有几种不同的衡量运算速度的方法。

(1) MIPS(百万条指令/秒)法,根据不同类型指令出现的频度,乘以不同的系数,求得统计平均值,得到平均运算速度,用 MIPS 作为单位衡量。

(2) 最短指令法,以执行时间最短的指令(如传送指令、加法指令)为标准来计算速度。

(3) 实际执行时间法,给出 CPU 的主频和每条指令执行所需要的时钟周期,可以直接计算出每条指令执行所需的时间。

在微型计算机中一般只给出时钟频率指标,而不给出运算速度指标。

4. 时钟频率

时钟频率又称为系统主频,指微处理器在单位时间(秒)内发出的脉冲数。计算机的操作都是分步进行的,一个时钟周期完成一个操作,因此时钟频率是衡量微型计算机速度的重要指标。一般来说,时钟频率越高,其运算速度越快。时钟频率的单位为 Hz,现多使用 MHz、GHz 为单位。

需要说明的是,一台计算机的整机性能,不能仅由一两个部件的指标决定,而取决于各部件的综合性能指标。另外,微型计算机系统的扩展能力、软件配置情况也直接影响系统的性能。

1.4 微型计算机中常用数制和编码

视频讲解

1.4.1 常用数制及转换

数制是数的表示方法。可以用各种进位计数制来表示数,如二进制、十进制、八进制和十六进制等。由于计算机中使用的电子元器件表示两个不同的状态非常容易,因此计算机一般采用二进制。但人们习惯于使用十进制,因此,需要了解常用的进位计数制及其转换方法。

1. 常用数制

数制中所使用的数码的个数称为基数,数制每位所具有的权值称为位权,每位的值等于该位数字和该位位权的乘积。

1) 十进制

十进制由 0~9 这 10 个不同的数字组成,其基数为 10,每位的位权是以 10 为底的幂,即第 i 位的权为 10^i。十进制数可在数字后加后缀 D 表示,但常省略不写。

例如: $123.45=1\times10^2+2\times10^1+3\times10^0+4\times10^{-1}+5\times10^{-2}$。

也就是说,一个十进制数可以展开成以 10 为底的多项式,每位的值等于该位数字与该位位权的乘积,各位值的累加和表示整个数的大小。

2) 二进制

二进制由 0、1 这两个不同的数字组成,其基数为 2,每位的位权是以 2 为底的幂,即第 i 位的权为 2^i。二进制数可在数字后加后缀 B 表示。

例如: $101.01B=1\times2^2+0\times2^1+1\times2^0+0\times2^{-1}+1\times2^{-2}=5.25$。

也就是说,一个二进制数可以展开成以 2 为底的多项式,每位的值等于该位数字与该位位权的乘积,各位值的累加和表示整个数的大小(十进制数)。

3) 八进制

八进制由 0~7 这 8 个不同的数字组成,其基数为 8,每位的位权是以 8 为底的幂,即第 i 位的权为 8^i。八进制数可在数字后加后缀 Q 表示。

例如: $123.45Q=1\times8^2+2\times8^1+3\times8^0+4\times8^{-1}+5\times8^{-2}=83.578\,125$。

也就是说,一个八进制数可以展开成以 8 为底的多项式,每位的值等于该位数字与该位位权的乘积,各位值的累加和表示整个数的大小(十进制数)。

4) 十六进制

十六进制由 0~9、A、B、C、D、E、F 这 16 个不同的数字组成,其基数为 16,每位的位权是以 16 为底的幂,即第 i 位的权为 16^i。十六进制数可在数字后加后缀 H 表示。

例如:$1F3.9AH = 1 \times 16^2 + 15 \times 16^1 + 3 \times 16^0 + 9 \times 16^{-1} + 10 \times 16^{-2} = 504.601\,562\,5$。

也就是说,一个十六进制数可以展开成以 16 为底的多项式,每位的值等于该位数字与该位位权的乘积,各位值的累加和表示整个数的大小(十进制数)。

在上述常用进制数中,十进制数是人们最习惯使用的数,二进制数是计算机内部只能使用的数,而十六进制数由于和二进制转换方便且最紧凑,因此是计算机中最常用的一种书写形式。表 1.1 显示上述 4 种进制数之间的关系。

表 1.1　4 种常用进制数的关系

十　进　制	二　进　制	八　进　制	十　六　进　制
0	0000	0	0
1	0001	1	1
2	0010	2	2
3	0011	3	3
4	0100	4	4
5	0101	5	5
6	0110	6	6
7	0111	7	7
8	1000	10	8
9	1001	11	9
10	1010	12	A
11	1011	13	B
12	1100	14	C
13	1101	15	D
14	1110	16	E
15	1111	17	F

2. 数制转换

1) 二进制、八进制、十六进制转换为十进制

二进制、八进制、十六进制转换为十进制的方法很简单,就是把每个数位上的数字和该位的位权相乘再累加即可得到等值的十进制数,可称为多项式展开法。

2) 十进制转换为二进制

十进制数转换为二进制数时,需要对数的整数部分和小数部分分别进行处理,再合并得到转换结果。

(1) 十进制整数:采用除 2 取余法,即用基数 2 不断去除要转换的十进制数,直至商为 0。每次的余数即为二进制位数,先得到的是二进制低位,后得到的是二进制高位。

(2) 十进制小数:采用乘 2 取整法,即用基数 2 不断去乘要转换的十进制数。每次得到积的整数部分即为二进制位数,先得到的是二进制小数的高位,后得到的是二进制小数的低位。需要注意的是,十进制小数不能都用有限的二进制小数精确表示,可根据精度要求取有限位二进制小数近似表示。

例 1.1　将十进制数 135.8125 转换为二进制数。

$(135)_{10} = (10000111)_2$,$(0.8125)_{10} = (0.1101)_2$

余数　低位　　　　　　　　　　　　　　　整数　高位

```
2|135  ------- 1   ↑          0.8125
2|67   ------- 1              ×  2
2|33   ------- 1          ┌──────────
2|16   ------- 0          1.6250  ------- 1
2|8    ------- 0              ×  2
2|4    ------- 0          ┌──────────
2|2    ------- 0          1.250   ------- 1
  1    ------- 1  高位         ×  2
                          ┌──────────
                          0.50    ------- 0
                              ×  2
                          ┌──────────
                          1.0     ------- 1   低位
```

所以，$(135.8125)_{10}=(10000111.1101)_2$。

3）二进制、八进制和十六进制间的互换

八进制、十六进制属于 2^k 进制数（$k=3$、$k=4$），它们和二进制数之间相互转换关系是：3 位二进制数对应 1 位八进制数，4 位二进制数对应 1 位十六进制数。二进制数转换为八进制、十六进制数时，以二进制数的小数点分界，分别进行分组处理，不足的位用 0 补足，整数部分在高位补 0，小数部分在低位补 0。

例 1.2 将二进制数 10000111.1101 分别转换为八进制数和十六进制数。

$(10000111.1101)_2=(\underline{010}\ \underline{000}\ \underline{111}.\underline{110}\ \underline{100})_2=(207.64)_8$。

$(10000111.1101)_2=(\underline{1000}\ \underline{0111}.\underline{1101})_2=(87.D)_{16}$。

1.4.2　数的表示与运算

计算机中的数据分为数值数据和非数值数据两大类。对于数值数据来说，有大小正负之分，需要表示数的正、负符号。在计算机中通常用数的最高位表示符号位，0 表示正数符号，1 表示负数符号，这就是计算机中带符号数值数据的表示形式。若不考虑符号，全部数位都表示数值大小，则是计算机中的无符号数值数据的表示形式。

计算机中的数据称为机器数，它所代表的真正的数值称为机器数的真值。带符号的机器数可以有不同的表示方法，常用的有原码、反码和补码表示。

1. 原码、反码和补码表示

1）原码

顾名思义，原码就是机器数原来的编码，即最高位 0 表示正数符号，1 表示负数符号的机器数表示。

例如，当机器字长为 8 位时，$X=+99=+1100011$，其原码 $[X]_原=0\ 1100011$；

$\qquad\qquad\qquad X=-99=-1100011$，其原码 $[X]_原=1\ 1100011$。

数值 0 有 +0 和 -0 之分，0 的原码也有两种形式：

$[+0]_原=0\ 0000000$；$[-0]_原=1\ 0000000$。

字长为 n 位的原码的表数范围的绝对值小于符号位的位权。字长 $n=8$ 时，整数符号位的位权为 $2^7=128$，小数符号位的位权为 $2^0=1$。所以

8 位原码表示的整数的范围为：1 1111111 ～ 0 1111111，即 -127～$+127$；

8 位原码表示的小数的范围为：1.1111111 ～ 0.1111111，即 $-(1-2^{-7})$～$+(1-2^{-7})$。

微型计算机基础

原码的优点是原码和真值之间的关系简单、直观。但原码进行加减运算时,规则就非常复杂,需先判断参加运算的数是同号还是异号,才能确定是进行加运算还是减运算,且结果的符号确定也较复杂。在计算机中,采用补码进行加减运算就可以避免这些缺点。

2) 反码

正数的反码和原码相同;负数的反码和原码相比,符号位保持不变,数值位按位取反。

例如,当机器字长为8位时,$X=+99=+1100011$,其反码$[X]_反=0\ 1100011$;

$$X=-99=-1100011,其反码[X]_反=1\ 0011100。$$

0的反码也有两种形式:

$[+0]_反=0\ 0000000$;$[-0]_反=1\ 1111111$。

字长为n位的反码的表数范围和其原码相同,即

8位反码表示的整数的范围为:$1\ 1111111\sim0\ 1111111$,即 $-127\sim+127$;

8位反码表示的小数的范围为:$1.1111111\sim0.1111111$,即 $-(1-2^{-7})\sim+(1-2^{-7})$。

3) 补码

正数的补码和原码相同;负数的补码和原码相比,符号位保持不变,数值位按位取反,再在最低位加1,即反码再在末位加1。

例如,当机器字长为8位时,$X=+99=+1100011$,其补码$[X]_补=0\ 1100011$;

$$X=-99=-1100011,其补码[X]_补=1\ 0011101。$$

0的补码是唯一的,$[+0]_补=0\ 0000000$,$[-0]_补=[-0]_反+1=1\ 1111111+1=0\ 0000000=[+0]_补$。

正是由于0的补码只有一种形式,那么在和原码对应的补码二进制状态中,必然剩余一个状态$1\ 0000000$没有使用,因此补码的表数范围有所不同。字长为n位的补码的表数范围的绝对值不超过符号位的位权。字长$n=8$时,整数符号位的位权为$2^7=128$,小数符号位的位权为$2^0=1$。所以

8位补码表示的整数的范围为:$-128\sim+127$;

8位补码表示的小数的范围为:$-1\sim+(1-2^{-7})$。

2. 补码的加减运算

补码的运算规则非常简单,在进行补码加减运算时,符号位和数值位一起参加运算,并且可以把减法运算转换为负数补码的加法运算。

补码的加减运算规则如下:

$[X+Y]_补=[X]_补+[Y]_补$;

$[X-Y]_补=[X]_补+[-Y]_补$;

$[-Y]_补=[Y]_补$各位取反+末位1。

例1.3 设字长为8位,$X=+65$,$Y=+48$,计算$[X+Y]_补$、$[X-Y]_补$。

$X=+65=+1000001$,$[X]_补=0\ 1000001$,$Y=+48=+110000$,$[Y]_补=0\ 0110000$,$[-Y]_补=1\ 1001111+1=1\ 1010000$,则

$$
\begin{array}{lr}
[X]_补 & 0\ 1000001 \\
+\quad [Y]_补 & 0\ 0110000 \\
\hline
[X+Y]_补 & 0\ 1110001
\end{array}
\qquad
\begin{array}{lr}
[X]_补 & 0\ 1000001 \\
+\quad [-Y]_补 & 1\ 1010000 \\
\hline
[X-Y]_补 & 1\ 0\ 0010001
\end{array}
$$

$$\downarrow$$

丢失

所以，$[X+Y]_{补}=0\,1110001$，$X+Y=+113$。

$[X-Y]_{补}=0\,0010001$，$X-Y=+17$。

补码运算时，若运算结果超出了其表数范围就发生了溢出，造成运算结果错误。例如，字长 $n=8$ 时，$X=+99$，$Y=+98$，$X+Y=+197>+127$，肯定发生溢出。

溢出的判定方法很多，由于溢出只可能出现在同号相加或异号相减运算时，且采用补码减法可转变为加法，最直观、最易于理解的溢出判定方法是：若正数加正数，结果为负数或负数加负数，结果为正数，则发生溢出。

例如，$[X]_{补}=0\,1100011$（正数），$[Y]_{补}=0\,1100010$（正数），$[X+Y]_{补}=0\,1100011+0\,1100010=1\,1000101$（负数）。2个正数相加的结果为负数，显然结果是错误的，表明发生了溢出。

3. 定点数与浮点数表示

对于数值数据除了需要表示符号外，通常还包含小数点，而计算机是无法识别的。要使计算机处理这些数据，就必须解决小数点的表示问题。根据数中小数点的位置是固定还是浮动，分为定点数和浮点数表示。

1）定点数

定点数是指小数点位置固定的数，分为定点整数（纯整数，简称整数）和定点小数（纯小数，简称小数）两种形式。

定点整数，小数点固定在数据的数值部分的最右边；定点小数，小数点固定在数据的数值部分的最左边。由于这两种形式下，小数点的位置是固定的，因此在计算机数据表示中实际上并不需要表示小数点，小数点采取隐含表示。而在书写时，为了直观起见，在符号位之后加小数点表示定点小数。

字长为 n 位的定点整数形式为：X $XXXXX\cdots XX$

              1位符号 $n-1$位数值部分   小数点（隐含）

字长为 n 位的定点小数形式为：X . $XXXXX\cdots XX$

              1位符号   小数点（隐含） $n-1$位数值部分

例如，字长 $n=8$ 时，$X=+99=+1100011\to0\,1100011$；$Y=-0.8125=-0.1101\to1.1101000$。

在计算机中，定点数的表数范围较小，设字长为 n 位的定点数（符号位1位，数值位 $n-1$ 位）以补码形式表示时，其表数范围如下。

定点整数：$-2^{n-1}\sim2^{n-1}-1$。

定点小数：$-1\sim1-2^{-(n-1)}$。

2）浮点数

浮点数是指小数点位置可浮动的数据。一个二进制数通过移动小数点位置可表示成整数的阶码和小数的尾数两部分，这样，就可采用定点数的表示形式来分别表示浮点数的阶码和尾数。

浮点数在计算机中的表示形式为：

     X $XXX\cdots XX$ X $XXX\cdots XX$

阶码符号（阶符）   阶码数值部分   尾数符号   尾数数值部分

浮点数由整数的阶码和小数的尾数两部分组成，其表示形式就由阶码的整数表示和尾数的小数表示组合而成。

例如,数据 $N = -13 \times 2^3 = -1101 \times 2^3 = -0.1101 \times 2^7 = -0.1101 \times 2^{+111}$,所以表示成浮点数形式,其尾数 $M = -0.1101$,阶码 $E = +111$;若浮点数为 16 位,阶码为 6 位,尾数为 10 位,如果以原码表示,则 $[N]_原 =$　0　00 111　1　110100000。

阶符　阶码　尾符　　尾数

浮点数由于有阶码的存在,扩大了浮点数的表数范围,同时由于有尾数的存在,又保证了浮点数的表数精度。

1.4.3　常用编码

计算机中处理的数据还有诸如英文字母、汉字、数字符、运算符、特殊符号等数据。由于计算机中的数据只能采用二进制形式表示,上述数据就需要采取多位二进制的组合来表示,就形成了数据的二进制编码表示。

1. 字符的编码

在微型计算机系统中,字母、数字符以及各种符号需要采取特定的规则用二进制编码来表示。目前,广泛采用的是美国信息交换标准码,即 ASCII(American Standard Code for Information Interchange)。标准 ASCII 采用 7 位二进制数作为字符的编码,可以表示 128 个字符。由于计算机中一个字节为 8 位二进制数,标准的 ASCII 为一个字节 8 位二进制数,最高位(D_7)为 0。标准的 ASCII 表见附录 A。

在标准的 ASCII 表中,数字符 0~9 的 ASCII 为 00110000~00111001,即 30H~39H;大写字母 A~Z 的 ASCII 为 40H~54H。

2. 汉字的编码

计算机在我国应用时,需要解决汉字的输入、存储和输出等问题,也需要解决和西文字符编码的兼容问题。在计算机中,汉字也只能采取二进制编码表示,但由于采取一字节编码表示汉字远远不够,汉字编码采取多字节编码。目前汉字采取二字节编码,且每字节的最高位为 1 作为汉字的标识(和 ASCII 编码区分),这种编码称为汉字在计算机内的编码,也称汉字内码。

国家标准信息交换用汉字编码字符集 GB 2312—1980 中收录了汉字和符号共 7445 个,其中包括标点、运算符、制表符等一般符号 202 个,序号符 20 个,数字符 22 个以及字母拼音符号等,还包括汉字 6763 个,分为两级,一级汉字 3755 个,二级汉字 3008 个。

随着计算机网络技术的普遍应用,世界各国人民需要进行大量的信息交换,也就迫切需要能有一种囊括汉字在内的世界主流的各种文字的通用的字符编码(UCS)。显然,通用的字符编码也只能是多位的二进制编码。

3. 二进制编码的十进制数

二进制是计算机内部只能采取的数制,但人们习惯于用十进制来表示数。十进制数由 10 个不同的数字符组成,用 10 个不同状态的二进制数也可以表示 10 个不同的数符来构成十进制数,就形成了十进制数的二进制编码表示,简称二-十进制数。而能提供 10 个不同状态的二进制数至少需 4 位,所以二-十进制数就是用 4 位二进制数表示 1 位十进制数,简称 BCD(Binary Coded Decimal)码。

4 位二进制数有 16 种不同的状态,而构成十进制数只需要 10 种不同的状态,如何从 4

位二进制的 16 种状态中选取 10 种状态的方案很多,因此,BCD 码也有很多。但其中最常用、最易于理解的是 8421BCD 码,通常就直接称为 BCD 码。BCD 码和十进制之间的关系如表 1.2 所示。

表 1.2　BCD 码和十进制数的关系

二 进 制 数	十 进 制 数	BCD 码	二 进 制 数	十 进 制 数	BCD 码
0000	0	0000	1000	8	1000
0001	1	0001	1001	9	1001
0010	2	0010	1010	10	非法
0011	3	0011	1011	11	非法
0100	4	0100	1100	12	非法
0101	5	0101	1101	13	非法
0110	6	0110	1110	14	非法
0111	7	0111	1111	15	非法

在计算机中,有了 BCD 码后,十进制数就不需要和二进制数进行相互转换,只需要把十进制数采取二进制编码表示,就变成了二进制数的形式(二-十进制数)。

例如,$(12345)_{10} = (0001\ 0010\ 0011\ 0100\ 0101)_{BCD}$。

但采用 BCD 码直接运算时,需要进行必要的调整,才能得到正确的结果。

第2章　16位和32位微处理器

微处理器是微型计算机的核心。几十年来，Intel 系列 CPU 一直占据着主导地位，自 1971 年推出 4004 后，Intel 相继推出了 8086/8088、80286、80386、80486 以及 Pentium 系列微处理器。Intel 后续的微处理器的体系结构是在 8086 基础上不断进化与演变过来的，尽管其结构与功能和 8086/8088 相比已经发生了很大的变化，但从基本概念、结构以及指令格式来讲，仍然是经典的 8086/8088 的延续与提高，体现了硬件关键技术的持续提升，并且这些不同系列的 CPU 采用向下兼容的策略。

本章着重介绍 16 位微处理器 8086/8088，并简要介绍 32 位微处理器 80386、Pentium 及多核处理器的技术要点。

2.1　8086/8088 CPU 的内部结构和寄存器结构

视频讲解

8086 是 Intel 系列的 16 位微处理器，它采用高速运算性能的 HMOS 工艺制造，芯片上集成有 2.9 万个晶体管，采用单一的 +5V 电源和 40 条引脚的双列直插式封装；时钟频率为 5MHz～10MHz，最快的指令执行时间为 0.4μs。

8086 有 16 根数据线和 20 根地址线，可以处理 8 位或 16 位数据，可寻址 2^{20} 即 1MB 的存储单元和 64KB 的 I/O 端口。

Intel 公司在推出 8086 之后不久，还推出了准 16 位微处理器 8088，其设计的主要目的是与 Intel 原有的 8 位外围接口芯片直接兼容。8088 的内部寄存器、运算器以及内部数据总线都是按 16 位设计的，但外部数据总线只有 8 条，因此执行相同的程序，8088 要比 8086 有较多的外部存取操作而执行得较慢。

2.1.1　8086/8088 CPU 的内部结构

从功能上看，8086 内部由两个独立的工作部件构成，即总线接口部件（Bus Interface Unit，BIU）和执行部件（Execution Unit，EU）。其内部结构框图如图 2.1 所示。

1. BIU

BIU 负责 CPU 与存储器、I/O 端口之间的数据传送，包括从存储器取指令操作及读写数据操作、对 I/O 端口的读写操作。BIU 主要由段寄存器、地址加法器、指令指针寄存器、指令预取队列及总线控制逻辑等部分组成。

1）段寄存器

8086/8088 CPU 内部数据结构是 16 位的，即所有寄存器都是 16 位的，因此，能够提供的最大地址空间只能为 64KB。为了寻址 1MB，将存储器的空间分成若干段，每段最大为 64KB。在 8086 中用来存放段的起始地址（16 位）的寄存器称为段寄存器，根据其主要用途,设有 4 个段寄存器:CS(Code Segment register,代码段寄存器)、DS(Data Segment register,数据段寄存器)、SS(Stack Segment register,堆栈段寄存器)和 ES(Extra Segment register,附加段寄存器)。

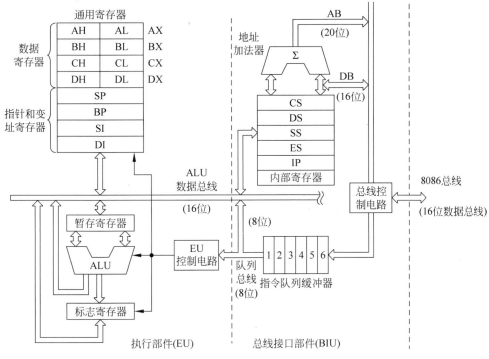

图 2.1 8086 微处理器内部结构框图

2) 地址加法器

由于 8086 内部寄存器都是 16 位的,因此需要一个附加结构——地址加法器来根据提供的 16 位信息产生 20 位地址。

3) 指令预取队列(指令队列缓冲器)

在 8086 CPU 中设置了一个 6 字节的指令预取队列(8088 CPU 中的指令预取队列为 4 字节),采用"先进先出"原则。要执行的指令预先由 BIU 从内存取出放在队列中,然后 EU 再从队列中取出指令并执行。一般情况下,EU 每执行完一条指令,就可以立即从指令队列中取指令执行,从而提高了 CPU 的效率。

4) 总线控制逻辑

8086 分配 20 条引脚线传送 20 位地址、16 位数据和 4 位状态信息,这就必须要分时传送。总线控制逻辑的功能,就是以逻辑控制方法实现上述信息的分时传送。

2. EU

EU 负责指令的译码、执行和数据运算,其基本功能是:从 BIU 的指令队列中取出指令代码,经过指令译码器译码后执行该指令所规定的操作功能。EU 中的各个部件都通过 16 位的算术逻辑单元 ALU 数据总线连接在一起,在内部可实现快速的数据传输。

EU 由算术逻辑单元 ALU、8 个通用寄存器、1 个状态标志寄存器、1 个数据暂存寄存器和 EU 控制电路等组成。

1) 16 位算术逻辑单元

用于进行 8 位和 16 位的算术和逻辑运算,也可以按照指令的寻址方式计算出寻址单元的 16 位偏移量。

2) 16 位标志寄存器

用来反映 CPU 运算的状态特征或存放控制标志。

3) 通用寄存器组

包括 4 个 16 位数据寄存器 AX、BX、CX、DX;4 个 16 位指针与变址寄存器:堆栈指针寄存器(Stack Pointer register,SP)、基址指针寄存器(Base Pointer register,BP)、源变址寄存器(Source Index register,SI)和目的变址寄存器(Destination Index register,DI)。

4) 数据暂存寄存器

协助 ALU 完成运算,暂存参加运算的数据。

5) EU 控制电路

它是控制、定时与状态逻辑电路,接收从 BIU 中指令队列取来的指令,经过指令译码形成各种定时控制信号,对 EU 的各个部件实现特定的定时操作。

EU 中所有的寄存器和数据通道(除指令队列总线为 8 位外)都是 16 位的宽度,可实现数据的快速传送。

3. BIU 和 EU 的流水线管理

BIU 和 EU 并不是同步工作的,但两者各自的动作仍然有一定的管理原则,这个管理原则体现了流水线技术,主要体现在以下几方面。

(1) 每当 8086 的 BIU 指令队列中有 2 个空字节或 8088 的指令队列中有 1 个空字节,BIU 就会自动把后面的指令从存储器取到指令队列中,从而提高了 CPU 执行指令的速度。

(2) 每当 EU 准备执行一条指令时,它会从 BIU 的指令队列前部取出指令,进行译码,然后去执行。在执行指令的过程中,如果必须访问存储器或 I/O 端口,EU 就会请求 BIU 去完成访问外部的操作,如果此时 BIU 正好处于空闲状态,那么会立即响应 EU 的请求。但有时会遇到这样的情况,EU 向 BIU 发出请求访问时,BIU 正在将某条指令取到指令队列中,此时 BIU 首先完成取指令操作,然后再去响应 EU 发出的访问外界的请求。

(3) 当指令队列已满,且 EU 对 BIU 又没有总线访问请求时,BIU 进入空闲状态。

(4) 在执行转移指令、调用指令和返回指令时,如果要执行的指令不在指令队列中,那么指令队列中已装入的指令就没有用了。遇到这种情况,指令队列中原有内容被自动清除,BIU 会重新取指令,把将要转入的程序段的指令装入指令队列中。

2.1.2　8086/8088 CPU 的寄存器结构

8086/8088 CPU 中的寄存器有 13 个 16 位寄存器和 1 个只用了 9 位的标志寄存器;按其用途可分为 8 个通用寄存器、2 个控制寄存器和 4 个段寄存器,如图 2.2 所示。

1. 通用寄存器

8086/8088 的通用寄存器分为数据寄存器和地址寄存器两组。

1) 数据寄存器

EU 中有 4 个 16 位的数据寄存器 AX、BX、CX、DX,每个数据寄存器又可分为高字节 H 和低字节 L 寄存器,即 AH、BH、CH、DH 和 AL、BL、CL、DL 两组。16 位数据寄存器主要

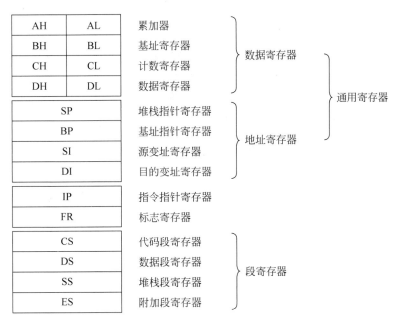

图 2.2 8086/8088 的寄存器结构

用于存放数据,也可存放地址,而 8 位寄存器只能用于存放数据,它们均可以用寄存器名来独立寻址、独立使用。

在多数情况下,这些数据寄存器使用在算术运算和逻辑运算指令中。在有些指令中,它们有特定的用途,被隐含使用,如表 2.1 所示。

表 2.1 寄存器的隐含使用

寄 存 器	执 行 操 作
AX	整字乘法、整字除法和整字 I/O
AL	字节乘法、字节除法、字节 I/O、查表和十进制算术运算
AH	字节乘法和字节除法
BX	查表
CX	字符串操作和循环
CL	变量的移位和循环移位
DX	整字乘法、整字除法和间接寻址 I/O
SP	堆栈操作
SI	字符串操作
DI	字符串操作

每个寄存器的典型功能归纳如下:

AX:累加器,用于完成各类运算和传送、移位等操作;

BX:基址寄存器,在间接寻址中用于存放基地址;

CX:计数寄存器,用于在循环或串操作指令中存放计数值;

DX:数据寄存器,在间接寻址的 I/O 指令中存放地址。

2) 地址寄存器

地址寄存器包括指针寄存器和变址寄存器。

8086 的指针寄存器和变址寄存器都是 16 位的,一般用来存放偏移地址,这些偏移地址在 BIU 的地址加法器中和段寄存器相加得到 20 位的物理地址。

指针寄存器 SP 和 BP 用来存取位于当前堆栈段中的数据,但 SP 和 BP 使用上有区别。入栈(PUSH)和出栈(POP)指令是由 SP 给出栈顶的偏移地址,故称为堆栈指针寄存器。而 BP 则用来存放位于堆栈段中的一个数据区基址的偏移地址,故称为基址指针寄存器。

变址寄存器 SI 和 DI 用来存放当前数据段的偏移地址,一般源操作数的偏移地址存放在 SI 中,目的操作数的偏移地址存放在 DI 中,故 SI、DI 分别称为源变址寄存器和目的变址寄存器。例如,在数据串操作指令中,被处理的串的地址偏移量由 SI 给出,处理后的结果数据串的地址偏移量由 DI 给出。

2. 指令指针寄存器

16 位指令指针寄存器 IP 存放着 BIU 要取的下一条指令的偏移地址。指令执行时,每取一次指令 IP 就自动修正,指向下一条指令,这样保证能按顺序取出并执行指令。

指令代码是存放在存储器的代码段,CS 指示代码段的开始,CPU 利用 CS 和 IP 取得要执行的指令,然后修改 IP 中的内容,从而确定代码段指令的执行流向。

需要注意的是,IP 是指令代码存放单元的地址指针,程序不能直接对 IP 进行存取,它在程序运行中自动修正,使之指向要执行的下一条指令;但可以通过某些指令(如转移、调用、中断、返回)来修改 IP 的内容,或使 IP 的值存进堆栈,或由堆栈恢复原有值。

3. 标志寄存器

16 位标志寄存器 FR 用于反映指令执行结果的特征或控制指令的执行。它共有 9 个可用的标志位,其余 7 个位空闲不用。各种标志按作用可分为两类:6 个状态标志位和 3 个控制标志位,如图 2.3 所示。

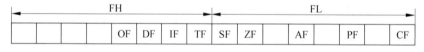

FH								FL							
				OF	DF	IF	TF	SF	ZF		AF		PF		CF

图 2.3   8086/8088 的标志寄存器

1) 状态标志位

用来反映算术或逻辑运算后结果的状态,以记录 CPU 的状态特征。这 6 位状态标志是:

(1) CF(Carry Flag,进位标志)。当执行一个加法或减法运算,使最高位(即 D_{15} 或 D_7 位)产生进位或借位时,该标志位置 1;否则为 0。多用于多字节的加减运算,作为低字节和高字节的连接。此外,位移和循环指令也影响该标志。

(2) PF(Parity Flag,奇偶标志)。当运算结果的低 8 位中含有偶数个 1 时,PF 置 1;否则为 0。一般用来检测数据传输中是否发生错误。

(3) AF(Auxiliary Carry Flag,辅助进位标志)。当执行一个加法或减法运算时,结果的低字节的低 4 位向高 4 位有进位或借位(即 D_3 向 D_4 产生进位或借位)时,该标志位置 1;否则为 0。该标志位通常用于对 BCD 算术运算结果进行调整。

(4) ZF(Zero Flag,零标志)。若运算结果的所有位均为 0 时,该标志位置 1,否则为 0。

(5) SF(Sign Flag,符号标志)。当运算结果的最高位为 1 时,该标志位置 1,否则为 0。它和运算结果的最高位 D_{15} 或 D_7 位相同,指明了前面的运算执行后的结果是正还是负。

(6) OF(Overflow Flag,溢出标志)。在算术运算中,带符号数的运算结果超出了带符号数所能表达的范围,称为溢出。当位数 n 为 8 位或 16 位时,即字节运算大于 $+127$ 或小于 -128 时,该标志位置 1,否则为 0;当字运算大于 $+32\,767$ 或小于 $-32\,768$ 时,该标志位也置 1。

2) 控制标志位

用来控制 CPU 的操作,由程序设置或清除。这 3 位控制标志是:

(1) DF(Direction Flag,方向标志)。控制字符串操作指令的步进方向。当 DF 为 1 时,串操作过程中地址自动递减;而当 DF 为 0 时,地址自动递增。可用 STD、CLD 将 DF 置 1 或清 0。

(2) IF(Interrupt Enable Flag,中断允许标志 IF)。控制可屏蔽中断的标志。当 IF 为 1 时,允许 CPU 接受外部从 INTR 引脚上发来的可屏蔽中断请求;当 IF 为 0 时,禁止 CPU 接受可屏蔽中断请求信号。可用 STI、CLI 将 IF 置 1 或清 0。

(3) TF(Trap Flag,跟踪(陷阱)标志)。为调试程序的方便而设置的。若将 TF 置 1,则 8086/8088 CPU 处于单步工作方式;否则,将正常执行程序。例如,在系统调试软件 DEBUG 中的 T 命令,就是用该标志位来进行程序的单步跟踪的。

4. 段寄存器

8086 微处理器中有 4 个专门存放段地址的寄存器,称为段寄存器。它们是代码段寄存器 CS、数据段寄存器 DS、堆栈段寄存器 SS 和附加段寄存器 ES。每个段寄存器可以确定一个段的起始地址,这些段寄存器的内容与有效的地址偏移量一起可确定内存的地址。

1) 存储器分段的概念

8086/8088 有 20 位地址线能够寻址 1MB 的内存空间,但是 CPU 内部存放地址信息的 IP、SP、SI、DI 或 BX 等寄存器却只有 16 位,很显然,不采取特殊措施,是不能寻址 1MB 存储空间的。为此引入了存储器分段的概念。

所谓分段技术就是把 1MB 的空间分成若干逻辑段,每个逻辑段最大具有 64KB 的存储空间。段内地址是连续的,段与段之间是相互独立的。逻辑段可以在整个存储空间浮动,即段的排列可以连续、分开、部分重叠或完全重叠,非常灵活。图 2.4 给出了逻辑分段的示意图。所谓重叠的概念是指存储单元可以属于不同的逻辑段,每个段区的大小允许根据实际需要来分配,而不一定要占有 64KB 的最大段空间。

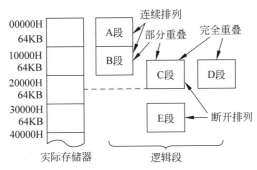

图 2.4 逻辑分段的示意图

2) 逻辑地址和物理地址

8086 要求各逻辑段的第一个单元的地址(称为段首址)的最低 4 位为全 0(即段首址是 16 的整数倍)。段首址的高 16 位称为段基址。段基址存放在段寄存器 DS、ES、SS 或 CS

中,并表明了相应段的性质。段内存储单元距离段首地址的偏移量(以字节数计算)称为偏移地址,也称有效地址(EA)。偏移地址存放在 IP、BP、SI、DI 或 BX 中,或者是通过计算给出的一个 16 位偏移量数据。段基址和偏移地址都是无符号的 16 位二进制数,这两部分构成了存储单元的逻辑地址。逻辑地址通常用段基址:偏移地址的形式来描述。

实际地址(也称物理地址)是指 CPU 和存储器进行数据交换时实际寻址所使用的地址,对 8086/8088 来说是用 20 位二进制数或 5 位十六进制数表示的地址。采用分段结构的存储器中,任何一个单元的 20 位物理地址都是由它的逻辑地址变换得到的:

$$物理地址 = 段基址 \times 16 + 偏移地址$$

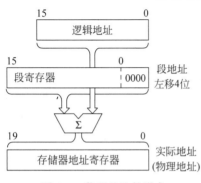

图 2.5　物理地址的形成

物理地址的形成如图 2.5 所示,它是通过 CPU 中 BIU 的地址加法器来实现的。段寄存器的内容×16(相当于左移 4 位)变为 20 位,再在低端 16 位上加上偏移地址(也称有效地址),便可得到 20 位的物理地址。

注意,程序中不能使用 20 位的物理地址,只能使用 16 位的逻辑地址。一个物理地址单元可以唯一地包含在一个逻辑段中,也可以包含在多个相互重叠的逻辑段中。一个物理地址可对应于多个逻辑地址,即一个存储单元的物理地址是唯一的,而逻辑地址是可以不唯一的。例如,物理地址是 12345H,它的逻辑地址可以是 1233H:0015H,也可以是 1234H:0005H。只要通过相应的段基址和偏移地址都可以访问同一个物理地址所对应的存储空间。编程时所使用的是逻辑地址,这给程序设计带来了很大的灵活性。

3) 堆栈

堆栈是以“先进后出”或“后进先出”原则管理的存储区域。8086/8088 的存储器通过分段,划分了专门的堆栈区,称为堆栈段。堆栈段也采用段定义语句在存储器中定义,最大为 64KB。它和其他逻辑段一样,可在 1MB 的存储空间内浮动。一个系统具有的堆栈段的数目不受限制。堆栈段所在存储区中的位置由堆栈段寄存器 SS 和堆栈指针 SP 来指示。SS 给出堆栈段的段基址,而 SP 存放栈顶地址,指出从栈顶到段首址的偏移量。栈顶与栈底之间单元中的内容是堆栈段中的有效数据。

堆栈操作有入栈(PUSH)和出栈(POP)两种,都是 16 位的字操作。入栈时,先堆栈指针 SP 减 2,再数据入栈;出栈时,先栈顶数据出栈,再堆栈指针 SP 加 2。

若已知当前堆栈段的段首址为 10500H,SS=1050H,SP=0008H,AX=1234H,分别执行 PUSH AX、POP BX、POP AX 的操作过程如图 2.6 所示。

4) 段寄存器的使用

段寄存器的设立不仅使 8086/8088 的存储空间扩大到 1MB,而且为信息按特征分段存储带来了方便。在存储器中,信息按特征可分为程序代码、数据、微处理器状态等。为了操作方便,存储器可以相应地划分为以下几个区域:

(1) 程序区,用来存放程序的指令代码;

(2) 数据区,用来存放原始数据、中间结果和最后的运算结果;

(3) 堆栈区,用来存放压入堆栈的数据和状态信息。

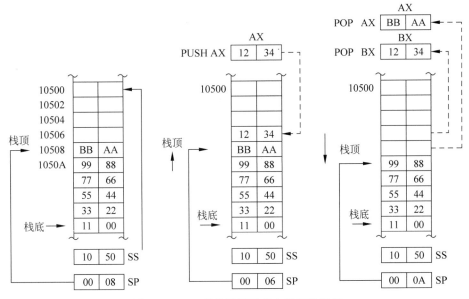

图 2.6   8086 系统堆栈及其入栈出栈操作

4 个段寄存器分别指明如下 4 个现行可寻址的逻辑段。

（1）代码段(Code Segment,CS)：用来存放当前正在运行的程序。系统在取指令时将寻址代码段,其段基址和偏移地址分别由段寄存器 CS 和指令指针 IP 给出。

（2）数据段(Data Segment,DS)：存放当前运行程序所用的数据。用户在寻址该段内的数据时,可以省略段的说明,其偏移地址可通过多种寻址方式形成。

（3）堆栈段(Stack Segment,SS)：一个系统具有的堆栈数目不受限制,栈的深度最大为 64KB,堆栈为保护、调度数据提供了重要的手段。堆栈指针 SP 用来指示栈顶。系统在执行栈操作指令时将寻址堆栈段,这时,段基址和偏移地址分别由段寄存器 SS 和堆栈指针 SP 提供。

（4）附加数据段(Extra Segment,ES)：该段是附加的数据段,是一个辅助的数据区,也用于数据的保存。用户在访问段内的数据时,其偏移地址同样可以通过多种寻址方式来形成,但在偏移地址前要加上段的说明(即段跨越前缀 ES)。

只要修改段寄存器的内容,就可以将相应的存放区设置在内存存储空间的任何位置上。这些区域可以相互独立,也可以部分或完全重叠。需要注意的是,改变这些区域的地址时,是以 16 字节为单位进行的。图 2.7 表示了段寄存器的使用情况。

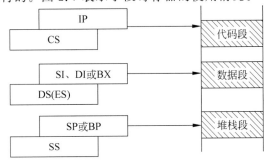

图 2.7   段寄存器的使用情况

一个程序所用的具体存储空间可以为一个逻辑段，也可以为多个逻辑段。如果程序的某一段超过 64KB 空间，或者程序要访问除本身 4 个段以外的其他段，那么在程序中必须动态地修改段寄存器的内容，将其设置成所要存取的段的基址，以保证所获信息的正确性。由此可见，并不会因为段区的划分而限制程序空间。段寄存器在使用时的一些基本约定如表 2.2 所示。

表 2.2　段寄存器在使用时的一些基本约定

访问存储器类型	默认寄存器类型	可指定段寄存器	段内偏移地址来源
取指令码	CS	无	IP
堆栈操作	SS	无	SP
串操作源地址	DS	CS,ES,SS	SI
串操作目的地址	ES	无	DI
BP 用作基址寄存器	SS	CS,DS,ES	依寻址方式求得有效地址
一般数据存取	DS	CS,ES,SS	依寻址方式求得有效地址

综上所述，在各种类型的存储器访问中，其段基址既可由"默认"的段寄存器提供，也可由"指定"的段寄存器提供，这样为访问不同的存储器段提供了方便。这种指定通常是通过在指令码中增加一字节的前缀来实现的。有些类型的存储器访问不允许指定另一个段寄存器，例如，为取指令而访问内存时，一定要使用 CS，段内偏移地址只能由指令指针寄存器 IP 来提供；进行入栈/出栈操作时，一定要使用 SS，段内偏移地址只能由 SP 提供；字符串操作指令的目的地址，一定要使用 ES，源地址和目的地址中的段内偏移地址分别由 SI 和 DI 提供。

2.2　8086/8088 CPU 的引脚信号和功能

视频讲解

8086 和 8088 CPU 是一块具有 40 条引脚的集成电路芯片，其各引脚的定义如图 2.8 所示。为了减少芯片的引脚数，许多引脚具有双重定义和功能，采用分时复用的方式工作，即在不同时刻，这些引脚上的信号是不相同的。还有一些引脚（24～31）具有两种功能，这取决于 33 脚（MN/$\overline{\text{MX}}$）的控制，即决定 8086 CPU 工作在哪种模式（最大模式或最小模式）之下。图 2.8 中 24～31 引脚括号中的功能名为最大模式下的。

大规模集成芯片的引脚特性要从三方面描述：①引脚的功能；②引脚信号的传送方向，即是输入还是输出，或者是兼而有之（双向）；③信号的逻辑状态，即信号在什么状态下是有效的。一般约定：引脚的名称为该引脚功能的英文缩写，既直观，又便于记忆。此外，引脚名上加横线和不加横线分别表示该引脚信号为负逻辑和正逻辑。另外，在微机的控制逻辑状态中，正、负逻辑又分别可细分为三种情况，正逻辑包括高电平（＋5V）有效、上升沿（由低到高的正跳变）触发和正脉冲有效；负逻辑包括低电平（0V）有效、下降沿（由高到低的负跳变）触发和负脉冲有效。在了解引脚特性时，要注意引脚状态的这些差别。

2.2.1　8086 最小模式下引脚的功能定义

（1）MN/$\overline{\text{MX}}$：最小/最大模式设定（输入，高低电平）。

MN/$\overline{\text{MX}}$ 为 1 时工作方式设置为最小模式，在此方式下，系统全部控制信号由 8086 本

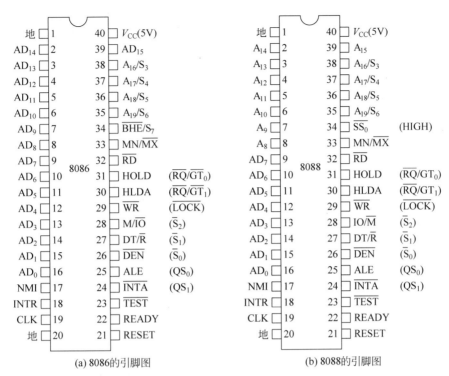

图 2.8　8086/8088 的引脚信号(括号中为最大模式时引脚名)

身提供;为 0 时设置为最大模式。

(2) $AD_{15} \sim AD_0$:地址/数据复用线(双向,三态)。

这是分时复用的存储器或 I/O 端口地址线和数据线。传送地址时为三态输出,传送数据时可双向三态输入输出。由于 8086 微处理器只有 40 条引脚,而它的数据线和地址线已分别占了 16 位和 20 位,因此其引脚数不能满足信号输入输出的要求。正是利用分时复用的方法才能使 8086/8088 用 40 条引脚实现了 20 位地址、16 位数据及众多的控制信号和状态信号的传输信号。

$AD_{15} \sim AD_0$ 作为复用引脚,在总线周期的 T_1 状态用来输出要访问的存储器和 I/O 端口地址,在 $T_2 \sim T_4$ 状态,作为数据传输线。在进行 CPU 响应中断以及系统总线"保持响应"(DMA)时,这些线处于浮空状态(高阻态)。

(3) $A_{19}/S_6 \sim A_{16}/S_3$:地址/状态复用线(输出,三态)。

采用分时输出,在总线周期的 T_1 状态输出地址的高 4 位 $A_{19} \sim A_{16}$,在 $T_2 \sim T_4$ 状态,输出状态信息 $S_6 \sim S_3$。当访问存储器时,T_1 状态输出的 $A_{19} \sim A_{16}$ 与 $AD_{15} \sim AD_0$ 组成 20 位地址信号,而访问 I/O 端口时,不使用这 4 条线,即 $A_{19} \sim A_{16}=0000$。状态信息中的 $S_6=0$,表示当前 8086/8088 与总线相连(即 S_6 始终保持低电平)。S_5 用来指示状态寄存器中的中断允许标志 IF 的状态(S_5 为 1 允许中断,S_5 为 0 禁止中断)。S_4 和 S_3 组合起来用来指示 CPU 当前正在使用哪一个段寄存器,其信息编码如表 2.3 所示。与 $AD_{15} \sim AD_0$ 相同,在进行直接存储器存取(DMA)等方式时,这些线浮空。

表 2.3　S_4 和 S_3 代码指示正在使用的段寄存器

S_4	S_3	状　　态
0	0	当前正使用 ES
0	1	当前正使用 SS
1	0	当前正使用 CS(或未用任何段寄存器)
1	1	当前正使用 DS

(4) $\overline{BHE}/S_7$：数据线高 8 位允许/状态复用线(输出,三态)。

在 T_1 状态,输出 $\overline{BHE}$,表示高 8 位数据线 $D_{15}\sim D_8$ 上的数据有效,在 $T_2\sim T_4$ 状态,输出状态信息 S_7,但是,在当前的 8086 芯片设计中,S_7 作为备用状态信号,未用。

(5) $\overline{RD}$：读控制信号(输出,低电平有效,三态)。

当该信号有效时,表示 CPU 正在进行存储器或 I/O 端口读操作,DMA 时 $\overline{RD}$ 浮空。

(6) $\overline{WR}$：写控制信号(输出,低电平有效,三态)。

当该信号有效时,表示 CPU 正处于写存储器或写 I/O 端口的状态,DMA 时 $\overline{WR}$ 浮空。

(7) $M/\overline{IO}$：存储器/外设控制信号(输出、三态)。

用来区分当前操作是访问存储器还是访问 I/O 端口,一般用于存储芯片或 I/O 接口芯片的片选($\overline{CS}$)译码电路中。若该引脚输出为低电平,则访问的是 I/O 端口;若该引脚输出为高电平,则访问的是存储器。DMA 时,此线被置为浮空状态。

(8) RESET：复位信号(输入,高电平有效)。

常与 8284A(时钟发生器)的复位输出端相连。8086/8088 要求复位脉冲不得小于 4 个时钟周期,接通电源时间不能小于 $50\mu s$。复位信号使 CPU 结束当前操作,并对微处理器内部的寄存器组和指令队列清 0,将 CS 置为 FFFFH。复位后 CPU 内部寄存器的状态如表 2.4 所示。

表 2.4　复位后 CPU 内部寄存器的状态

内部寄存器	状　　态	内部寄存器	状　　态
状态寄存器	清除	SS	0000H
IP	0000H	ES	0000H
CS	FFFFH	指令队列	清除
DS	0000H		

(9) READY：准备好信号(输入,高电平有效)。

它实际上是由所寻址的存储器或 I/O 端口发来的响应信号,表明存储器或 I/O 端口的状态。当 READY=1 时,表示所寻址的内存或 I/O 端口已准备就绪,可以进行一次数据传输。CPU 在每个总线周期的 T_3 状态开始采样 READY 信号,若其为低电平,则表示被访问的存储器或 I/O 设备还未准备好数据,此时应在 T_3 状态之后自动插入一个或几个 T_w 状态(等待状态),直到 READY 变为高电平时,才进入 T_4 状态,完成数据传送,从而结束当前总线周期。通常,READY 经 8284A 同步后引入 8086。

(10) $\overline{TEST}$：等待测试信号(输入,低电平有效)。

该信号和 WAIT 指令结合起来使用。当 CPU 执行 WAIT 指令时,每隔 5 个时钟周期对该线的输入进行一次测试。当 $\overline{TEST}$ 为 1 时,CPU 将停止取下条指令而进入等待状态(空转),重复执行 WAIT 指令,直到该信号为 0,等待状态才结束,继续执行 WAIT 指令后的下一条指令。等待期间,允许外部中断。WAIT 指令是用来使 CPU 与外部硬件同步的,$\overline{\text{TEST}}$ 相当于外部硬件的同步信号。

(11) NMI:非屏蔽中断请求信号(输入,上升沿触发)。

此请求不受 IF 状态的影响,也不能用软件进行屏蔽,只要此信号一出现,CPU 就必须在现行指令结束后立即响应中断。

(12) INTR:可屏蔽中断请求信号(输入,高电平有效)。

当 INTR=1 时,表示外设提出了中断请求。CPU 在每条指令执行的最后一个 T 状态采样此信号,若 IF=1(中断允许)且 INTR=1,则响应中断,停止执行当前的指令序列,并转去执行中断服务程序。

(13) $\overline{\text{INTA}}$:中断响应信号(输出,低电平有效)。

用于对外设的中断请求做出响应。8086/8088 的 $\overline{\text{INTA}}$ 实际上是两个连续的负脉冲,第一个负脉冲通知外设接口,它发出的中断请求已经得到允许,第二个负脉冲要求外设接口往数据总线上发中断类型码,以便使 CPU 得到有关此中断请求的详尽信息。

(14) HOLD:总线保持请求信号(输入,高电平有效)。

总线保持请求信号是系统中的其他总线主控部件向 CPU 发出的请求占用总线的控制信号。当 CPU 从 HOLD 线上收到一个高电平请求信号时,如果 CPU 允许让出总线,就在当前总线周期完成时,于 T_4 状态从 HLDA 线上发出一个应答信号,对 HOLD 请求做出响应。同时,CPU 使地址/数据总线和控制总线处于浮空状态。

(15) HLDA:总线保持响应信号(输出,高电平有效)。

HLDA 信号是 CPU 对 HOLD 请求的响应信号,与 HOLD 配合使用。当 HLDA 有效时,表示 CPU 对其他主控模块的总线请求做出了响应,与此同时,所有与三态门相接的 CPU 的引脚都处于浮空状态(高阻态),从而让出了总线。当请求部件完成对总线占用后,CPU 就立即使 HLDA 变低,同时恢复对总线的控制。

(16) ALE:地址锁存信号(输出,正脉冲)。

ALE 是 8086 在每个总线周期的 T_1 状态发出的,高电平有效。当它有效时,表示当前地址/数据复用线上输出的是地址信号,要求进行地址锁存。因此,它常作为锁存控制信号将 $A_{19} \sim A_0$ 锁存于地址锁存器(8282/8283)中。注意,ALE 信号不能被浮空。

(17) DT/$\overline{\text{R}}$:数据收/发控制信号(输出,三态)。

它是在系统使用 8286/8287 作为数据收发器时,控制其数据传送方向的。若为高电平,则进行数据发送,即 CPU 写数据到内存或 I/O 端口;否则进行数据接收,即 CPU 到内存或 I/O 端口读数据。在 DMA 时,该信号被置为浮空。它常用于数据总线驱动器 8286/8287 的方向控制。

(18) $\overline{\text{DEN}}$:数据允许信号(输出,低电平有效,三态)。

它是 8086 提供给 8286/8287(数据收发器)的选通信号,接至数据收发器的 $\overline{\text{OE}}$ 端。该信号有效时,表示数据总线上有有效的数据。每次访问内存或 I/O 端口以及中断响应期间该信号均有效;在 DMA 时,该信号被置为浮空。它常作为数据总线驱动器的三态控制信号。

(19) CLK:系统时钟(输入)。

8086/8088 的 CLK 端通常与 8284A(时钟发生器)的时钟输出端 CLK 相连,该时钟信号的低/高之比常采用 2：1。8086 CPU 的标准时钟频率为 5MHz。

(20) GND 和 V_{CC}：地线和电源线(输入)。

8086 的 GND 有两条(1、20 脚)，V_{CC} 接入的电压为 +5V($1\pm10\%$)。

2.2.2 8086 最大模式下引脚的功能定义

当 MN/$\overline{\text{MX}}$ 为低电平时，8086 CPU 工作在最大模式。在最大模式下，许多总线控制信号不是由 8086 直接产生，而是通过总线控制器 8288 产生的。因此，8086 在最小模式下提供的总线控制信号的引脚(24~31 脚)就需重新定义，改作支持最大模式之用。除 24~31 这几个引脚之外，其他引脚与最小模式完全相同。最大模式下 24~31 引脚的功能定义见图 2-7 中括号内的说明，下面分别加以介绍。

(1) $\overline{S}_2 \sim \overline{S}_0$：总线周期状态信号(输出，三态)。

$\overline{S}_2$、$\overline{S}_1$、$\overline{S}_0$ 的组合表示 CPU 总线周期的操作类型。

8288 总线控制器依据这三个状态信号产生访问存储器和 I/O 端口的控制命令，表 2.5 给出 $\overline{S}_2 \sim \overline{S}_0$ 对应的总线周期类型。表中的无源状态是指一个总线操作周期结束，而另一个新的总线周期还未开始的状态。

表 2.5 $\overline{S}_2 \sim \overline{S}_0$ 对应的总线周期类型

$\overline{S}_2$	$\overline{S}_1$	$\overline{S}_0$	总 线 周 期
0	0	0	INTA 周期
0	0	1	I/O 读周期
0	1	0	I/O 写周期
0	1	1	暂停
1	0	0	取指令周期
1	0	1	读存储器周期
1	1	0	写存储器周期
1	1	1	无源状态

(2) QS_1，QS_0：指令队列状态信号(输出)。

这两个信号组合起来提供了本总线周期的前一个时钟周期中指令队列的状态，以便于外部器件，如 8087 协处理器对 8086/8088 内部指令队列的动作进行跟踪。QS_1、QS_0 的代码组合与队列状态的对应关系如表 2.6 所示。

表 2.6 QS_1、QS_0 的代码组合与队列状态的对应关系

QS_1	QS_0	队 列 状 态
0	0	无操作
0	1	从指令队列中取出指令的第一字节
1	0	队列为空
1	1	从指令队列中取出第一字节以后部分

(3) $\overline{\text{RQ}}/\overline{\text{GT}}_1$，$\overline{\text{RQ}}/\overline{\text{GT}}_0$：总线请求/允许信号(双向，低电平有效，三态)。

这两个信号可供主 CPU 以外的处理器用来发出使用总线的请求信号和接收 CPU 对总线请求信号的回答信号。它们都是双向的，总线请求信号和总线允许信号在同一引线上传输，但方向相反。其中，$\overline{\text{RQ}}/\overline{\text{GT}}_0$ 比 $\overline{\text{RQ}}/\overline{\text{GT}}_1$ 具有更高的优先权。

(4) $\overline{\text{LOCK}}$：总线封锁信号（输出，低电平有效，三态）。

当 $\overline{\text{LOCK}}$ 为低电平时，表示 CPU 独占总线使用权。其他总线控制设备的总线请求信号将被封锁，不能获得对系统总线的控制。$\overline{\text{LOCK}}$ 信号由指令前缀 LOCK 产生，而在 LOCK 后面的一条指令执行完毕后，便撤销了 $\overline{\text{LOCK}}$ 信号。此信号是为避免多个处理器使用共有资源时产生冲突而设置的。此外，在 8086 的两个中断响应脉冲之间，$\overline{\text{LOCK}}$ 信号也自动有效，以防其他的总线主控部件在中断响应过程中占有总线而使一个完整的中断响应过程被间断。

通常，$\overline{\text{LOCK}}$ 信号接向 8289（总线仲裁器）的 $\overline{\text{LOCK}}$ 输入端。在 DMA 时，$\overline{\text{LOCK}}$ 处于浮空状态。

2.2.3　8088 的引脚特性

8088 CPU 和 8086 CPU 具有相同的内部总线、内部寄存器（均为 16 位）和指令系统，在软件上是互相兼容的。但是，8088 的外部数据线是 8 位的，即 $AD_7 \sim AD_0$，每次传送的数据只能是 8 位。而 8086 是真正的 16 位处理器，每次传送的数据既可以是 16 位也可以是 8 位（高 8 位或低 8 位）。8088 和 8086 之间引脚上的不同主要表现在：

（1）由于 8088 CPU 外部一次只传送 8 位数据，因此其引脚 $A_{15} \sim A_8$ 仅用于输出地址信号，而 8086 则将此 8 条线变为双向分时复用的 $AD_{15} \sim AD_8$。

（2）8086 CPU 上的 $\overline{\text{BHE}}/S_7$ 信号在 8088 上变为 $\overline{\text{SS}}_0$（HIGH）信号。这是一条状态输出线，它与 $M/\overline{\text{IO}}$ 和 $DT/\overline{R}$ 信号一起，决定了 8088 CPU 在最小模式下现行总线周期的状态。HIGH 在最大模式时始终为高电平输出。

（3）8088 的存储器/外设控制引脚是 $\overline{M}/\text{IO}$，即 CPU 访问内存时该引脚输出低电平，访问外设时输出高电平。

2.3　8086/8088 系统的工作模式与典型时序

2.3.1　8086/8088 系统的工作模式

视频讲解

8086/8088 CPU 构成的微机系统有最小模式和最大模式两种系统配置。

1. 最小模式组成

当 $MN/\overline{MX}=1$ 时，8086 CPU 工作在最小模式之下，即单处理器系统方式。此时，构成的微型机中只包括一个 8086 或 8088 CPU，且系统总线的所有控制信号都由 CPU 直接给出，系统中的总线控制逻辑电路被减到最少，适合于较小规模的应用。

8086 最小模式下的典型配置如图 2.9 所示，硬件连接有如下几个特点：

（1）CPU 的引脚 $MN/\overline{MX}$ 接 V_{CC}（+5V），决定了系统处于最小工作模式。

（2）有一片 8284A，作为时钟发生器。

（3）有 3 片 8282 或 74LS373，用作地址锁存器。

（4）当系统中所连接的存储器和外设比较多时，需要增加系统数据总线的驱动能力，这时，可选用 2 片 8286 或 74LS245 作为数据收发器。

构成最小模式的系统其他组件，如半导体存储器 RAM 和 ROM、外部设备的 I/O 接

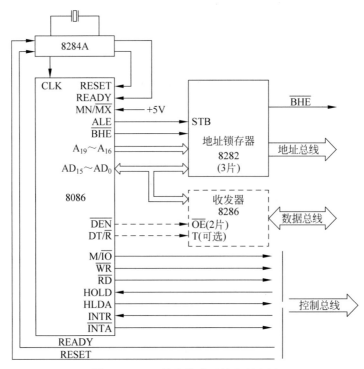

图 2.9 8086 最小模式下的典型配置

口、中断优先级管理部件等,视组成实际系统的需要进行选配,直接与系统总线(AB、DB、CB 三总线)连接即可。下面着重讨论 CPU 与系统总线之间的配置:时钟发生器、地址锁存器和数据收发器(选择采用)。

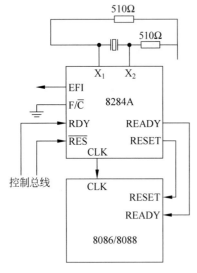

图 2.10 8284A 与 8086 的连接

是经时钟同步了的信号。

1) 时钟发生器 8284A

在 8086/8088 CPU 内部没有时钟信号发生器,因此所需的时钟信号由外部的时钟发生器提供。8284A 是 Intel 公司专为 8086 设计的时钟信号发生器,能产生 8086 所需的 5MHz 系统时钟信号,即系统主频。8284A 除提供恒定的时钟信号外,还对外界输入的准备就绪信号 RDY 和复位信号进行同步操作。8284A 与 8086 的连接如图 2.10 所示。

当外界的准备就绪信号 RDY 输入 8284A,经时钟下降沿同步后,输出 READY 信号作为 8086 的准备就绪信号;外界的复位信号 $\overline{RES}$ 输入 8284A,经整形并由时钟的下降沿同步后,输出 RESET 信号作为 8086 的复位信号(其宽度不得小于 4 个时钟周期)。外界的 RDY 和 $\overline{RES}$ 可在任何时候发出,但送至 CPU 去的都

8284A 作为时钟发生器,外接晶体经过 8284A 三分频后,送给 CPU 作为系统时钟。根据不同的振荡器,8284A 有两种不同的连接方法:一种方法是采用脉冲发生器作为振荡源,

只需将脉冲发生器的输出端和 8284A 的 EFI 端相连,引脚 F/$\overline{\text{C}}$ 接为高电平即可;另一种方法是采用石英晶体振荡器作为振荡源,只需将晶体振荡器连在 8284A 的 X_1 和 X_2 两端,将引脚 F/$\overline{\text{C}}$ 接地即可。

2)地址锁存器 8282

由于 8086/8088 的部分地址线和数据线采用分时复用技术,因此在一个总线周期内总线首先传送地址,然后传送数据。为保证存储器和接口芯片在整个总线周期内保持稳定的地址信息,在每个总线周期的 T_1 状态利用地址锁存允许信号 ALE 的后沿,将地址信息锁存到地址锁存器内,经锁存后的地址信号可以在整个总线周期保持不变,从而为外部提供稳定的地址信息。

Intel 8282/8283 是具有三态缓冲的单向 8 位锁存器。使用时,将 8282 的选通信号输入端 STB 与 ALE 相连,允许输出控制信号 $\overline{\text{OE}}$ 接地。具体连接如图 2.11 所示。

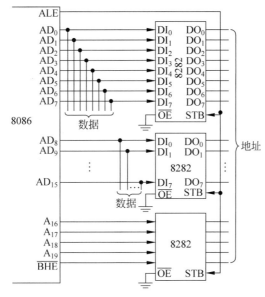

图 2.11 8282 锁存器与 8086 的连接

当 ALE 有效时,8086 的地址信号被锁存并传至输出端,供存储器芯片和 I/O 接口芯片使用。8086 除了 20 位地址外,$\overline{\text{BHE}}$ 也要锁存,所以需要 3 片 8282 作为锁存器。也可以使用 74LS373 作为地址锁存器,使用方法和 8282 几乎一样。

3)数据收发器 8286

当系统中所连接的存储器及 I/O 设备较多时,为了使系统能稳定工作,可以采用发送器和接收器来增加驱动能力。发送器和接收器简称为收发器,也常称为总线驱动器。

Intel 8286/8287 是 8 位双向三态缓冲器。它们均采用 20 引脚的 DIP 封装。8286 的数据线有两组:$A_7 \sim A_0$、$B_7 \sim B_0$。引脚 T 用来控制数据传输的方向,当 $T=1$ 时,方向为 A→B;当 $T=0$ 时,方向为 B→A。在系统中 T 和 CPU 的 DT/$\overline{\text{R}}$ 端相连即可。$\overline{\text{OE}}$ 是输出允许信号,当它为 1 时,不允许数据通过 8286;当它为 0 时,允许数据传送。在系统中和 CPU 的 $\overline{\text{DEN}}$ 相连。8286 收发器和 8088 的连接如图 2.12 所示。

8286/8287 可作为选件,用于需要增加数据总线驱动能力的系统。

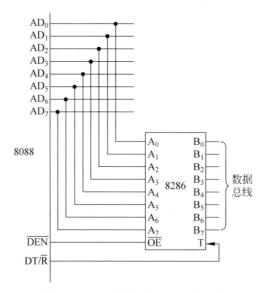

图 2.12 8286 收发器和 8088 的连接

8086 的数据总线是 16 位,如果要选用 8286 做总线驱动器,则需要 2 片。如果是较小规模的最小模式系统,不需要总线驱动器,那么就用 CPU 的 $M/\overline{IO}$、$\overline{RD}$、$\overline{WR}$ 组合起来决定系统中数据传输的方式。

2. 最大模式组成

当 $MN/\overline{MX}=0$ 时,8086 CPU 工作在最大模式之下。在此模式下,构成的微型计算机中除了有 8086 CPU 之外,还可以接另外的 CPU,如 8087、8089 等,以构成多处理器系统。

在最大模式系统中,系统的许多控制信号不再由 8086 直接发出,而是由总线控制器 8288 对 8086 发出的控制信号进行变换和组合,从而得到各种系统控制信号。

1) 8086 最大模式典型配置

8086 最大模式典型配置如图 2.13 所示。硬件连接有如下特点:

(1) 8086 CPU 的引脚 $MN/\overline{MX}$ 接地时,决定了系统处于最大工作模式。

(2) 最大模式中需外加 8288 总线控制器,对 CPU 发出的控制信号进行变换和组合。

(3) 最大模式中,一般包含 2 个或多个处理器,需要解决主处理器和协处理器之间的协调工作问题以及对总线的共享控制问题。

从图 2.13 可以看出,最大模式和最小模式在配置上最主要的差别在于 8288 总线控制器。在最小模式下,控制信号 $M/\overline{IO}$、$\overline{WR}$、$\overline{INTA}$、ALE、$DT/\overline{R}$、$\overline{DEN}$ 直接从 8086 的 24~29 引脚发出,它们指出了数据传送过程的类型、地址锁存控制和数据收/发控制,以及中断响应。在最大模式中,状态信息 $\overline{S}_2$、$\overline{S}_1$、$\overline{S}_0$ 隐含了上面这些信息,通过 8288 组合得到这几方面功能的信息。

2) 8288 总线控制器主要引脚信号

总线控制器 8288 是 20 引脚的 DIP 芯片,其原理框图如图 2.14 所示。8288 对外连接信号有三组:一组为输入信号(含状态和控制信号);二组为命令输出信号;三组为输出的控制信号。下面简述在最小模式下没有的控制信号。

(1) IOB:I/O 总线方式控制输入信号。当 IOB 接低电平时,8288 工作于系统总线方

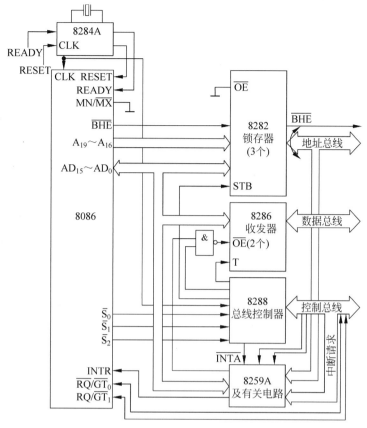

图 2.13　8086 最大模式典型配置

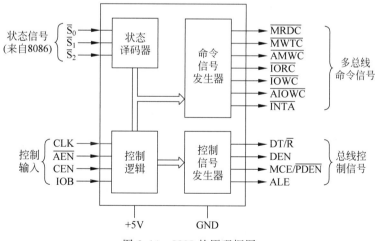

图 2.14　8288 的原理框图

式，8288 可以同时控制存储器和 I/O 端口。当 IOB 接高电平时，8288 工作于局部总线方式（或 I/O 总线方式）。只有访问 I/O 端口时，才会使 $\overline{\text{IORC}}$、$\overline{\text{IOWC}}$、$\overline{\text{INTA}}$ 信号有效；而在访问存储器时，不进行任何操作。

（2）CEN：控制信号允许输入端。为高电平时，允许 8288 输出有效的总线控制信号；为低电平时，8288 的控制信号无效。

16 位和 32 位微处理器

(3) MCE/$\overline{\text{PDEN}}$：双功能引脚。当 IOB 接高电平时，引脚输出 $\overline{\text{PDEN}}$ 信号，可作为 I/O 总线数据收发器的允许信号；当 IOB 接低电平时，输出 MCE 信号。

(4) $\overline{\text{AEN}}$：总线命令允许控制信号。为低电平时，允许 8288 输出有效的控制信号；为高电平时，使输出端为高阻态。

(5) $\overline{\text{MRDC}}$、$\overline{\text{MWTC}}$ 和 $\overline{\text{IORC}}$、$\overline{\text{IOWC}}$：两组读/写控制信号。分别用来控制存储器读/写和 I/O 读/写，都是在总线周期的中间部分输出。

(6) $\overline{\text{AMWC}}$、$\overline{\text{AIOWC}}$：超前写 I/O 命令和超前写内存命令。其功能分别和 $\overline{\text{MWTC}}$、$\overline{\text{IOWC}}$ 一样，只是信号提前一个时钟周期发出，这样对于一些较慢的存储器芯片或 I/O 设备，可以得到一个额外的时钟周期去执行写入操作。

2.3.2　指令周期与总线周期

1. 时钟周期

时钟周期是 CPU 的基本时间计量单位，是 CPU 工作的最小时间单位，也称节拍脉冲或 T 周期，由主频决定。对于 8086 来讲，若其主频为 5MHz，则一个时钟周期为 200ns。

2. 指令周期和总线周期

8086 CPU 的操作是在时钟 CLK 统一控制下进行的，以便使取指令和传送数据能够协调地工作。

8086 CPU 通过总线对存储器或 I/O 端口进行一次信息的输入或输出过程，称为总线操作。执行该操作所需要的时间，称为总线周期。在 8086 中，一个最基本的总线周期由 4 个时钟周期组成，每个时钟周期称为 T 状态，因此基本总线周期用 T_1、T_2、T_3、T_4 表示。

每条指令的执行由取指令、分析指令和执行指令等操作完成，执行一条指令所需要的时间称为一个指令周期。简单指令执行时间比较短，而复杂指令执行的时间比较长，因此，不同指令的指令周期在时间长度上是不相等的。一个指令周期由一个或几个总线周期组成，一个总线周期又由若干时钟周期组成。

8086 总线周期除了 T_1、T_2、T_3、T_4 4 个基本时钟周期外，还会出现若干额外的时钟周期。

(1) T_W：等待状态。当被写入数据或被读取数据的存储器或外设在速度上跟不上 CPU 的要求时，就会由存储器或外设通过 READY 信号线在 T_3 状态启动之前向 CPU 发送一个 READY 无效信息，表示数据未就绪，于是 CPU 将在 T_3 之后插入 1 个或多个附加的时钟周期 T_W(等待状态)。在 T_W 状态，总线上的信息维持 T_3 状态的信息情况。当存储器或外设完成数据的读/写时，便在 READY 线上发出有效信号，CPU 接到此信号，会自动脱离 T_W 而进入 T_4 状态。

(2) T_I：空闲状态。总线周期只用于 CPU 和存储器或 I/O 端口之间传送数据和供填充指令队列，如果在一个总线周期之后，不立即执行下一个总线周期，那么，系统总线就处于空闲状态，即执行空闲周期 T_I。在空闲周期中，可以包含 1 个时钟周期或多个时钟周期。这期间，在高 4 位的复用总线上，CPU 仍然驱动前一个总线周期的状态信息；而在低 16 位的复用总线上，则视前一个总线周期是写还是读周期来确定；若前一个总线周期为写周期，CPU 则会在复用总线的低 16 位继续驱动数据信息；若前一个总线周期为读周期，CPU 则使复用总线的低 16 位处于浮空状态。图 2.15 表示了一个典型的总线周期序列。

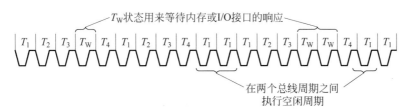

T_W状态用来等待内存或I/O接口的响应

在两个总线周期之间
执行空闲周期

图 2.15　典型的 8086 总线周期序列

2.3.3　8086/8088 系统的典型时序

1. 系统的复位和启动操作

8086 的复位和启动操作是由 8284A 时钟发生器向其 RESET 复位引脚输入一个触发信号而执行的。8086 要求此复位信号至少维持 4 个时钟周期的高电平。如果是初次加电引起的复位,则要求此高电平持续时间不小于 $50\mu s$。

当 RESET 信号一进入高电平,8086 CPU 就结束当前操作,进入复位状态。在复位状态下,CPU 内部的各寄存器,除 CS 置为 FFFFH 外,其余全部清 0,指令队列也清空。

由于复位时,代码段寄存器 CS 和指令指针寄存器 IP 分别被初始化为 FFFFH 和 0000H,故 8086/8088 CPU 复位后将从内存的 FFFF0H 处开始执行指令。因此,一般在该处放一条无条件转移指令,转移到系统程序的入口处,这样,系统一旦被启动便自动进入系统程序,并开始正常工作。

系统复位时,由于标志寄存器 FR 被清 0,其中的中断允许标志位 IF 也被清 0,这样,INTR 端输入的可屏蔽中断请求得不到允许。因此,在程序设计时,应在程序中设置一条开放中断的指令 STI,使 IF 为 1,以开放中断。

8086 复位操作时序如图 2.16 所示。由图可见,RESET 信号变为高电平后,再经过 1 个时钟周期,将执行:

(1) 把所有具有三态的输出线,包括 $AD_{15} \sim AD_0$、$A_{19}/S_6 \sim A_{16}/S_3$、$\overline{BHE}/S_7$、$M/\overline{IO}$、$DT/\overline{R}$、$\overline{DEN}$、$\overline{WR}$、$\overline{RD}$ 和 $\overline{INTA}$ 等都置成浮空状态,直到 RESET 信号变为低电平,结束复位操作为止。另外,在进入浮空前的半个状态(即时钟周期的低电平期间),这些三态输出线暂为不作用状态。

(2) 把不具有三态的输出线,包括 ALE、HLDA、$\overline{RQ}/\overline{GT}_1$、$\overline{RQ}/\overline{GT}_0$、$QS_1$、$QS_0$ 等都置为无效状态。

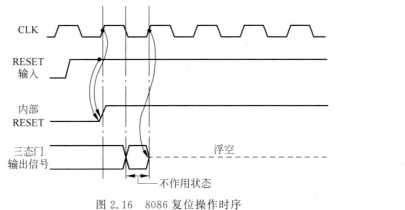

图 2.16　8086 复位操作时序

2. 总线读/写操作

总线操作按数据传输方向可分为总线读操作和总线写操作。前者是指 CPU 从存储器或 I/O 端口读取数据,后者则是指 CPU 把数据写入存储器或 I/O 端口。

1) 最小模式下总线读周期

8086 CPU 从存储器或 I/O 端口读数据的操作时序如图 2.17 所示。各状态下的操作分析如下。

(1) T_1 状态。

① M/$\overline{\text{IO}}$:用来表示总线周期是访问存储器还是访问 I/O 端口,在总线周期一开始就有效,并一直保持到 T_4 末尾才无效。若为高电平,则表示从存储器读;若为低电平,则表示从 I/O 端口读。

② CPU 通过地址/数据复用线 $AD_{15} \sim AD_0$ 和地址/状态复用线 $A_{19}/S_6 \sim A_{16}/S_3$ 发存储器地址(20 位,$A_{19} \sim A_0$)或 I/O 端口地址(16 位,$A_{15} \sim A_0$,$A_{19} \sim A_{16}$ 为 0000)。这类信号只维持 T_1 状态,因此必须进行锁存,以供整个总线周期使用。

③ ALE 信号在 T_1 状态为一个正脉冲信号,以实现对地址信号的锁存。ALE 信号的下降沿可用来作为地址锁存器 8282 的锁存脉冲,把地址锁存到地址锁存器。

④ CPU 在 T_1 状态 $\overline{\text{BHE}}$ 有效信号(低电平),表示高 8 位数据线 $D_{15} \sim D_8$ 上的数据开放,实现了对存储器奇地址区的寻址,$\overline{\text{BHE}}$ 和地址 A_0 分别用来对奇地址、偶地址区进行寻址。

⑤ DT/$\overline{\text{R}}$ 在整个总线周期均为低电平,表示本总线周期为读周期,以控制数据收发器为接收器。

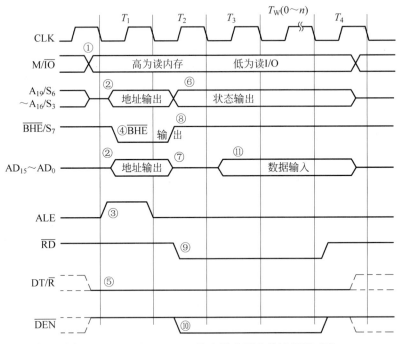

图 2.17 8086/8088 CPU 最小模式下总线读周期时序

(2) T_2 状态。

① $A_{19}/S_6 \sim A_{16}/S_3$ 线开始输出状态信息 $S_6 \sim S_3$,持续到 T_4 状态。

② 地址信号消失，此时，$AD_{15} \sim AD_0$ 进入高阻态，以便为读入数据做准备。

③ $\overline{BHE}/S_7$ 线开始输出状态信息 S_7（8086 中目前 S_7 未赋予实际意义），持续到 T_4 状态。

④ $\overline{RD}$ 信号变为低电平有效，并保持到 T_4 结束。此信号被连接到系统中所有存储器和 I/O 端口。但是，只有被地址信号选中的存储单元或 I/O 端口，才会被 $\overline{RD}$ 信号作用，打开数据输出缓冲器，将数据送上数据总线 $AD_{15} \sim AD_0$。

⑤ $\overline{DEN}$ 信号变为低电平有效，此信号表示允许数据传送，用来开放 8286 数据收发器。$\overline{DEN}$ 维持到 T_4 的中期结束有效。

（3）T_3 状态。

CPU 采样 READY 信号，以决定是否需插入等待状态 T_W。当 READY 为 0 时（表示"未就绪"），需要插入 T_W。当 READY 为 1 时，内存单元或 I/O 端口将数据送到数据总线 $AD_{15} \sim AD_0$ 上，CPU 在 T_3 的下降沿对数据总线进行采样，从而获得数据。

（4）T_W 状态。

当系统中所使用的存储器或 I/O 设备的工作速度较慢，不能在基本总线周期所规定的 4 个周期内完成读操作时，可在 T_3 和 T_4 之间插入 1 个或多个等待状态 T_W。

CPU 在每个 T_W 的前沿去采样 READY，当 READY 为 1 时（表示"已就绪"），就在本 T_W 完成时，结束等待状态，进入 T_4 状态。故在最后一个 T_W，数据已出现在数据总线上，此时的总线操作和基本总线周期中的 T_3 状态一致。

（5）T_4 状态。

CPU 在 T_3 或 T_W 的结束和 T_4 开始的交界处开始采样数据线，从而获得数据。然后在 T_4 的后半周，相关的控制状态信号线进入无效状态，数据从数据线上撤销。

需注意的是，由于 8088 的数据总线是 8 位的，因此只有 $AD_7 \sim AD_0$ 是地址/数据复用总线，而 $A_{15} \sim A_8$ 为地址线。当 T_1 开始时，在整个总线周期内，始终保持着地址信息。另外，8088 没有 $\overline{BHE}$ 信号。

2）最小模式下总线写周期

CPU 往存储器或 I/O 端口写入数据的时序如图 2.18 所示，和读操作一样，基本写操作周期也包含 4 个 T 状态，当存储器或 I/O 设备速度较慢时，在 T_3 和 T_4 之间插入 1 个或多个等待状态 T_W。

在总线写操作周期中，8086 在 T_1 时将地址信号送至地址/数据复用的 AD 总线上，并于 T_2 开始直到 T_4，将数据输出到 AD 线上，等到存储器或 I/O 端口的输入数据缓冲器被打开，便将 AD 线上的输出数据写入存储器或 I/O 端口。存储器或 I/O 端口的输入数据缓冲器是利用在 T_2 出现的写操作控制信号 $\overline{WR}$ 打开的。具体过程简述如下。

（1）T_1 状态。

① $M/\overline{IO}$：指出当前执行的是写存储器还是写 I/O 端口。若为高电平，表示写存储器；若为低电平，则表示写 I/O 端口。该信号一直保持到 T_4 末尾才结束，和读周期时相同。

② CPU 通过地址/数据复用线 $AD_{15} \sim AD_0$ 和地址/状态复用线 $A_{19}/S_6 \sim A_{16}/S_3$ 发存储器地址（20 位，$A_{19} \sim A_0$）或 I/O 端口地址（16 位，$A_{15} \sim A_0$，$A_{19} \sim A_{16}$ 为 0000）。这类信号只维持 T_1 状态，因此必须进行锁存，以供整个总线周期使用。

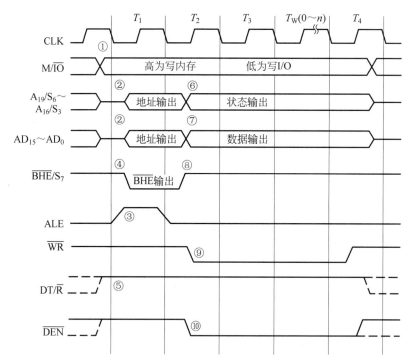

图 2.18　8086/8088 CPU 最小模式下总线写周期时序

③ ALE 信号在 T_1 状态为一个正脉冲信号，以实现对地址信号的锁存。ALE 信号的下降沿可用来作为地址锁存器 8282 的锁存脉冲，把地址锁存到地址锁存器。

④ CPU 在 T_1 状态 $\overline{\text{BHE}}$ 有效信号（低电平），表示高 8 位数据线 $D_{15} \sim D_8$ 上的数据开放，实现了对存储器奇地址区的寻址，$\overline{\text{BHE}}$ 和地址 A_0 分别用来对奇地址、偶地址区进行寻址。

⑤ DT/$\overline{\text{R}}$ 在整个总线周期均为高电平，表示本总线周期 CPU 执行写操作。

（2）T_2 状态。

① $A_{19}/S_6 \sim A_{16}/S_3$ 线开始输出状态信息 $S_6 \sim S_3$，持续到 T_4 状态。

② 地址信号发出后，CPU 立即从地址/数据复用引脚 $AD_{15} \sim AD_0$ 上发出要写到存储单元或 I/O 端口的数据，该数据信息一直保持到 T_4 状态的中间。

③ $\overline{\text{BHE}}/S_7$ 线开始输出状态信息 S_7（8086 中目前 S_7 未赋予实际意义），持续到 T_4 状态。

④ $\overline{\text{WR}}$ 信号变为低电平有效，并保持到 T_4 结束，该信号送到存储单元或 I/O 端口。

⑤ $\overline{\text{DEN}}$ 信号变为低电平有效，表示数据传送允许，和读周期时一样。

（3）T_3 状态。

CPU 采样 READY 信号，以决定是否需插入等待状态 T_W。CPU 继续提供状态信息和数据，并且继续维持 $\overline{\text{WR}}$、M/$\overline{\text{IO}}$ 及 $\overline{\text{DEN}}$ 信号有效。

（4）T_W 状态。

和读周期一样，如果存储器或 I/O 设备的速度较慢，可以通过系统电路产生未准备好信号 READY，在 T_3 和 T_4 之间插入 1 个或多个等待状态 T_W。

（5）T_4 状态。

CPU 将数据从数据总线上撤销，各控制信号线和状态信号线也进入无效状态。此时，$\overline{\text{DEN}}$ 信号进入高电平，从而使总线收发器不工作。

I/O 端口的写周期和内存的写周期十分相似，所不同的仅仅是：

① 寻址接口最多用 16 位地址，即 $A_{15} \sim A_0$ 和 $\overline{\text{BHE}}$，CPU 在 T_1 送出端口地址 $A_{15} \sim A_0$ 及 $\overline{\text{BHE}}$ 时，高 4 位地址 $A_{19} \sim A_{16}$ 全为低电平。

② 在写端口的总线周期里，M $/\overline{\text{IO}}$ 信号为低电平。

总线写周期和总线读周期操作的区别是：

① 写周期时，地址/数据复用线 AD 上因输出的地址和输出的数据为同方向，因此，T_2 时不需要像读周期那样要维持一个周期的浮空状态以作缓冲。

② 写周期时，对存储器芯片或 I/O 端口发出的控制信号是 $\overline{\text{WR}}$，而读周期是 $\overline{\text{RD}}$。

③ 写周期时，DT/$\overline{\text{R}}$ 引脚上发出的是高电平，表明数据发送控制信号有效；而读周期时，DT/$\overline{\text{R}}$ 引脚上发出的是低电平，表明数据接收控制信号有效。

3）最大模式下总线读/写周期

当 8086/8088 工作在最大模式下时，总线读/写操作的时序在逻辑上和最小模式是一样的，所不同的是控制信号的产生方式不同，系统的许多控制信号不再由 8086 直接发出，而是 CPU 通过引脚输出状态信息 $\overline{S}_2$、$\overline{S}_1$、$\overline{S}_0$ 给总线控制器 8288，由 8288 产生相应的存储器读/写、I/O 读/写和对地址锁存器及双向总线收发器的控制信号。

最大模式下的总线读操作时序和写操作时序如图 2.19、图 2.20 所示。

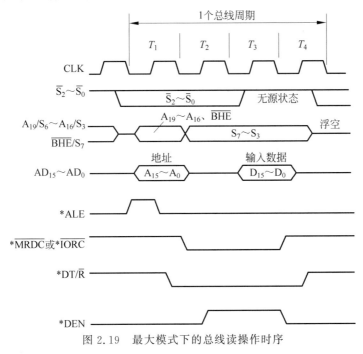

图 2.19　最大模式下的总线读操作时序

注意，在每个总线周期开始之前一段时间，$\overline{S}_2$、$\overline{S}_1$、$\overline{S}_0$ 必定被设置为高电平（无源状态）。而当 8288 一旦检测到这三个状态信号中任一个或几个从高电平变为低电平时，便开始一个新的总线周期。

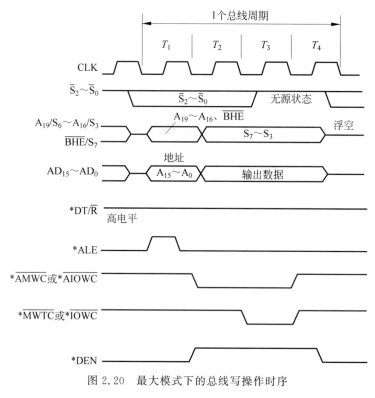

图 2.20　最大模式下的总线写操作时序

3. 中断响应操作

当 8086/8088 CPU 收到外界从 INTR 引脚上送来的中断请求信号,并且满足 IF＝1(允许中断)时,CPU 在执行完当前指令后,便执行一个中断响应时序。中断响应的时序如图 2.21 所示。

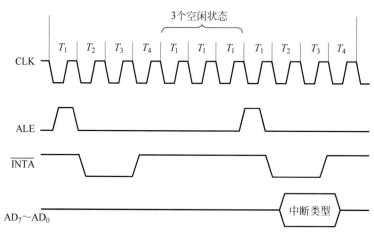

图 2.21　8086 中断响应的时序

该中断响应时序由两个 $\overline{\text{INTA}}$ 负脉冲组成,第一个负脉冲 $\overline{\text{INTA}}$ 表明其中断请求已得到 CPU 的允许,然后插入 2 个或 3 个空闲周期 T_1,再发第二个负脉冲,这两个负脉冲都从 T_2 一直维持到 T_4 状态的开始。当中断控制器 8259A 收到第二个 $\overline{\text{INTA}}$ 负脉冲后,立即就把中断类型号 n 送到数据总线的低 8 位 $D_7 \sim D_0$ 上,并通过与之连接的 CPU 的地址/数

据线 $AD_7 \sim AD_0$ 送给 CPU。在两个中断响应总线周期中，地址/数据总线 $AD_7 \sim AD_0$、$\overline{BHE}/S_7$ 和地址/状态线 $A_{19}/S_6 \sim A_{16}/S_3$ 均处于浮空，$M/\overline{IO}$ 处于低电平。

2.4 8086/8088 的存储器组织

视频讲解

2.4.1 小端存放和大端存放

对于一个多字节数据，可采用从高字节到低字节或相反的顺序存放在主存中。由于存储器按字节编址，当数据的低字节存储在低地址中，而高字节存放在高地址中，这种数据存放方式称为小端存放；反之，当数据的高字节存储在低地址，而低字节存放在高地址中，这种数据存放方式称为大端存放。16 位机中字数据的小端存放和大端存放的数据存放方式如图 2.22 所示。80x86 系统的存储器一般采用小端方式存放数据。

图 2.22 数据存放方式

2.4.2 8086 存储器组织

1. 偶区和奇区

8086/8088 有 20 条地址线，可寻址 1MB 的存储空间。但 8086 的 1MB 存储器，实际上被分成两个 512KB 的存储体：固定与 CPU 的低位字节数据线 $D_7 \sim D_0$ 相连的称为偶存储体(偶区)，该存储体中的每个地址均为偶数；固定与 CPU 的高位字节数据线 $D_{15} \sim D_8$ 相连的称为奇存储体(奇区)，该存储体中的每个地址均为奇数。地址线 $A_{19} \sim A_1$ 可同时对奇、偶区内单元寻址，A_0、$\overline{BHE}$ 则用于对奇、偶区的选择，分别连接到区选择端 $\overline{SEL}$ 上，如图 2.23 所示。

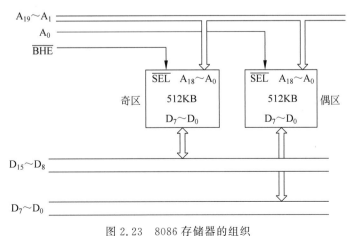

图 2.23 8086 存储器的组织

第 2 章

16 位和 32 位微处理器

利用 A_0 和 $\overline{BHE}$ 这两个控制信号可以实现对两个区进行读/写(即 16 位数据),也可以单独对其中的一个区进行读/写(即 8 位数据),如表 2.7 所示。

表 2.7　$\overline{BHE}$、A_0 代码表示的奇偶区的选择

$\overline{BHE}$	A_0	读/写的字节
0	0	同时读/写高低两字节
0	1	只读/写奇地址的高位字节
1	0	只读/写偶地址的低位字节
1	1	不传送

2. 8086 系统中信息的存放

存储器的物理组织分成了偶区和奇区,但是,在逻辑结构上,存储单元是按地址顺序排列的,每字节信息只占一个单元,只有唯一的一个物理地址,相邻的两字节被称为一个"字"。

(1) 字节信息。存放的信息是以字节(8 位)为单位,在存储器中按顺序排列存放。

(2) 字信息。存放的信息为一个字(16 位),需占用两个连续地址的单元,将每个字的低字节(低 8 位)存放在低地址中,高字节(高 8 位)存放在高地址中,并以低地址作为该字的地址。

(3) 双字信息。存放的信息为双字(32 位,一般作为地址指针),需占用 4 个连续地址单元,其低位字是被寻址地址的偏移量;高位字是被寻址地址的段基址。指令和数据在存储器中的存放如图 2.24 所示。

(4) 偶字节、奇字节;偶字、奇字。对于字节信息,根据其存放单元的地址是偶/奇地址,分别叫作偶字节、奇字节;对于字信息,其低位字节既可以从奇数地址开始存放,也可以从偶数地址开始存放,根据存放它的低位字节的单元地址是偶/奇地址,分别叫作偶字(规则字)、奇字(非规则字)。

对偶字节、奇字节、偶字的存取可在一个总线周期内完成,而奇字的存取需两个总线周期,即从奇地址开始读/写一个字,必须分两次访问存储器中的两个偶字,首先做奇字节读/写,然后做偶字节读/写,对每个偶字忽略其中不需要的半字,并对所需的半字部分进行组合。具体各种字节和字的读操作过程如图 2.25 所示。

2.4.3　8088 存储器组织

在 8088 系统中,可直接寻址的存储空间同样为 1MB,但其存储器的结构与 8086 有所不同。由于每次传送的是 8 位数据,因此不存在一次对 16 位数据的传送,不存在奇偶存储体的概念,所以,它和总线之间的连接方式也很简单,它的 20 位地址线 $A_{19} \sim A_0$ 和 8 根数据线分别和 8088 CPU 的对应地址线与数据线相连。8088 CPU 每访问一次存储器只读/写一字节信息,而读/写一个字需要两次访问存储器才能完成。故在 8088 系统中,程序运行速度比在 8086 系统中要慢些。

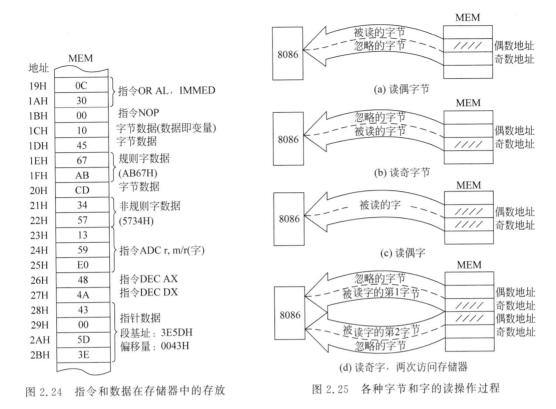

图 2.24　指令和数据在存储器中的存放

图 2.25　各种字节和字的读操作过程

2.5　32 位微处理器

2.5.1　32 位微处理器 80386

1985 年 10 月,Intel 公司推出了第一个全 32 位微处理器 80386,简称 I-32 系统结构。它与 8086、80286 相兼容,它是为多用户、多任务操作系统设计的一种高集成度的芯片。该芯片集成了 275 000 个晶体管,采用 32 位数据总线,能灵活处理 8 位、16 位、32 位 3 种数据类型,其 32 位地址总线,直接寻址能力达 4GB。

1. 80386 的特点

存储器从 8 位发展到 16 位,主要是总线的加宽,而从 16 位发展到 32 位,则是在体系结构上有了概念性的改变和革新。32 位微处理器普遍采用了流水线和指令重叠执行技术、虚拟存储技术、片内存储管理技术、存储体分段分页管理技术,这些技术为在 32 位微型机环境下实现多用户、多任务操作系统提供了有力的支持。80386 的主要特点如下。

(1) 灵活的 32 位微处理器,提供 32 位的指令。

(2) 提供 32 位外部总线接口,最大数据传输速率为 32Mb/s。

(3) 具有片内集成的存储器管理部件(MMU),可支持虚拟存储和特权保护。

(4) 具有实地址方式、保护方式和虚拟 8086 方式。

(5) 具有极大的寻址空间,直接寻址能力达 4GB。

(6) 通过配用数值协处理器可支持高速数值处理。

第 2 章

16 位和 32 位微处理器

(7) 在目标码一级与 8086、80286 芯片完全兼容。

2. 80386 内部结构

80386 具有片内集成的存储器管理部件和保护机构,由 6 大部件组成,即总线接口部件(BIU)、指令预取部件(IPU)、指令译码部件(IDU)、执行部件(EU)、分段部件(SU)和分页部件(PU),如图 2.26 所示。

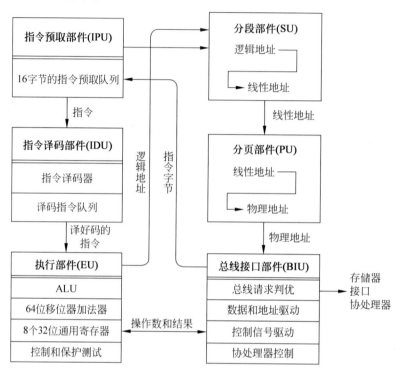

图 2.26   80386 的功能部件

指令预取部件将存储器中的指令按顺序取到长度为 16B 的指令预取队列中,以便在 CPU 执行当前指令时,指令译码部件对下一条指令进行译码。一旦指令队列向指令译码部件输送一条指令,指令队列便会空出部分字节,指令预取部件就会向总线接口部件发总线请求,如总线接口部件此时处于空闲状态,则会响应此请求,从存储器取指令填充指令预取队列。

指令译码部件中除了指令译码器外,还有译码指令队列,此队列能容纳 3 条译好码的指令。只要译码指令队列有剩余空间,译码部件就会从指令预取队列取下一条指令进行译码。

执行部件包括 ALU、1 个 64 位的多位移位器加法器和 8 个 32 位的通用寄存器,它们共同执行各种数据处理和运算。此外,执行部件中还包括 ALU 控制部分和保护测试部分,前者实现有效地址的计算、乘除法的加速等功能,后者检验指令执行中是否符合涉及的存储器分段规则。

存储器管理部件包括分段部件和分页部件,其功能是实现存储器的管理。分段部件管理面向程序员的逻辑地址空间,并且将逻辑地址转换为线性地址;分页部件管理物理地址空间,将分段部件或者指令译码部件产生的线性地址转换为物理地址。

总线接口部件是 80386 和外界之间的高速接口。在 80386 内部,指令预取部件从存储器取指令时,或者执行部件在指令执行过程中访问存储器和外设以读写数据时,都会发出总线请求,总线接口部件会根据优先级对这些请求进行仲裁,从而有条不紊地服务于多个请求,并产生相应的总线操作所需的信号,包括地址信号、读写控制信号等。另外,总线接口部件也能实现 80386 和协处理器之间的协调控制。

3. 80386 的寄存器结构

80386 中共有 7 类 32 个寄存器,它们是通用寄存器、段寄存器、指令指针和标志寄存器、控制寄存器、系统地址寄存器、调试寄存器和测试寄存器。

1)通用寄存器

80386 有 8 个 32 位通用寄存器,它们都是 8086 中 16 位通用寄存器的扩展,故命名为 EAX、EBX、ECX、EDX、ESI、EDI、EBP、ESP,仍然支持 8 位和 16 位操作,用法和 8086 系统相同,用来存放数据或地址。

2)段寄存器

80386 有 6 个 16 位段寄存器:代码段寄存器(CS)、堆栈段寄存器(SS)、数据段寄存器(DS)和 3 个附加段寄存器 ES、FS、GS。在实地址方式下,段寄存器的用法和 8086 相同,只是增加了两个附加段寄存器 FS、GS;在保护方式下,段寄存器称为段选择符,它与描述符配合实现段寻址。

3)指令指针和标志寄存器

32 位的指令指针寄存器(EIP)用来存放下一条要执行的指令的地址偏移量,寻址范围为 4GB。为了和 8086 相兼容,EIP 的低 16 位可作为独立指针(IP)来使用。

32 位的标志寄存器 EFLAGS 是在 8086 标志寄存器基础上扩展而来的。除保留 8086 CPU 的 6 个状态标志 CF、PF、AF、ZF、SF、OF 及 3 个控制标志 TF、IF、DF 外,又增加了 4 个标志 IOPL、NT、RF、VM。具体含义如图 2.27 所示。

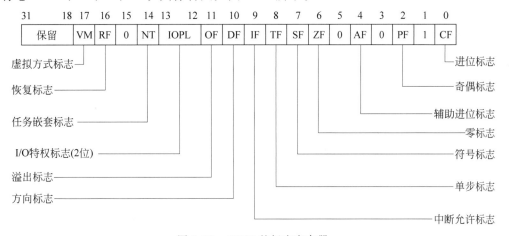

图 2.27　80386 的标志寄存器

4)控制寄存器

80386 内部有 3 个 32 位的控制寄存器 CR_0、CR_2、CR_3(CR_1 未定义),用来保存机器的各种全局性状态,这些状态影响系统所有任务的运行,它们主要供操作系统使用。

5)系统地址寄存器

80386 有 4 个系统地址寄存器,用来保护操作系统需要的保护信息和地址转换表信息、定义目前正在执行任务的环境、地址空间和中断向量空间,分别如下。

GDTR：全局描述符表寄存器。

IDTR：中断描述符表寄存器。

TR：任务状态寄存器。

LDTR：局部描述符表寄存器。

6）调试寄存器

80386 有 8 个调试寄存器 $DR_0 \sim DR_7$ 用于设置断点和进行调试。

7）测试寄存器

80386 有 8 个测试寄存器。其中，$TR_0 \sim TR_5$ 为 Intel 保留，TR_6 和 TR_7 用于存储器测试。TR_6 是测试命令寄存器，TR_7 是测试数据寄存器，保存测试结果的状态。

4. 80386 的工作方式

80386 有 3 种工作方式，分别是：实地址方式（real address mode）、保护方式（protected virtual address mode）、虚拟 8086 方式（virtual 8086 mode）。

1）实地址方式

系统启动后，80386 自动进入实地址方式。此方式下，采用类似于 8086 的体系结构。其物理地址的形成与 8086 相同，可寻址的实地址空间只有 1MB，所有的段最大容量为 64KB。设置实地址方式一方面为了保持 80386 与 8086 相兼容，另一方面也可以从实地址方式转换到保护方式。

2）保护方式

保护方式指在执行多任务操作时，对不同任务使用的虚拟存储器空间进行完全隔离，保护每个任务顺利执行。

3）虚拟 8086 方式

虚拟 8086 方式指一个多任务的环境，即模拟多个 8086 的工作方式。

保护方式是 8086 最常用的方式。通常开机或复位后，先进入实地址方式完成初始化，便立即转到保护方式。此方式提供了多任务环境中的各种复杂功能以及对复杂存储器组织的管理机制。只有在保护方式下，80386 才能充分发挥其强大的功能和本性，因此，也称为本性方式。所谓保护，主要是指对存储器的保护。而虚拟 8086 方式是 80386 中很重要的设计特点，它可以使大量的 8086 软件有效地与 80386 保护方式下的软件并发运行。

5. 80386 的地址空间

1）存储器空间

（1）物理空间。物理存储器地址空间，也称主存空间，是计算机中主存储器的实际空间。物理存储器中每一单元的地址称为物理地址。80386 有 32 条地址线，主存最大容量为 4GB。

（2）虚拟空间。虚拟存储器地址空间，也称逻辑地址空间，是程序员编写程序的编程空间。逻辑地址（虚拟地址）指程序员可以看到和使用的编程地址。

CPU 内部的存储器管理部件利用硬件和软件结合的技术，把主存（物理存储器）和辅存（磁盘）构成一个有机的整体，即虚拟存储器。在实际物理存储空间没有增加的情况下，用户编程不再受实际主存空间大小的限制。80386 的每个任务最多可拥有 16 384（2^{14}）段，而每段可长达 4GB，所以，一个任务的逻辑地址空间可达 64TB。

（3）线性空间。当程序从虚拟空间调入物理空间时，需要进行地址转换。分段部件将逻辑地址转换为 32 位的线性地址,再由分页部件把线性地址转换为物理地址,如果分页部件处于禁止状态,则段内不分页,线性地址就是物理地址。80386 地址转换示意图如图 2.28 所示。

图 2.28　80386 地址转换示意图

2) I/O 空间

80386 利用低 16 位地址线访问 I/O 端口,所以最多有 2^{16} 个 I/O 端口地址,I/O 端口空间容量为 64KB,地址范围为 0000H～FFFFH,无须分段。

80386 的存储器空间和 I/O 端口空间相互独立,互不影响,各自独立编址。CPU 通过控制线 M/$\overline{\text{IO}}$ 区分是对内存操作还是 I/O 端口操作,当 M/$\overline{\text{IO}}$ 为 1 时访问存储器,为 0 时访问 I/O 端口。

2.5.2　32 位微处理器 Pentium

1. Pentium 的特点

Pentium 是 Intel 公司于 1993 年 3 月推出的第 5 代系列微处理器,它与 8086、80286、80386 及 80486 相兼容。与前几代产品相比,Pentium 采用了多项先进技术,如超标量流水线、分支预测技术等。

1) CISC 技术和 RISC 技术

复杂指令集计算机技术 CISC(Complex Instruction Set Computer)和精简指令集计算机技术 RISC(Reduced Instruction Set Computer)是基于不同理论和构思的两种不同的 CPU 设计技术,CISC 技术的产生和应用均早于 RISC。Intel 公司在 Pentium 之前的 CPU 均属于 CISC 体系,从 Pentium 开始,将 CISC 和 RISC 相结合。Pentium 的大多数指令是简单指令,但仍然保留了一部分复杂指令,而这部分指令采用硬件来实现,因而 Pentium 吸取了两者之长,实现了更高的性能。

2) 超标量流水线技术

所谓超标量,是指一个处理器中有多条指令流水线。Pentium 由 U 和 V 两条指令流水线构成超标量流水线结构,其中,每条流水线都有独立的 ALU 地址生成逻辑和 Cache 接口。在每个时钟周期内可执行两条整数指令,每条流水线分为指令预取、指令译码、地址生成、指令执行和回写 5 个步骤。当一条指令完成预取步骤时,流水线就可以开始对另一条指令进行操作,极大地提高了指令的执行速度。

3) 重新设计的浮点部件

Pentium 内部重新设计了一个增强型浮点运算器(Float Processor Unit,FPU),在 FPU 中,采用快速硬件来实现浮点加、乘、除运算,使其浮点运算速度比前一代 CPU 至少提高 3 倍。同时,用电路进行固化,用硬件来实现 ADD、MUL、INC、DEC、PUSH、POP、JMP、CALL 及 LOAD 等常用指令,使这些常用指令的执行速度大为提高。

4）独立的指令 Cache 和数据 Cache

Pentium 片内设置了两个独立的 Cache：一个是指令 Cache；另一个是数据 Cache。Cache 技术通过一种映像机制，使 CPU 在运行程序时，将原先需要访问主存储器的操作大部分转换为访问高速 Cache 的操作，有效减少了 CPU 访问相对速度较低的主存储器的次数，因此，提高了速度。另外，指令和数据分别使用不同的 Cache，使 Pentium 中数据和指令的存取减少了冲突，提高了性能。

5）分支预测技术

Pentium 提供了一个小 Cache，称为分支目标缓冲器（Branch Target Buffer，BTB），来动态地预测程序的分支操作。当某条指令造成程序分支时，BTB 记下该条指令和分支目标的地址，并用这些信息预测该条指令再次产生分支时的路径，预先从该处预取，保证流水线的指令预取步骤不会空置。这一机构的设置，可以减少在循环操作时对循环条件的判断所占用的 CPU 的时间。

6）采用 64 位外部数据总线

Pentium 内部总线和通用寄存器是 32 位，所以仍属 32 位微处理器，但其和内存储器相连的外部数据总线是 64 位，这使得在一个总线周期中，数据传输量提高了一倍。

2. Pentium 的内部结构

Pentium 的内部结构如图 2.29 所示。

在 Pentium 中，总线部件实现 CPU 与系统总线的连接，其中包括 64 位数据线、32 位地址线和众多控制信号线，以此实现相互间的信息交换，并产生相应的总线周期信号。

Pentium 采用 U 和 V 两条指令流水线，两者独立运行。这两条流水线中均有独立的 ALU，U 流水线可执行所有的整数运算指令，V 流水线只能执行简单的整数运算指令和数据交换指令。

Pentium 片内设置了两个 8KB 的相互独立的 Cache，两者分开，减少了指令预取和数据操作之间可能发生的冲突，并可提高命中率。两个 Cache 分别配置了专用的转换检测缓冲器（Translation Look-aside Buffer，TLB），用来将线性地址转换为 Cache 的物理地址。Pentium 的数据 Cache 有两个端口，分别用于两条流水线，以便能在相同的时间段中分别和两个独立工作的流水线进行数据交换。

指令预取部件每次取两条指令，如果是简单指令，并且后一条指令不依赖于前一条指令的执行结果，那么，指令预取部件便将两条指令分别送到 U 流水线和 V 流水线独立执行。

指令 Cache、指令预取部件将原始指令送到指令译码器，分支目标缓冲器（BTB）则在遇到分支转移指令时用来预测转移是否发生。

浮点处理部件 FPU 主要用于浮点运算，内含专用的加法器、乘法器、除法器。

控制 ROM 中，含有 Pentium 的微代码；而控制部件直接控制流水线。

3. Pentium 的寄存器结构

Pentium 的寄存器分为如下几类。

（1）基本寄存器组：包括通用寄存器、指令寄存器、标志寄存器、段寄存器。

（2）系统寄存器组：包括地址寄存器、调试寄存器、控制寄存器、模式寄存器。

（3）浮点寄存器组：包括数据寄存器、标记字寄存器、状态寄存器、控制字寄存器、指令指针寄存器和数据指针寄存器。

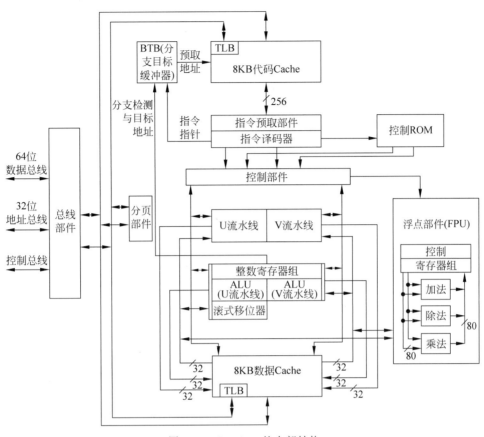

图 2.29 Pentium 的内部结构

其中,系统寄存器组只供系统程序访问,而其他两组寄存器则供系统程序和应用程序共同访问。

1) 基本寄存器组

和 80386 相比,Pentium 中的基本寄存器,除了标志寄存器外,其余寄存器不变。Pentium 对标志寄存器做了扩充,扩充的标志位所对应的含义如图 2.30 所示。

图 2.30 Pentium 的标志寄存器

复位后,标志寄存器的内容为 00000002H。

2) 系统寄存器组

地址寄存器、调试寄存器同 80386,控制寄存器和 80386 有一些区别,如图 2.31 所示。

另外,Pentium 取消了测试寄存器,而用一组专用的模式寄存器来实现更多的功能。

图 2.31　Pentium 的控制寄存器

3) 浮点寄存器组

Pentium 内部的浮点寄存器组,包括 8 个数据寄存器、1 个标记字寄存器、1 个状态寄存器、1 个控制寄存器、1 个指令指针寄存器和 1 个数据指针寄存器,如图 2.32 所示。

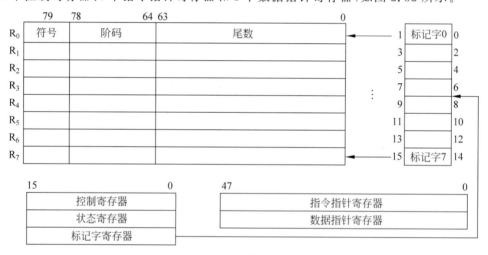

图 2.32　Pentium 的浮点寄存器组

4. Pentium 系列微处理器的发展

1) Pentium Ⅱ 微处理器

Pentium 自 1993 年问世以来,技术上分成了两大流派:一个是 Pentium Pro,中文名为"高能奔腾",另一个是 Pentium MMX,中文名为"多能奔腾"。1997 年 5 月,推出了 Pentium Ⅱ 微处理器,Pentium Ⅱ 是 Pentium Pro 的改进产品,在核心结构上并没有什么变化,它融合了 Pentium Pro 和 MMX 的优点,其内部含有 750 万个晶体管,内部除了 16KB 的一级指令 Cache 和 16KB 的一级数据 Cache 外,还含有 512KB 的二级 Cache。Pentium Ⅱ 微处理器采用了双重独立总线结构,即其中一条总线连通二级缓存,另一条主要负责内存。它把多媒体增强技术融入高能奔腾处理器中,使 Pentium Ⅱ 既保持了"高能奔腾"原有的强大处理功能,又增强了 PC 在三维图形、图像和多媒体方面的可视化计算功能和交互功能。

2) Pentium Ⅲ 微处理器

1999 年 2 月,Intel 公司发布了 Pentium Ⅲ,它具有以下特点:采用 $0.25\mu m$ 工艺制造,内部集成了 950 万个晶体管;系统频率为 100MHz;采用第六代 CPU 核心 P6 微架构,针对

32 位应用程序进行优化,双重独立总线;L1 Cache 为 32KB(16KB 指令缓存加 16KB 数据缓存),L2 Cache 大小为 512KB,以 CPU 核心速度的一半运行;采用 SECC2 封装形式。另外,它通过 8 个 64 位 MMX 寄存器和 8 个 128 位的 SSE 寄存器,达到既支持 MMX 指令集,又可执行含 70 条互联网流式单指令多数据的指令集 SSE,这是一个专门为了提高微型机的网络性能而设计的 CPU。Pentium Ⅲ芯片中的 70 条 SSE(Streaming SIMD Extensions)指令可分为三类:8 条连续数据流优化处理指令、50 条单指令多数据浮点运算指令和 12 条新加的多媒体指令,这些指令增强了音频、视频和 3D 图形处理能力。

3)Pentium 4 微处理器

2000 年 8 月,Intel 公司对内核体系结构重新设计,又推出了新的微处理器 Pentium 4,Pentium 4 是 IA-32 结构微处理器的增强版,其内部含有 4200 万个晶体管。Pentium 4 微处理器不但拥有更高的时钟频率,并且支持超线程技术。超线程技术就是利用特殊的硬件指令,把两个逻辑内核模拟成两个物理芯片,让单个处理器都能使用线程级并行计算,进而兼容多线程操作系统和软件,减少了 CPU 的闲置时间,提高了 CPU 的运行效率,使一块芯片的性能几乎相当于两块。Pentium 4 的主要技术特性有:

(1)采用 3 条超标量流水线,流水线深度为 20 级,提高了内核的工作频率。

(2)改进了分支预测单元,为分支预测提供了更好的算法,减少了分支预测错误,提高了分支预测的精确度。

(3)采用高级动态执行技术,改善因流水线深度加大而带来的运算延迟问题,也可改善分支预测能力。

(4)能执行 SSE2 指令集。SSE2 指令集在 SSE 指令集基础上进一步提升,含 144 条指令,主要是在体系结构内部进行了优化和加强,加速了多媒体程序的执行。

2001 年 2 月,Intel 公司发布了新的 P4,采用较小的封装技术和 0.13μm 的制造工艺,其体积有所减小,但 CPU 的引脚数增加为 478 针,能满足 2GHz 的电压需求。目前,Pentium 4 微处理器已逐渐演变成一个庞大的 Pentium 4 后系列,内部结构更加复杂,性能也不断提升。

2.5.3　多核处理器

对于传统的单核处理器来说,其性能的提高主要依赖于主频的提高。但无论在性价比还是性能功耗比方面都遭遇到令市场无法接受的发展瓶颈。在性能提升方面,处理器主频、内存访问速度以及 I/O 访问速度的发展是十分不平衡的。处理器的主频每两年就要翻一番,而内存访问的速度要每六年才能提高一倍,I/O 访问的速度则要八年才能提高一倍,这种发展不均衡产生了很大的瓶颈,导致单纯依靠提高处理器主频来提升整个系统的性能已经变得不太可行,相反会造成投资的浪费。而多核处理器的优势在于建造多个 CPU 内核,而不是建造单个巨大的 CPU,这样就可以在较小的能耗下,让多个 CPU 共同工作,从而解决单处理器的发展瓶颈,提高整体性能。

多核处理器是指在一枚处理器中集成两个或多个完整的计算引擎(内核)。多核处理器也称为片上多处理器(Chip Multi-Processor,CMP),或单芯片多处理器。自 1996 年美国斯坦福大学首次提出片上多处理器思想和首个多核结构原型,到 2001 年 IBM 公司推出第一个商用多核处理器 POWER4,再到 2005 年 Intel 和 AMD 多核处理器的大规模应用,以及到现在多核成为市场主流,多核处理器经历了十几年的发展。在这个过程中,多核处理器的应用范围已覆盖了多媒体计算、嵌入式设备、个人计算机、商用服务器和高性能计算机等众多领域,多核技术及其相关研究也迅速发展。

多核处理器将多个完全功能的核心集成在同一个芯片内,整个芯片作为一个统一的结构对外提供服务,输出性能。多核处理器的优点如下。

(1) 多核处理器通过集成多个单线程处理核心或者集成多个同时多线程处理核心,使得整个处理器可同时执行的线程数或任务数是单处理器的数倍,极大地提升了处理器的并行性能。

(2) 多个核集成在片内,极大地缩短了核间的互连线,核间通信延迟变低,提高了通信效率,数据传输带宽也得到提高。

(3) 多核结构有效共享资源,片上资源的利用率得到了提高,功耗也随着器件的减少得到了降低。

(4) 多核结构简单,易于优化设计,扩展性强。

多核处理器较之单核处理器,能带来更多的性能和生产力优势,这些优势最终推动了多核的发展并逐渐取代单处理器成为主流。2006 年以来,Intel 和 AMD 公司相继推出了双核微处理器和四核微处理器。

第3章 16位/32位微处理器指令系统

所谓指令,就是要求计算机执行各种特定操作的命令。微机能够识别和执行的全部指令集合称为该微机的指令系统。不同的微处理器所对应的指令系统也不相同。

按功能分,指令系统的指令一般分为数据传送类指令、算术运算类指令、逻辑运算与移位类指令、字符串处理类指令、控制转移类指令、处理器控制类指令等。本章首先给出指令的一般格式,然后介绍指令中操作数的寻址方式,最后详细分析各类指令的功能及其使用方法。

3.1 指令的基本格式

3.1.1 指令的构成

指令包括两部分内容:一部分是表示操作性质或类型的编码——操作码;另一部分是操作对象——操作数。具体构成与微处理器有关。

现以8086/8088机器指令为例,说明它的指令构成规则。该指令系统的指令由1~6字节组成,如图3.1所示。一般来说,第一字节(即图3.1中的字节1,下同)表示操作码,第二字节表示寻址方式,第三、四字节表示操作数在内存的位移量或者是立即数(在指令中没有位移量时),第五、六字节表示立即数。

7 6 5 4 3 2	1	0	7 6	5 4 3	2 1 0	7　　　　0	7　　　　0	7　　　　0	7　　　　0
OPCODE	D	W	MOD	REG	R/M	LOWDISP	HIGHDISP	LOWDATA	HIGHDATA
字节1			字节2			字节3	字节4	字节5	字节6

图3.1 8086/8088指令构成

指令第一字节的7~2位为操作码,由该字段规定指令的操作类型。第一字节的1位为D位,由其指定操作数的传输方向。D=0,表示REG字段(第二字节的5~3位)给出的寄存器为源操作数寄存器,操作数应从这个寄存器中取得。D=1,表示REG字段给出的寄存器为目的操作数寄存器,运算结果应存放这个寄存器中。第一个字节的0位为W位。W位指出参加运算的操作数是字(16位)还是字节(8位)。W=0,表示参加运算的数是字节操作数;W=1,表示参加运算的数是字操作数。

指令的第二字节给出指令中使用的两个操作数存放在什么地方和存储器操作数的有效地址如何求得。第二字节的7、6位为MOD(方式)字段。由MOD给出指令中使用的两个操作数都是寄存器操作数,还是一个是寄存器操作数,而另一个是存储器操作数,如表3.1所示。

表 3.1　MOD 字段编码

MOD	说　明
00	存储器方式,没有位移量
01	存储器方式,有 8 位位移量
10	存储器方式,有 16 位位移量
11	寄存器方式(无位移量)

指令第二字节的 5～3 位为 REG 字段。REG 字段给出指令中使用的一个操作数所在寄存器的编码。表 3.2 为寄存器编码。

表 3.2　REG 字段编码

REG	W＝0	W＝1
000	AL	AX
001	CL	CX
010	DL	DX
011	BL	BX
100	AH	SP
101	CH	BP
110	DH	SI
111	BH	DI

第二字节的 2～0 位称为 R/M(存储器/寄存器)字段。R/M 字段和 MOD 字段共同确定寻址方式。当 MOD＝11 时为寄存器方式,由 R/M 字段给出第二个操作数所在的寄存器编码。当 MOD≠11 时为存储器寻址方式。R/M 字段和 MOD 字段用来指出应如何计算存储器操作数的有效地址,如表 3.3 所示。

表 3.3　R/M 和 MOD 字段编码及有效地址计算方法

存储器寻址方式 MOD≠11				寄存器寻址方式 MOD＝11		
R/M	MOD＝00	MOD＝01	MOD＝10	R/M	W＝0	W＝1
000	(BX)＋(SI)	(BX)＋(SI)＋D8	(BX)＋(SI)＋D16	000	AL	AX
001	(BX)＋(DI)	(BX)＋(DI)＋D8	(BX)＋(DI)＋D16	001	CL	CX
010	(BP)＋(SI)	(BP)＋(SI)＋D8	(BP)＋(SI)＋D16	010	DL	DX
011	(BP)＋(DI)	(BP)＋(DI)＋D8	(BP)＋(DI)＋D16	011	BL	BX
100	(SI)	(SI)＋D8	(SI)＋D16	100	AH	SP
101	(DI)	(DI)＋D8	(DI)＋D16	101	CH	BP
110	16 位直接寻址	(BP)＋D8	(BP)＋D16	110	DH	SI
111	(BX)	(BX)＋D8	(BX)＋D16	111	BH	DI

指令中的第三～六字节根据不同的指令有不同的安排。一般由它们给出存储器操作数地址的位移量或立即操作数的值。指令中给出的位移量,可以是 8 位的也可以是 16 位的。一条指令中有一字节还是两字节的位移量由指令码中的 MOD 字段定义。8086 系统规定,如果位移量为两字节,那么位移量的高位字节存放在高地址,低位字节存放在低地址。如果指令中有立即操作数,那么立即操作数位于位移量的后面。也就是如果三、四字节有位移量(LOWDISP、HIGHDISP),立即数就位于五、六字节(LOWDATA、HIGHDATA)。若指令中无位移量,立即数位于指令码的三、四字节。总之,指令中缺少的项要由指令后面存在的

项向前顶替,以减少指令的长度。

上述介绍的是 8086/8088 指令构成的一般情况,在个别指令中也有例外的情况。

3.1.2 8086/8088 的指令格式

指令格式是指令在源程序中的书写格式,其基本格式为:

```
[标号:]  操作码助记符  目的操作数,源操作数   [;注释]
[标号:]  操作码助记符  目的操作数            [;注释]
```

第一条格式为双操作数指令格式,第二条为单操作数指令格式;方括号部分为可选项,可有可无。

其中,标号为该条指令所在内存单元的符号地址,后面要跟冒号。标号一般由字母开头,后跟字母、数字或特殊字符。注意,不允许使用保留字,例如 MOV、SEGMENT、END 等。

操作码助记符指示 CPU 执行什么样的操作。

操作数分目的操作数和源操作数两种,目的操作数是指令结果存放的位置,源操作数是指令操作的对象。目的操作数应放在源操作数前,并以逗号隔开。

注释用来说明本条指令或一段程序的功能,使程序可读性强。注释由分号(;)开始,汇编程序对其不进行处理。

3.2 8086/8088 的寻址方式

一条汇编语言指令有两个问题需要关注:一个是该条指令将进行什么操作;另一个是操作的对象和操作后结果的存放位置。操作数的寻址方式就是指寻找操作数位置的方式。

1. 立即寻址

在 8086 指令系统中,有一部分指令所用的 8 位或 16 位操作数直接在指令中给出,故称为立即寻址。以这种寻址方式表示的操作数也简称立即数。

例如:

```
MOV AL, 80H        ;将十六进制数 80H 送入 AL
MOV AX, 306AH      ;将十六进制数 306AH 送入 AX,其中 AH 中为 30H
                   ;AL 中为 6AH
```

立即数可以为 8 位,也可以为 16 位。但规定立即数只能作为源操作数。

立即寻址方式常用于给寄存器赋值,操作数直接在指令中取得,不需要使用另外的总线周期,故执行时间短、速度快。

2. 寄存器寻址

如果操作数在 CPU 的内部寄存器中,那么可在指令中指出该寄存器名,这种寻址方式称为寄存器寻址。

对于 8 位操作数来说,寄存器可以是 AH、AL、BH、BL、CH、CL、DH、DL。

对于 16 位操作数来说,寄存器可以是 AX、BX、CX、DX、SI、DI、SP、BP 等。

例如:

```
MOV  AL, BL        ;将 BL 的内容传送到 AL 中
```

```
MOV   BX, AX            ;将 AX 的内容传送到 BX 中
```

采用寄存器寻址的指令在执行时,操作数就在 CPU 中,不需要访问存储器来取得操作数,执行速度快。另外寄存器名比内存地址短,指令所占内存空间少。

3. 直接寻址

通常把操作数的偏移地址称为有效地址(Effective Address,EA),EA 可通过不同的寻址方式得到。

在直接寻址方式中,指令中直接给出操作数的有效地址。注意,如果用数字形式提供有效地址,可在指令中直接给出 16 位有效地址并加方括号([]),但必须加上段前缀,以便和立即数相区分。

例如:

```
MOV AX, DS:[1000H]    ;若 (DS) = 2000H,则将数据段 21000H
                      ;21001H 两个单元的内容送到 AX 中
```

如果有效地址是以符号地址形式提供的,则可不加方括号。

例如:

```
MOV AX,BUFA
```

BUFA 为符号地址,这时可不加跨段前缀,默认为 DS 数据段。如果 BUFA 变量在附加段中,就必须书写如下:

```
MOV AX,ES: BUFA
```

需要说明的是,有些宏汇编程序规定,指令中直接给出的是 16 位常量的有效地址时也默认操作数在 DS 数据段,这时可以不加段前缀 DS。

例如,MOV AX,DS:[1000H]可写为 MOV AX,[1000H]。

4. 寄存器间接寻址

操作数在存储器中,操作数有效地址存放在指定寄存器中,被用来存放操作数的有效地址的寄存器称为间址寄存器。间址寄存器必须是 BX、BP、SI 和 DI 之一。

书写时,该寄存器必须加方括号。如果没有加方括号,则为寄存器寻址。

当指令中使用 BX、SI 和 DI 作间址寄存器时,默认操作数在数据段中;如果使用 BP 做间址寄存器,则默认操作数在堆栈段中,否则应该加段前缀。

例如:

```
MOV   AX, [BX]         ;若(DS) = 2000H,(BX) = 1000H,则将数据段 21000H
                       ;21001H 两个单元的内容送到 AX 中
MOV   CX, [BP]         ;若(SS) = 4000H,(BP) = 1000H,则将堆栈段 41000H
                       ;41001H 两个单元的内容送到 CX 中
MOV   AX, ES:[SI]      ;若(ES) = 3000H,(SI) = 1000H,则将附加段 31000H
                       ;31001H 两个单元的内容送到 AX 中
```

5. 基址寻址和变址寻址

操作数在存储器中,操作数的有效地址是基址寄存器或变址寄存器的内容与指令中指定的 8 位或 16 位位移之和。可以选用 BX、BP 作为基址寄存器,选用 SI、DI 作为变址寄存器。指令中使用 BX、SI 和 DI 时,默认操作数在数据段中;指令中使用 BP 寄存器时,则默认操作数在堆栈段中。可以用段前缀来改变默认段基址。

例 3.1　MOV AX,[SI＋3000H]的执行结果。

设(DS)＝4000H,(SI)＝2000H,内存单元(45000H)＝34H,(45001H)＝12H。

首先求操作数的物理地址:

物理地址＝(DS)×16＋(SI)＋3000H＝40000H＋2000H＋3000H＝45000H

然后根据该物理地址从内存得到操作数,也即内存单元 45000H、45001H 的内容。将该内容送入 AX,故(AX)＝1234H。

6. 基址变址寻址

操作数在存储器中,操作数的有效地址是一个基址寄存器和一个变址寄存器内容以及 8 位或 16 位位移量三者之和,两个寄存器均由指令指定。可以选用 BX、BP 作为基址寄存器;选用 SI、DI 作为变址寄存器。如果选用 BX 做变址寄存器,则默认操作数在数据段中,如果选用 BP 做变址寄存器,则默认操作数在堆栈段中。也可以用段前缀来改变默认段基址。

例如:

```
MOV    AX, 8[BX + SI]        ;默认操作数在数据段中
MOV    BX, - 6[BP + DI]      ;默认操作数在堆栈段中
MOV    BX, ES:[BP + DI]      ;操作数在附加段中
```

基址变址寻址方式适用于表格或数组的存取,可以将表格或数组的首地址放入基址寄存器中,将表格或数组中的数据的相对位移放在变址寄存器中,灵活实现表格或数组中数据的存取。

7. 固定寻址

固定寻址又称隐含寻址,指令码中不包含指明操作数地址的部分,而其操作码本身隐含地指明了操作数地址。例如,十进制数调整指令 DAA,该指令的功能是 AL 寄存器的内容进行十进制调整,调整后的内容仍放入 AL 中。DAA 指令没有书面指明 AL,而是将 AL 隐含在操作码中,也就是说只要是 DAA 指令,它的操作数就一定在 AL 中。这样的指令还有很多,例如乘法指令、除法指令和换码指令等。

3.3　8086/8088 的指令系统

8086/8088 指令系统中包含 133 条基本指令,如果考虑其中寻址方式的组合,以及数据类型(字节或字),则可构成上千条指令。

8086/8088 的指令分以下几类:①数据传送类指令;②算术运算类指令;③逻辑运算与移位类指令;④串操作类指令;⑤控制转移类指令;⑥处理器控制类指令。

在学习过程中,要正确理解每条指令的助记符、寻址方式、数据类型,并理解指令对标志位的影响,掌握每条指令的功能及其使用注意事项,奠定第 4 章汇编语言程序设计的基础。

视频讲解

3.3.1　数据传送类指令

数据传送指令包括通用数据传送指令、标志寄存器传送指令、目标地址传送指令、输入输出指令等。它们的功能是用于控制数据在计算机各部分之间的传送。具体可实现寄存器与存储器之间、寄存器与外设端口之间以及寄存器与寄存器之间的数据传送等。它们的共

同特点是不影响标志寄存器的内容。

为了方便叙述和学习,本章符号约定如下。

OPD:表示目的操作数(8/16 位)。

OPS:表示源操作数(8/16 位)。

1. 通用数据传送指令

通用数据传送指令包括 MOV 指令、XCHG 指令、XLAT 指令、PUSH 指令与 POP指令。

1) MOV 指令

格式:`MOV  OPD,OPS`

MOV 指令是形式简单但使用最多的指令,它可以完成 CPU 内寄存器之间、寄存器与存储器之间的数据传送,还可以将立即数送入寄存器或内存。

例如:

```
MOV  AL, BL          ;将寄存器 BL 的内容传送到寄存器 AL 中
MOV  [DI], AX        ;将寄存器 AX 的内容传送到 DI 和 DI+1 所
                     ;指的内存字单元中
MOV  CX, DS:[1000H]  ;将数据段中偏移地址 1000H 和 1001H 单元的
                     ;内容送到 CX 中
MOV  BL, 40          ;将立即数 40 传送到寄存器 BL 中
```

MOV 指令在使用时应该注意以下几点。

(1) 立即数、CS 和 IP 不能作为目的操作数,CS 和 IP 的内容不能任意改变,程序是通过转移指令来修改 CS 和 IP 的内容。

(2) 两个段寄存器之间不能相互传送数据。确要传送,可以参考下面方法:

```
MOV  AX,DS
MOV  ES,AX
```

(3) 两个存储单元之间不能直接传送。确要传送,可以参考下面方法:

```
MOV  AX,[SI]
MOV  [DI],AX
```

(4) 不能将立即数直接传送到段寄存器。

如 MOV DS,2000H 为错误指令,可以通过以下两条指令实现:

```
MOV  AX, 2000H
MOV  DS, AX
```

(5) MOV 指令的两个操作数的类型和长度必须一致。例如下列指令是错误的,书写时应该注意:

```
MOV  AX, BL          ;类型不一致
MOV  AL, 256         ;长度不一致
```

例 3.2 试用 MOV 指令实现数据段中偏移地址 2035H 和 2045H 两内存字节单元内容的交换。

(1) 用直接寻址方式实现。

```
MOV BL, DS:[2035H]
MOV CL, DS:[2045H]
```

```
MOV DS:[2045H], BL
MOV DS:[2035H], CL
```

（2）用寄存器间接寻址方式实现。

```
MOV SI, 2035H
MOV DI, 2045H
MOV AH, [SI]
MOV AL, [DI]
MOV DS:[2035H], AL
MOV DS:[2045H], AH
```

2）XCHG 指令

格式：XCHG OPD,OPS

功能：交换操作数 OPD、OPS 的值，即 OPD⇔OPS，操作数的类型可以为字节或字。交换只能在通用寄存器之间、通用寄存器与存储器之间进行。

例如：

```
XCHG  AX,BX          ;AX 和 BX 寄存器的内容互换
XCHG  AX,[SI]        ;AX 和数据段中 SI 所指字单元的内容互换
```

3）XLAT 指令

格式：XLAT 或 XLAT 表首址

功能：使 AL 中的值变换为内存表格中的对应值。它是一条隐含寻址方式的指令，将数据段内有效地址为(BX)+(AL)的内存字节单元中数据送入 AL。该指令常用来查表，即将表头地址赋予 BX，再将需求的表内位移地址赋予 AL，最后运用 XLAT 指令即可以将该地址处的表值送到 AL。

例 3.3 在内存数据段中偏移地址 1000H 处存放了如图 3.2 所示的字节类型的数据表，则换码指令可如下列使用方法。

```
...                  ;省略
MOV  BX, 1000H       ;BX 中填写表格的起始地址
MOV  AL, 03H         ;表内位移地址赋予 AL
XLAT
```

上述指令执行后结果为：(AL)=0CH。

4）PUSH 指令与 POP 指令

这两条指令是堆栈操作指令。所谓堆栈，是以先进后出管理的一段存储区域，常用于子程序调用和中断处理过程。为了能够在子程序返回或中断返回后，程序继续使用子程序调用前或中断发生前各通用寄存器的内容，就必须在子程序或中断程序开始处保护子程序执行过程中要改变的寄存器(包括标志寄存器)的值

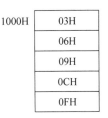

图 3.2 字节类型的数据表

（称为保护现场），然后在子程序结束前或中断返回前再恢复这些寄存器的值（称为恢复现场）。

堆栈的存取操作都发生在栈顶，而堆栈指针 SP 一直指向堆栈的栈顶。每执行一个 PUSH 指令，SP 的内容减 2；每执行一个 POP 指令，SP 的内容加 2。

（1）入栈指令 PUSH。

格式：PUSH OPS

功能：修改指针，(SP)−2→SP，将 OPS 指明的寄存器、段寄存器或存储器中的一个字数据压入堆栈的顶部。

例 3.4 假设在指令执行前，(SP)＝1000H；(AX)＝1234H。

```
PUSH  AX
```

指令执行后，12H 被压入堆栈段偏移地址为 0FFFH 单元，34H 被压入堆栈段偏移地址为 0FFEH 单元，栈顶指针(SP)＝0FFEH。

PUSH 指令在使用时应该注意：

① 源操作数只能是 16 位的，而不能是 8 位的，例如 PUSH   AL 就是错误的。

② 源操作数不能为立即数。

(2) 出栈指令 POP。

格式：POP OPD

功能：将栈顶的一个字数据送至 OPD 指明的寄存器、段寄存器(CS 除外)或存储器中；修改指针，(SP)＋2→SP。

例 3.5 假设在指令执行前，(SP)＝0FFEH，(BX)＝2004H，并且堆栈段栈顶(0FFEH)单元内存放 34H，(0FFFH)单元内存放 12H。

```
POP   BX
```

指令执行后，1234H 被弹出放入 BX 中，栈顶指针(SP)＝1000H。

POP 指令在使用时应该注意：

① 目的操作数只能是 16 位的，而不能是 8 位的。

② 立即数、CS 不能作为目的操作数。

2. 标志寄存器传送指令

1) 取标志寄存器指令

格式：LAHF

功能：将标志寄存器 FR 的低 8 位送入 AH 中。

2) 设置标志寄存器指令

格式：SAHF

功能：将 AH 内容送入标志寄存器 FR 的低 8 位。

3) 标志进栈指令

格式：PUSHF

功能：将 16 位标志寄存器 FR 内容进栈保存。

4) 标志出栈指令

格式：POPF

功能：将当前栈顶两字节内容弹出送到标志寄存器 FR 中。

3. 目标地址传送指令

1) 取偏移地址指令 LEA

格式：LEA   OPD,OPS

功能：将源操作数的偏移地址送到目的操作数。该指令不影响标志位，源操作数必须是存储器操作数，目的操作数必须是 16 位通用寄存器。

例如：LEA SI,TABLE ; TABLE 为存储器操作数的符号地址

该指令等效于 MOV SI,OFFSET TABLE(OFFSET 取偏移地址算符,详见第 4 章)。

例如：LEA AX,[SI]

该指令等效于 MOV AX,SI 指令,与 MOV AX,[SI] 指令的效果不同,注意区别。

2) 传送偏移地址及数据段首址指令 LDS

格式：LDS OPD,OPS

功能：从源操作数所指定的存储单元中取出某变量的地址指针(共 4 字节),将低地址两字节(偏移量)送到目的操作数,将高地址两字节(段首址)送到 DS 中。该指令对标志位不影响,源操作数是双字类型存储器操作数,目的操作数必须是 16 位通用寄存器。

例 3.6 设数据段中某双字存储单元的偏移地址为 3000H,双字数据为 12345678H。

LDS SI,DS:[3000H]

上述指令执行后,(DS)=1234H,(SI)=5678H。

3) 传送偏移地址及附加段首址指令 LES

格式：LES OPD,OPS

功能：从源操作数所指定的存储单元取出某变量的地址指针(共 4 字节),将低地址两字节(偏移量)送到目的操作数,将高地址两字节(变量的段首址)送到 ES 中。

4. 输入输出指令

输入输出指令用于完成输入输出端口与累加器(AL/AX)之间的数据传送,指令中给出输入输出端口的地址。

1) 输入指令 IN

格式：IN OPD,OPS

功能：从端口 OPS(地址为 n 或在 DX 中)输入 8 位数据到 AL 或输入 16 位数据到 AX。

例如：

```
IN    AL, 40H              ;从 40H 端口读入一字节送入 AL
IN    AX, 80H              ;从 80H 端口读入一字节送入 AL,从 81H 端口
                          ;读入一字节送入 AH
MOV   DX, 8F00H            ;将端口地址 8F00H 送入 DX
IN    AL, DX               ;从 8F00H 端口读入一字节送入 AL
```

2) 输出指令 OUT

格式：OUT OPD,OPS

功能：从 AL 输出 8 位数据或从 AX 输出 16 位数据到端口(地址为 n 或在 DX 中)。

例如：

```
OUT   40H, AL             ;将 AL 内容送入 40H 端口
OUT   80H, AX             ;将 AL 内容送入 80H 端口,将 AH 的内容送入 81H 端口
MOV   DX, 8F00H           ;将端口地址 8F00H 送入 DX
OUT   DX, AL              ;将 AL 内容送入 8F00H 端口
```

输入输出指令在使用应该注意以下两点。

(1) 输入输出指令对标志寄存器没有影响。

(2) 端口地址大于 255 时,必须用 DX 指定端口地址。

3.3.2 算术运算类指令

在 8086/8088 指令系统中,具有完备的加、减、乘和除运算,可以完成有符号和无符号 8 位/16 位二进制数的算术运算,以及 BCD 码表示的十进制数的算术运算。

1. 加法指令

1) 不带进位加法指令 ADD

格式: ADD OPD,OPS

功能:将源操作数和目的操作数相加,结果存入目的操作数,即 OPS+OPD→OPD。影响标志位 CF、AF、PF、SF、OF 和 ZF。

2) 带进位加法指令 ADC

格式: ADC OPD,OPS

功能:将源操作数和目的操作数相加,并加上 CF 的值,结果存入目的操作数,即 OPS+OPD+CF→OPD。影响标志位 CF、AF、PF、SF、OF 和 ZF。

ADC 指令常用于多字的加法。

例 3.7 将 X1(56781234H)、X2(9F887AB4H)相加,结果存入 SUM(低字在前,高字在后)。

```
DSEG   SEGMENT
   X1   DW 1234H,5678H
   X2   DW 7AB4H,9F88H
  SUM   DW 0,0,0
DSEG   ENDS
    …
  MOV   AX, X1
  ADD   AX, X2              ;低字加用 ADD 指令
  MOV   SUM, AX
  MOV   AX, X1 + 2
  ADC   AX, X2 + 2          ;高字加用 ADC 指令
  MOV   SUM + 2, AX
  MOV   AX, 0
  ADC   AX, 0               ;处理相加发生进位情况
  MOV   SUM + 4, AX
```

3) 加 1 指令

格式: INC OPD

功能:将目的操作数 OPD 的内容加 1,并将结果回送到目的操作数。影响标志位 AF、PF、SF、OF 和 ZF,但不影响 CF 标志。

例如:

```
INC   AX                   ;AX 中内容加 1,结果送回 AX
INC   BL                   ;BL 中内容加 1,结果送回 BL
INC   BYTE PTR [SI]        ;将 SI 所指内存字节单元内容加 1,并回存
```

2. 减法指令

1) 不带借位的减法指令 SUB

格式: SUB OPD,OPS

功能:目的操作数减去源操作数,结果回送到目的操作数,即 OPD−OPS→OPD,结果

影响标志位 CF、AF、PF、SF、OF 和 ZF。

例如：SUB BX,CX   ;BX 的内容减去 CX 的内容,结果送入 BX

2）带借位的减法指令 SBB

格式：SBB OPD,OPS

功能：目的操作数减去源操作数,再减去 CF 的值,结果回送到目的操作数,即 OPD－OPS－CF→OPD,结果影响标志位 CF、AF、PF、SF、OF 和 ZF。

例如：

```
SBB  [SI], AL              ;SI 所指字节单元内容减 AL 的值,再减 CF
                          ;结果存回原内存单元
```

3）减 1 指令

格式：DEC OPD

功能：将目的操作数 OPD 的内容减 1,并将结果回送到目的操作数。影响标志位 AF、PF、SF、OF 和 ZF,但不影响 CF 标志。

例如：

```
DEC  AX                    ;AX 的内容减 1,结果送回 AX
DEC  CL                    ;CL 的内容减 1,结果送回 CL
```

4）比较指令 CMP

格式：CMP OPD,OPS

功能：目的操作数 OPD 减去源操作数 OPS,结果不送回。但影响标志位 CF、AF、PF、SF、OF 和 ZF。

例如：CMP AL,09H   ;将 AL 的内容和 09H 比较,结果影响标志位

可以根据标志位的变化,来判断比较结果。

通过 ZF 的值来判断两数是否相等。若 ZF＝1,则说明两数相等;否则,两数不等。

通过 CF、OF 和 SF 的变化来判断无符号数或有符号数的大小:

（1）对于无符号数,如果 CF＝0,则目的操作数比源操作数大;如果 CF＝1,则目的操作数比源操作数小。

（2）对于有符号数,如果 OF＝SF,则目的操作数比源操作数大;如果 OF≠SF,则目的操作数比源操作数小。

5）求补指令

格式：NEG OPD

功能：由目的操作数 OPD 求补,将其结果送回目的操作数。需要注意的是,它实际做 0－OPD→OPD 运算。影响标志位 CF、AF、PF、SF、OF 和 ZF。

例 3.8   MOV AL, 05H
         NEG AL   ;(AL) = 0FBH,CF = 1
         MOV AL, － 05H
         NEG AL   ;(AL) = 05H,CF = 1

3. 乘法指令

1）无符号数乘法指令

格式：MUL OPS

功能:字节乘法,(AL)×(OPS)→AX。

字乘法,(AX)×(OPS)→(DX,AX)。

例如:`MUL BL`

指令执行前,(AL)=0B4H=180,(BL)=11H=17。

指令执行后,(AX)=0BF4H=3060,CF=1,OF=1。

MUL 指令在使用时应该注意:

① OPS 不能是立即数。例如,MUL 20H 为错误指令。

② MUL 指令影响 CF、OF 标志,不影响 SF、ZF、AF 和 PF。对于字节乘法,若 AH≠0,也即 AH 存在有效位,则 CF=1,OF=1;否则 CF=0,OF=0。对于字乘法,若 DX≠0,也即 DX 存在有效位,则 CF=1,OF=1;否则 CF=0,OF=0。

2) 有符号数乘法指令

格式:`IMUL OPS`

功能:字节乘法:(AL)×(OPS)→AX。

字乘法:(AX)×(OPS)→(DX,AX)。

例如:`IMUL BL`

指令执行前,(AL)=0B4H=−76,(BL)=11H=17。

指令执行后,(AX)=0FAF4H=−1292,CF=1,OF=1。

IMUL 指令在使用时应该注意的内容参见 MUL 指令。

4. 符号扩展指令

1) 字节扩展为字指令

格式:`CBW`

功能:将 AL 的内容从字节扩展为字,存放到 AX 中。若 AL 中数据的最高位为 0,则 (AH)=00H;若 AL 中数据的最高位为 1,则(AH)=0FFH。该指令不影响标志位。

例 3.9 `MOV AL, −7`
`CBW`

执行后,(AX)=0FFF9H。

2) 扩展为双字指令

格式:`CWD`

功能:将 AX 的内容从字扩展为双字,存放到 DX、AX 中。若 AX 中数据的最高位为 0,则(DX)=0000H;若 AX 中数据的最高位为 1,则(DX)=0FFFFH。该指令不影响标志位。

例 3.10 `MOV DX, 0`
`MOV AX, 0FFABH`
`CWD`

指令执行后,(DX)=0FFFFH;(AX)=0FFABH。

5. 除运算指令

1) 无符号数除法指令

格式:`DIV OPS`

功能:字节除法,(AX)/(OPS)→AL(商),AH(余数)。

字除法,(DX,AX)/(OPS)→AX(商),DX(余数)。

例 3.11
```
DSEG  SEGMENT
    A  DW  0400H
    B  DW  00B4H
    C  DW  ?
    D  DW  ?
DSEG  ENDS
```

在以上数据段定义的基础上,求无符号数 A/B,商放入 C,余数放入 D。

```
    …
MOV  AX, A
MOV  DX, 0
DIV  B
MOV  C, AX
MOV  D, DX
```

DIV 指令在使用时应该注意:

① OPS 不能是立即数。

② 除法指令不影响标志位,除 0 会导致结果溢出,产生溢出中断。

2）有符号数除法指令

格式：`IDIV  OPS`

功能：字节除法,$(AX)/(OPS) \to AL(商),AH(余数)$。

字除法,$(DX,AX)/(OPS) \to AX(商),DX(余数)$。

例 3.12 以下指令序列实现了有符号除法 $-4001H/4$。

```
MOV  AX, -4001H
CWD
MOV  CX, 4
IDIV CX
```

结果：$(AX)=0F000H$；$(DX)=0FFFFH$。

6. 十进制调整指令

上述算术运算指令都是二进制运算指令,如何利用它们来进行 BCD 码十进制运算？一般方法是：首先对 BCD 码表示的十进制数进行二进制运算,然后再使用调整指令对运算结果进行调整,得出正确的 BCD 码表示的十进制运算结果。下面分别介绍这些调整指令。

1）加法的 BCD 码调整指令

（1）压缩的 BCD 码调整指令。

格式：`DAA`

功能：将 AL 中二进制加法运算的结果调整为两位压缩 BCD 码,结果仍保留在 AL 中。

调整的方法：若 AL 的低 4 位大于 9,则 AL 的内容加 06H,并 AF 位置 1；若 AL 的高 4 位大于 9,则 AL 的内容加 60H,并 CF 位置 1；若 AF=1,则低 4 位要加 6；若 CF=1,则高 4 位要加 6。

例 3.13
```
MOV  BL, 35H
MOV  AL, 85H
ADD  AL, BL
DAA
```

上述指令序列执行后,$(AL)=20H,CF=1,AF=1$。

（2）非压缩的 BCD 码调整指令。

格式：AAA

功能：将 AL 中二进制加法运算结果调整为一位非压缩 BCD 码，调整后的结果仍保留在 AL 中，如果向高位有进位（AF＝1，CF＝1），AH 的内容加 1。

调整的方法：若 AL 的低 4 位大于 9 或 AF＝1，则自动将 AL 的内容加 06H，AH 内容加 1 并置 AF＝CF＝1，将 AL 的高 4 位清 0；若 AL 的低 4 位小于或等于 9，则仅将 AL 的高 4 位清 0，并且 AF→CF。

例 3.14　两个 BCD 码数（AX）＝0807H、（BX）＝0905H，要求将（AX）＋（BX）的结果存放到 BCDBUF 开始的单元（低字节在前）。

```
PUSH  AX              ;暂存 AX
MOV   AH, 0           ;AH 清 0
ADD   AL, BL          ;低字节直接相加
AAA                   ;调整
MOV   BCDBUF, AL      ;存放和的低字节
POP   AX              ;恢复 AX
MOV   AL, AH
MOV   AH, 0           ;AH 清 0
ADC   AL, BH          ;带进位的加法
AAA                   ;调整
MOV   BCDBUF + 1, AL  ;存放和的高字节
MOV   BCDBUF + 2, AH  ;存放和的高字节的进位
```

DAA、AAA 指令在使用时应该注意：

① DAA、AAA 指令一般是紧跟在 ADD 或 ADC 指令后使用，单独使用没有意义。

② 调整指令只对 AL 的内容进行调整，故在调整前，务必保证待调整结果出现在 AL 中。

2）减法的 BCD 码调整指令

（1）压缩的 BCD 码调整指令。

格式：DAS

功能：将 AL 中二进制减法运算的结果调整为两位压缩 BCD 码，结果仍保留在 AL 中。

调整的方法：若 AF＝1 或 AL 的低 4 位大于 9，则自动（AL）－06H→AL，1→AF；若 CF＝1 或 AL 的高 4 位大于 9，则自动（AL）－60H→AL，1→CF。

例 3.15　SUB　AL, BL　　;先使用二进制减运算指令
　　　　　　DAS　　　　　　;在使用调整指令,可得 BCD 码运算结果

（2）非压缩的 BCD 码调整指令。

格式：AAS

功能：将 AL 中二进制减法运算结果调整为一位非压缩 BCD 码，如果有借位，则保留在 CF 中。

调整的方法：若 AL 的低 4 位大于 9 或 AF＝1，则自动将 AL 的内容加 06H，AH 内容减 1 并置 AF＝CF＝1，将 AL 的高 4 位清 0；若 AL 的低 4 位小于或等于 9，则仅将 AL 的高 4 位清 0，并且 AF→CF。

DAS、AAS 指令在使用时应注意点可参考加法调整指令。

3）乘法的非压缩 BCD 码调整指令

格式：AAM

功能：将 AL 中二进制乘法运算结果调整为两位非压缩 BCD 码,高位放在 AH,低位放在 AL。影响标志位 PF、SF 和 ZF。该指令必须紧跟在 MUL 之后,且被乘数和乘数必须用非压缩的 BCD 码表示。

例 3.16　　AND　AL, 0FH　　　　　　；确保被乘数为非压缩的 BCD 码
　　　　　　AND　BL, 0FH　　　　　　；确保乘数为非压缩的 BCD 码
　　　　　　MUL　BL
　　　　　　AAM

4）除法的非压缩 BCD 码调整指令

格式：AAD

功能：用在两位非压缩的 BCD 码相除之前,将 AX 内容调整为二进制数。

例 3.17　　MOV　CL, 08H　　　　　　；送非压缩 BCD 码除数,由于二进制数也是 08H
　　　　　　　　　　　　　　　　　　；没有用调整指令,否则也要调整
　　　　　　MOV　AX, 0309H　　　　　；送非压缩 BCD 码被除数
　　　　　　AAD　　　　　　　　　　　；调整被除数为二进制数
　　　　　　DIV　CL　　　　　　　　　；结果商和余数为二进制数

3.3.3　逻辑运算与移位类指令

视频讲解

1. 逻辑运算指令

逻辑运算指令包括"非""与""测试""或""异或"指令,可以对字或字节按位进行逻辑运算。

1）非运算指令

格式：NOT　OPD

功能：将目的操作数的内容按位取反后,再送回目的操作数。该指令不影响标志位。

例如：NOT　AX

执行前：（AX）=0AAAAH。

执行后：（AX）=5555H。

2）与运算指令

格式：AND　OPD,OPS

功能：将目的操作数的内容与源操作数按位相与,结果送回目的操作数。影响标志位 SF、ZF、PF,使 OF=0,CF=0,对 AF 无定义。

例如：AND　AL,0FH

执行前：（AL）=39H。

执行后：（AL）=09H。

AND 指令常用于屏蔽不需要的位,上例中将 AL 高 4 位屏蔽,取得低 4 位。

3）测试指令

格式：TEST　OPD,OPS

功能：将目的操作数的内容与源操作数按位相与,但结果不送回目的操作数。影响标志位 SF、ZF、PF,使 OF=0,CF=0,对 AF 无定义。

例如：TEST　AL,80H

执行前：(AL)=39H。

执行后：ZF=1。

该指令可以用于判断目的操作数的某个数位是否为 1，上例中可以根据 ZF=1，判断出 AL 内容的最高位为 0。

4) 或运算指令

格式：OR OPD,OPS

功能：将目的操作数的内容与源操作数按位相或，结果送回目的操作数。影响标志位 SF、ZF、PF，使 OF=0，CF=0，对 AF 无定义。

例如：OR AX,55H

执行前：(AX)=0749H。

执行后：(AX)=075DH。

该指令常用来将目的操作数的某一位或几位置 1。

5) 异或运算指令

格式：XOR OPD,OPS

功能：将目的操作数的内容与源操作数按位异或，结果送回目的操作数。影响标志位 SF、ZF、PF，使 OF=0，CF=0，对 AF 无定义。

例如：XOR AX,0101H

执行前：(AX)=0749H。

执行后：(AX)=0648H。

由于某个操作数和同一个数异或结果为 0，故异或运算常被用来比较两数是否相等或初始化某数为 0。

2. 移位指令

这组指令可以对字节或字中的各位进行算术移位和逻辑移位。移位次数可以是 1，也可以大于 1。若移位次数大于 1，必须将次数预先放入 CL。也就是说，移位指令中的移位次数的源操作数只能是 1 或 CL。这组指令影响除 AF 以外的各个标志位。

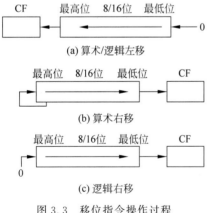

(a) 算术/逻辑左移

(b) 算术右移

(c) 逻辑右移

图 3.3 移位指令操作过程

1) 算术左移指令

格式：SAL OPD,OPS

功能：根据源操作数 OPS 中的移位次数，将目的操作数的内容连续进行左移操作，每次高位进入 CF，最低位补 0，如图 3.3(a)所示。

例 3.18 MOV CL, 3
        SAL AL, CL

执行前：(AL)=01H。

执行后：(AL)=08H，CF=0。

无符号数的算术左移一位相当于目的操作数乘以 2。

2) 逻辑左移指令

格式：SHL OPD,OPS

功能：与算术左移指令 SAL 完全相同。

3）算术右移指令

格式：SAR OPD,OPS

功能：根据源操作数 OPS 中的移位次数，将目的操作数的内容连续进行右移操作，每次低位进入 CF，最高位用移位前的值填补，如图 3.3(b)所示。

例如：SAR BH,CL

执行前：(BH)＝84H,(CL)＝2。

执行后：(BH)＝0E1H,CF＝0。

4）逻辑右移指令

格式：SHR OPD,OPS

功能：根据源操作数 OPS 中的移位次数，将目的操作数的内容连续进行右移操作，每次低位进入 CF，最高位补 0，如图 3.3(c)所示。

例如：SHR AL,CL

执行前：(AL)＝9AH,(CL)＝4。

执行后：(AL)＝09H,CF＝1。

3. 循环移位指令

8086/8088 指令系统中有 4 条循环移位指令，其中 2 条为不带进位的循环移位指令，另 2 条为带进位的循环移位指令。源操作数 OPS 的循环移位次数的设置和移位指令相同。这组指令只影响 CF、OF 标志位。

1）循环左移指令

格式：ROL OPD,OPS

功能：根据源操作数 OPS 中的移位次数，将目的操作数的内容连续进行循环左移操作，如图 3.4(a)所示。

例如：ROL DL,CL

执行前：(DL)＝0FAH,(CL)＝4。

执行后：(DL)＝0AFH,CF＝1。

2）循环右移指令

格式：ROR OPD,OPS

功能：根据源操作数 OPS 中的移位次数，将目的操作数的内容连续进行循环右移操作，如图 3.4(b)所示。

例如：ROR AL,1

执行前：(AL)＝0FAH。

执行后：(AL)＝07DH,CF＝0。

3）带进位的循环左移指令

格式：RCL OPD,OPS

功能：根据源操作数 OPS 中的移位次数，连续对目的操作数的内容带 CF 循环左移操作，如图 3.4(c)所示。

4）带进位的循环右移指令

格式：RCR OPD,OPS

功能：根据源操作数 OPS 中的移位次数，连续对目的操作数的内容带 CF 循环右移操作,如图 3.4(d)所示。

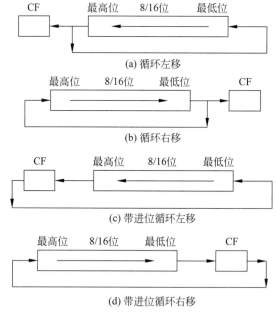

(a) 循环左移

(b) 循环右移

(c) 带进位循环左移

(d) 带进位循环右移

图 3.4　循环移位指令的操作过程

例 3.19　有一无符号 32 位二进制数存放在 DX、AX 中,其高 16 位在 DX 中,低 16 位在 AX 中,以下指令序列实现对该数的除 2 操作。

```
SHR   DX, 1
RCR   AX, 1
```

循环移位指令常用于按位检查某单元的内容或实现某单元的半字或半字节互换等。

3.3.4　串操作类指令

视频讲解

字符串是指存储器中顺序存放、类型相同的字节或字的序列。串操作是指对串中每个元素都执行同样的操作,如串传送、比较以及查找等。规定一个字符串的长度最长不能超过 64KB,字符串常设置在数据段或附加段中。

串操作指令约定源串存放在数据段,并必须用 SI 提供源串的偏移地址;目的串存放在附加段,并必须用 DI 提供目的串的偏移地址;当方向标志 DF=0,地址指针 SI、DI 自动增加 1(字节串)或 2(字串),当方向标志 DF=1,地址指针 SI、DI 自动减少 1(字节串)或 2(字串)。串操作指令前不加重复前缀,串操作只执行一次。如果重复执行串操作,可以用 CX 存放重复的次数,每重复执行一次,CX 内容减 1。当 CX 内容减为 0 时,串操作停止。

在介绍串操作指令前,首先介绍和串操作指令配合使用的几个重复前缀指令。

1. 重复指令前缀

1) 无条件重复前缀

格式:REP

功能:用于一个串操作指令的前缀,每重复执行一次串操作指令,CX 的内容减 1,直到 (CX)＝0 为止。

执行步骤如下：

(1) 先判断 CX 的内容,如(CX)=0,则串操作停止,否则执行第(2)步;

(2) (CX)-1→CX;

(3) 执行其后的串操作指令,转第(1)步。

2) 相等/为零重复前缀

格式：REPE

功能：用于一个串操作指令的前缀,每重复执行一次串操作指令,CX 的内容减 1,直到 (CX)=0 或 ZF=0 为止。

执行步骤如下：

(1) 先判断 CX 的内容,如(CX)=0 或 ZF=0,则串操作停止,否则执行第(2)步;

(2) (CX)-1→CX;

(3) 执行其后的串操作指令,转第(1)步。

3) 不相等/不为零重复前缀

格式：REPNE

功能：用于一个串操作指令的前缀,每重复执行一次串操作指令,CX 的内容减 1,直到 (CX)=0 或 ZF=1 为止。

执行步骤如下：

(1) 先判断 CX 的内容,如(CX)=0 或 ZF=1,则串操作停止,否则执行第(2)步;

(2) (CX)-1→CX;

(3) 执行其后的串操作指令,转第(1)步。

2. 数据字节串/字串传送指令

格式：MOVSB/MOVSW

功能：将数据段中由(DS:SI)指向的源串的一字节(字)传送到附加段由(ES:DI)指向的目的串中,且相应修改地址指针,使其指向下一字节(字)。

字节串：当 DF=0 时,(SI)+1→SI,(DI)+1→DI;当 DF=1 时,(SI)-1→SI,(DI)-1→DI。

字串：当 DF=0 时,(SI)+2→SI,(DI)+2→DI;当 DF=1 时,(SI)-2→SI,(DI)-2→DI。

例 3.20 将内存单元首地址 3100H 起的 100 字节传送到首地址 2800H 的内存单元。

```
CLD
MOV   SI, 3100H
MOV   DI, 2800H
MOV   CX, 100
REP   MOVSB
```

3. 数据字节串/字串比较指令

格式：CMPSB/CMPSW

功能：将数据段中由(DS:SI)指向源串的一字节(字)减去附加段由(ES:DI)指向的目的串的一字节(字),不回送结果,只根据结果影响标志位,并相应修改地址指针,使其指向下一字节(字)。

字节串：当 DF＝0 时,(SI)＋1→SI,(DI)＋1→DI；当 DF＝1 时,(SI)－1→SI,(DI)－1→DI。

字串：当 DF＝0 时,(SI)＋2→SI,(DI)＋2→DI；当 DF＝1 时,(SI)－2→SI,(DI)－2→DI。

例 3.21 检查内存单元首地址 2200H 起的 50 字节与首地址 3200H 起的 50 字节是否对应相等,如果相等,则 BX＝0；如果不相等,BX 指向第一个不相等的字节单元。AL 存放第一个不相等的源串内容。

```
       CLD
       MOV  SI, 2200H
       MOV  DI, 3200H
       MOV  CX, 50
       REPE CMPSB
       JZ   LP1
       DEC  SI
       MOV  BX, SI
       MOV  AL, [SI]
       JMP  LP2
LP1:   MOV  BX, 0
LP2:
```

4. 数据字节串/字串检索指令

格式：SCASB/SCASW

功能：将 AL(AX)的内容减去附加段由(ES:DI)指向的目的串的一字节(字),不回送结果,只根据结果影响标志位,并相应修改地址指针,使其指向下一字节(字)。

字节串：当 DF＝0 时,(DI)＋1→DI；当 DF＝1 时,(DI)－1→DI。

字串：当 DF＝0 时,(DI)＋2→DI；当 DF＝1 时,(DI)－2→DI。

例 3.22 在内存附加段首地址为 4300H 起的 100 字节中,查找是否有 ∗ ,如果有,则将偏移地址送入 BX,否则 BX＝0。

```
       CLD
       MOV   DI, 4300H
       MOV   AL, '*'
       REPNZ SCASB
       JNZ   LP1
       DEC   DI
       MOV   BX, DI        ;找到"∗",偏移地址送入 BX
       JMP   LP2
LP1:   MOV   BX, 0         ;未找到
LP2:
```

5. 数据字节串/字串读出指令

格式：LODSB/LODSW

功能：将数据段中由(DS:SI)指向源串的一字节(字)读出,放入 AL(AX)中,并相应修改地址指针,使其指向下一字节(字)。

字节串：当 DF＝0 时,(SI)＋1→SI；当 DF＝1 时,(SI)－1→SI。

字串：当 DF＝0 时,(SI)＋2→SI；当 DF＝1 时,(SI)－2→SI。

6. 数据字节串/字串写入指令

格式：STOSB/STOSW

功能：将 AL(AX)的内容写入附加段中由(ES:DI)指向的目的串一字节(字)中,并相应修改地址指针,使其指向下一字节(字)。

字节串：当 DF=0 时,(DI)+1→DI；当 DF=1 时,(DI)−1→DI。

字串：当 DF=0 时,(DI)+2→DI；当 DF=1 时,(DI)−2→DI。

例 3.23 将内存数据段首地址为 1800H 起的 100 字节清 0。

```
CLD
MOV  DI, 1800H
MOV  CX, 100
XOR  AL, AL
REP  STOSB
```

3.3.5　控制转移类指令

视频讲解

一般情况下指令是顺序地逐条执行的,但实际上程序不可能总是顺序执行,而经常要改变程序的执行流程。这里介绍的控制转移指令就是用来控制程序的执行流程的。程序执行顺序的改变实际是通过修改代码段寄存器 CS 和指令指针 IP 的内容来实现的。

8086 有 5 种类型的转移指令,它们是无条件转移、条件转移、循环控制、子程序调用及返回和与中断有关的指令。

1. 无条件转移指令

无条件地转移到指令指定的地址去执行从该地址开始的指令。无条件转移可以分为段内转移和段间转移。具体有以下 5 种基本格式。

1) 段内直接短转移

格式：JMP　SHORT 目标标号

功能：无条件地转移到标号所指定的目标地址去执行程序。短转移时,目标地址与 JMP 指令的下一条指令地址之差为 −128～+127 字节。

2) 段内直接转移

格式：JMP　目标标号
　　　JMP　NEAR PTR　目标标号

功能：无条件地转移到标号所指定的目标地址去执行程序,但转移的范围扩大到 −32 768～+32 767 字节,也即跳转地址的范围为 16 位带符号二进制数的范围。

3) 段内间接转移

格式：JMP　WORD PTR OPD

功能：无条件转移到 OPD 所指定的目标地址去执行程序。OPD 只能是 16 位寄存器或两个连续存储的内存字节单元。转移范围为 64KB。

例如：JMP　DX

执行前：(DX)=2000H,(IP)=1260H,(CS)=3000H。

执行后：(IP)=2000H,CPU 转到地址为 32000H 的单元执行程序。

4) 段间直接转移

格式：JMP　FAR　PTR 目标标号

功能：无条件转移到目标标号所指定地址去执行程序。将目标标号所在的段基址送入CS,将目标标号相对所在段的段内偏移地址送入IP。可以转移范围为1MB。

5）段间间接转移

格式：JMP DWORD PTR OPD

功能：无条件转移到目的操作数OPD所指定地址去执行程序。目的操作数为双字,将目的操作数的第一个字送入IP,将目的操作数的第二个字送入CS。可以转移范围为1MB。

例如：JMP DWORD PTR[BX]

执行前：（BX）=2000H,（DS）=5000H,（52000H）=0200H,（52002H）=0400H。

执行后：（IP）=0200H,（CS）=0400H,CPU转到地址为04200H的单元执行程序。

2. 条件转移指令

测试上一条指令对标志位的影响,从而决定程序执行的流程。若满足条件则转移；若不满足条件则顺序执行。注意,转移范围都只有 $-128 \sim +127$ 字节,如果需要转移的地址超出了该范围,可以将条件转移指令与无条件转移指令配合使用。所有条件转移指令对标志位均无影响。

1）单标志位转移指令

单标志位条件转移指令如表3.4所示。

表 3.4　单标志位条件转移指令

指　令	测试条件	含　　义	指　令	测试条件	含　　义
JZ/JE	ZF=1	0/相等则转移	JP/JPE	PF=1	低8位中1的个数为偶数则转移
JNZ/JNE	ZF=0	非0/不相等则转移			
JS	SF=1	结果为负则转移	JNP/JPO	PF=0	低8位中1的个数为奇数则转移
JNS	SF=0	结果非负则转移			
JO	OF=1	结果溢出则转移	JC	CF=1	有进位则转移
JNO	OF=0	结果不溢出则转移	JNC	CF=0	无进位则转移

例 3.24　运用条件转移指令,判断AX的内容,如果（AX）=04H,则设置CX为0,否则设置CX为0FFFFH。

```
        MOV   BX, 04H
        CMP   AX, BX
        JZ    LP1
LP2:    MOV   CX, 0FFFFH
        JMP   LP3
LP1:    MOV   CX, 0
LP3:
```

2）无符号数的条件转移指令

该组转移指令用于无符号数的比较,并根据比较的结果进行转移。具体无符号数的条件转移指令如表3.5所示。

表 3.5　无符号数的条件转移指令

指　　令	测试条件	说明（A,B 两数关系）
JA/JNBE	CF=0 ∧ ZF=0	高于/不低于且不等于（即 $A>B$）则转移
JAE/JNB	CF=0 ∨ ZF=1	高于等于/不低于（即 $A \geqslant B$）则转移

指　　令	测　试　条　件	说明（A，B 两数关系）
JB/JNAE	CF＝1 $\wedge$ ZF＝0	低于/不高于且不等于（即 $A<B$）则转移
JBE/JNA	CF＝1 $\vee$ ZF＝1	低于等于/不高于（即 $A\leqslant B$）则转移

例 3.25 以下指令完成判断 AL 的内容,如果低于 60,则进行 AL 内容加 5 的操作。

```
    CMP    AL, 60
    JAE    LP1
    ADD    AL, 5
LP1:
```

3) 有符号数的条件转移指令

该组转移指令用于有符号数的比较,并根据比较的结果进行转移。具体转移指令如表 3.6 所示。

表 3.6　有符号数的条件转移指令

指　　令	测　试　条　件	说明（A，B 两数关系）
JG/JNLE	SF＝OF $\wedge$ ZF＝0	大于/不小于且不等于（即 $A>B$）则转移
JGE/JNL	SF＝OF $\vee$ ZF＝1	大于或等于/不小于（即 $A\geqslant B$）则转移
JL/JNGE	SF$\neq$OF $\wedge$ ZF＝0	小于/不大于且不等于（即 $A<B$）则转移
JLE/JNG	SF$\neq$OF $\vee$ ZF＝1	小于或等于/不大于（即 $A\leqslant B$）则转移

例 3.26

```
        MOV    AL, -40H      ;   0C0H→AL
        CMP    AL, 50H
        JG     LP1           ; -40H<50H   不转移
        MOV    CX, 0FFFFH
        JMP    LP2
LP1:    MOV    CX, 0
LP2:
```

以上指令序列执行后,(CX)＝0FFFFH。注意,指令序列中的 JG 若改为 JA,CX 的内容则为 0。

4) 测试 CX 条件转移指令

格式：JCXZ　目标标号

功能：若(CX)＝0,则转移到目标标号所指定地址去执行程序。

3. 循环控制指令

8086/8088 指令系统有三条循环控制指令,一般用它们来实现程序循环,循环的次数必须放在 CX 寄存器中,这组指令也不影响标志位。

1) 计数循环指令

格式：LOOP　标号

功能：每执行一次 LOOP 指令,CX 的内容减 1,若 CX$\neq$0,则循环转移到标号所指定的目标地址去重复执行程序,直到 CX＝0,退出循环,接着执行 LOOP 指令的下一条指令。

例 3.27 以下为使用 LOOP 指令编写的延时程序段。

```
        MOV    CX, 0100H            ;设置循环次数
DELAY:LOOP DELAY
```

LOOP 指令执行转移时,用 9 个时钟周期,结束循环指向下一条指令时,用 5 个时钟周

期,程序员可以设置循环次数来控制延迟的时间。

2) 相等/为零计数循环指令

格式：LOOPE/LOOPZ 标号

功能：每执行一次循环指令,CX 的内容减 1,若 CX≠0 且 ZF＝1,则循环转移到标号所指定的目标地址去重复执行程序,否则执行循环指令的下一条指令。

3) 不相等/不为零计数循环指令

格式：LOOPNE/LOOPNZ 标号

功能：每执行一次循环指令,CX 的内容减 1,若 CX≠0 且 ZF＝0,则循环转移到标号所指定的目标地址去重复执行程序,否则执行循环指令的下一条指令。

4. 子程序调用和返回指令

在 8086/8088 指令系统中,调用子程序或从子程序返回的指令分别为 CALL 和 RET。

1) 子程序调用指令

(1) 段内直接调用。

格式：CALL 标号

功能：首先将返回地址(CALL 指令的下一条指令,16 位偏移地址)压入堆栈,然后将标号所指的子程序在本段中的偏移地址送入 IP,转子程序执行。

(2) 段内间接调用。

格式：CALL WORD PTR OPD

功能：首先将返回地址(CALL 指令的下一条指令,16 位偏移地址)压入堆栈,然后将目的操作数的内容送入 IP,转至同一段内的子程序执行。

(3) 段间直接调用。

格式：CALL FAR PTR 标号

功能：首先将断点地址 CS、IP 顺序压入堆栈(共 4 字节),然后将标号所在的段基址送入 CS,将标号相对所在段的偏移地址送入 IP,转子程序执行。

(4) 段间间接调用。

格式：CALL DWORD PTR OPD

功能：首先将断点地址 CS、IP 顺序压入堆栈(共 4 字节),然后将有效地址指定的 4 字节送入 IP、CS,低地址的两字节送入 IP,高地址的两字节送入 CS,转子程序执行。

2) 返回指令

子程序的最后一条指令为返回指令,用来控制程序返回断点地址处(相应 CALL 指令的下一条指令)继续执行下去。

(1) 返回指令。

格式：RET

功能：把断点地址从堆栈弹出送入 IP 或 IP、CS。如果该子程序为 FAR 类型,首先从堆栈弹出一个字送入 IP(SP+2→SP),再从堆栈弹出一个字送入 CS(SP+2→SP);如果该子程序为 NEAR 类型,从堆栈弹出一个字送入 IP(SP+2→SP),从而返回主程序。

(2) 带弹出值的返回指令。

格式：RET n

功能：n 为偶数,在执行 RET 指令后,再修改指针 SP+n→SP,也即先从堆栈弹出断点地址送 IP 或 IP、CS,再废除栈顶的 n 字节。

CALL 和 RET 指令在使用应该注意以下几方面。

① CALL 和 RET 指令不影响标志位。

② CALL 和 RET 指令必须成对使用,与无条件转移指令的不同之处,在于它含有将断点地址入栈和出栈的操作。

5. 中断和中断返回指令

中断和中断返回指令能使 CPU 暂停执行后续指令,而转去执行相应的中断服务程序或从中断服务程序返回主程序。

1)软中断指令

格式:INT n

功能:n 为中断类型码,可以取 0~0FFH 的 256 个值。每个中断类型码在中断矢量表中占 4 字节,前 2 字节用来存放中断服务程序入口地址的偏移地址,后 2 字节用来存放段基址。CPU 执行 INT 指令时,首先将标志寄存器 FR 压栈,接着清除 IF、TF,然后将当前程序断点的段基址和偏移地址入栈保护,最后将中断矢量表中与中断类型码对应的 4 字节内容先后送入 IP、CS,这样 CPU 转去执行中断服务程序。

2)中断返回指令

格式:IRET

功能:放在中断服务程序的出口处,由它从堆栈中弹出程序断点分别送 IP、CS,并弹出一个字送入标志寄存器 FR,以退出中断,返回到断点处执行后续程序。

中断服务程序的最后一条指令必须是 IRET。

3)溢出中断指令

格式:INTO

功能:该指令为单字节指令,中断类型码为 4,放在有符号的算术运算指令之后,仅当运算产生溢出(OF=1)时,才向 CPU 发出溢出中断请求。

3.3.6 处理器控制类指令

1. 标志位操作指令

1)进位位清 0 指令

格式:CLC

功能:置 CF=0。

2)进位位求反指令

格式:CMC

功能:CF←$\overline{\text{CF}}$。

3)进位位置 1 指令

格式:STC

功能:置 CF=1。

4)关中断指令

格式:CLI

功能:置 IF=0,禁止外部可屏蔽中断。

5）开中断指令

格式：STI

功能：置 IF＝1，允许外部可屏蔽中断。

6）方向标志清 0 指令

格式：CLD

功能：置 DF＝0。

7）方向标志置 1 指令

格式：STD

功能：置 DF＝1。

2. 外部同步指令

1）空操作指令

格式：NOP

功能：不执行任何操作，其机器码占 1 字节。

2）暂停指令

格式：HLT

功能：该指令执行后，使机器暂停工作，使处理器处于停机状态，以等待一次外部中断到来，中断结束后，程序继续执行，处理器继续工作。

3）交权指令

格式：ESC

功能：协处理器在系统加电工作后，就不断检测 CPU 是否需要协助工作，当发现 ESC 指令时，被选定的协处理器便开始工作。

4）等待指令

格式：WAIT

功能：该指令每隔 5 个时钟周期就测试一次 $\overline{\text{TEST}}$ 信号，若该信号为高电平，CPU 则继续执行 WAIT 指令，进入等待状态；否则结束等待，执行后续指令。

3.4　80386 的寻址方式和指令系统

3.4.1　80386 的寻址方式

80386 的寻址方式和 8086 一样，包括立即寻址、寄存器寻址、直接寻址和寄存器间接寻址。但是由于 80386 的存储器组织方式和 8086 有差别，故寄存器间接寻址有别于 8086。

按照 80386 系统的存储器组织方式，逻辑地址由段选择子和偏移量组成。偏移量由以下 4 个分量计算得到。

① 基址。任何通用寄存器都可以作为基址寄存器，其内容即为基址。

② 位移量。在指令操作码后面的 32 位、16 位或 8 位数。

③ 变址。除了 ESP 寄存器外，任何通用寄存器都可以作为变址寄存器，其内容即为变址。

④ 比例因子。变址寄存器的值可以乘以一个比例因子，根据操作数的长度可以为 1 字节、2 字节、4 字节或 8 字节，比例因子相应可以为 1、2、4 或 8。

由上面 4 个分量计算偏移量的方法为：

$$偏移量＝基址＋变址×比例因子＋位移量$$

按照 4 个分量组合偏移量的不同方法，可以有 9 种存储器寻址方式，其中 8 种属于寄存器间接寻址。

（1）直接寻址方式。

位移量就是操作数的有效地址，此位移量包含在指令中。

例如：DEC　WORD PTR [200]　　　;有效地址为 200

（2）寄存器间接寻址方式。

基址寄存器的内容为操作数的有效地址。

例如：MOV　[EBX],EAX　　　　　;有效地址在 EBX 中

（3）基址寻址方式。

基址寄存器的内容和位移量相加形成有效地址。

例如：MOV　[EBX＋100],EAX　　　;有效地址为 EBX 的内容加 100

（4）变址寻址方式。

变址寄存器的内容和位移量相加形成有效地址。

例如：SUB　EAX,[ESI],20　　　;有效地址为 ESI 的内容加 20

（5）带比例因子的变址寻址方式。

变址寄存器的内容乘以比例因子,在加位移量相加形成有效地址。

例如：SUB　EAX,[ESI＊8],7　　;有效地址为 ESI 的内容乘以 8 再加 7

（6）基址变址寻址方式。

基址寄存器的内容加上变址寄存器的内容组成有效地址。

例如：SUB　EAX,[ESI][EBX]　　;有效地址为 EBX 的内容加 ESI 的内容

（7）基址加带比例因子的变址寻址方式。

变址寄存器的内容乘以比例因子再加上基址寄存器的内容组成有效地址。

例如：MOV　ECX,[EDI＊2][EBX]　;有效地址为 EDI 的内容乘以 2 再加 EBX 的内容

（8）带位移量的基址加变址寻址方式。

基址寄存器的内容加位移量,再加上变址寄存器的内容组成有效地址。

例如：MOV　EDX,[ESI][EBP＋200H]　;有效地址为 EBP 的内容加 200H 加 EBX 的内容

（9）带位移量的基址加带比例因子的变址寻址方式。

变址寄存器的内容乘以比例因子,再加上基址寄存器内容与位移量之和组成有效地址。

例如：MOV　ECX,[EDI＊2][EBX＋20]　;有效地址为 EDI 的内容乘以 2,再加 EBX 的内容再加 20

3.4.2　80386 的指令系统

80386 的指令系统是在 8086 指令系统基础上设计的,并完全兼容 8086 指令系统,主要差别是 80386 指令系统扩展了数据宽度,对存储器寻址方式也进行了扩充,另外还增加了少量指令。本节仅对两者的差别和使用的注意点做简单的介绍,8086 已有的指令参见3.3 节。

1. 数据传送类指令

数据传送指令包括通用数据传送指令、标志寄存器传送指令、地址传送指令、数据转换

指令等。

1）通用数据传送指令

使用 MOV 指令时，两个操作数的位数必须相同，如果不同，则可以选用新增的 MOVZX 和 MOVSX 指令。例如：

```
MOVZX   AX,BL
```

该指令将 BL 的内容带符号扩展为一个字送入 AX。

另外，PUSH 指令的功能有所扩展，其源操作数可以是立即数。例如：

```
PUSH   0204H
```

而这样的指令在 8086 系统中不被允许。另外 80386 指令系统还提供了 PUSHA 指令，可以将全部 16 位寄存器一次压入堆栈，提供的 PUSHAD 指令可以全部 32 位寄存器一次压入堆栈。

2）标志寄存器传送指令

在 LAHF、SAHF、PUSHF 和 POPF 的基础上，增加了两条指令，即

```
PUSHFD                          ;将标志寄存器的内容作为双字压入堆栈
POPFD                           ;从堆栈弹出双字送入标志寄存器
```

3）地址传送指令

80386 的地址传送指令实现 6 字节的地址指针传送。地址指针来自存储单元，目的地址为两个寄存器，其中一个为段寄存器，另一个为双字的通用寄存器。例如：

```
LDS   EBX,DATA                  ;将 DATA 开始的指针送入 DS、EBX 寄存器
LSS   ESP,DATA                  ;将 DATA 开始的指针送入 SS、ESP 寄存器
```

这些指令适合 32 位微机系统的多任务操作，因为在任务切换时，需要同时改变段寄存器和偏移量指针的值。

4）数据转换指令

在 8086 的 CBW、CWD 指令的基础上，增加了两条指令。即

```
CWDE                            ;将 AX 的内容扩展为双字送入 EAX
CDQ                             ;将 EAX 的内容扩展为四字送入 EDX、EAX
```

输入输出指令和 8086 完全相同，端口地址可以在指令中给出，也可以由 DX 寄存器给出。

2. 算术运算类指令

算术运算类指令的用法和 8086 中基本一致，只是在 80386 指令系统中，运算支持 32 位。例如：

```
ADD  EAX,0FF200A0H              ;将 EAX 内容加 0FF200A0H 送回 EAX 寄存器
SUB  EAX,EBX                    ;将 EAX 内容减去 EBX 内容送回 EAX 寄存器
```

在 80386 指令系统中，对 IMUL 指令给出两种扩充形式。

例如：IMUL DX,BX,100   ;将 BX 的内容乘以 100，结果送入 DX 寄存器

这类指令是用一个立即数乘以一个放在寄存器或存储器中的数，结果存入指定的寄存器。

例如：IMUL EDX,ECX   ;将 EDX 的内容乘以 ECX 内容，结果送入 EDX

这类指令是一个寄存器操作数乘以一个同样长度的放在寄存器或存储器的数,结果存入该寄存器。但由于这两类指令的乘积和被乘数、乘数的长度一样,有时会产生溢出,如果溢出,OF 标志则被自动置 1。

3. 逻辑运算类指令

逻辑运算类指令包括逻辑运算和移位指令。这两组指令的用法和 8086 中基本一致,只是在 80386 指令系统中,运算和移位支持 32 位。

例如: AND   EAX,EBX   ;将 EAX 内容与 EBX 内容相与,结果送回 EAX
　　　ROL   EBX,CL   ;按 CL 指定的次数将 EAX 内容循环左移

在 80386 指令系统中,还增加了两条专用的双精度移位指令,即双精度左移指令 SHLD 和双精度右移指令 SHRD。

例如: SHRD   EAX,EBX,10

这条指令将 EAX 的内容右移 10 位,高 10 位由 EBX 的低 10 位来补充,而 EBX 的内容不变。

4. 串操作指令

80386 的串操作指令和 8086 中基本一致,包括 MOVS、CMPS、SACS、LODS 和 STOS。此外,80386 指令系统还增加了字符串输入指令 INS 和字符串输出指令 OUTS,来处理输入输出端口的数据块的读写。

INS 指令可以从一个输入输出端口读入数据送到一串连续的存储单元; OUTS 指令可以将一串连续的存储单元的内容顺序输出到一个输入输出端口。

INS 指令使用时有 INSB、INSW 和 INSD 3 种形式,分别对应字节串、字串和双字串。OUTS 与之类似。

5. 转移、循环和调用指令

80386 的转移指令在形式和意义上和 8086 相同,唯一不同的是条件转移的地址不再受范围的限制,可以到达存储空间的任何地方。

循环指令 LOOP、LOOPE、LOOPNE 等与 8086 完全相同,转移范围仍然为 −128∼ +127。

调用指令 CALL 和返回指令 RET 在用法和含义上与 8086 类同,只是在 80386 中,由于 EIP 是 32 位,故在堆栈操作时,对于 EIP 的操作是 4 字节。

6. 条件设置指令

条件设置指令是 80386 中新增加的,用来根据测试标志的结果设置目的操作数的值。

例如: SETZ   AL   ;若 ZF = 1,则 AL 设置为 1,否则设置为 0
　　　CMP   AX,1000
　　　SETBE BX   ;若 AX 低于或等于 1000,则 BX 设置为 1,否则设置为 0

7. 系统设置和测试指令

这组指令也是 80386 中新增加的,它们一般出现在操作系统中,用来对系统设置和测试。具体如下。

(1) CLTS:清 TS 标志指令。

(2) SGDT/SLDT/SIDT。

这 3 条指令将全局描述符表寄存器、局部描述符表寄存器或中断描述符表寄存器的内容送到存储器。

例如：

```
SGDT        MEM1              ;其中 MEM1 为 6 字节存储器操作数
SLDT        MEM2              ;其中 MEM2 为 2 字节存储器操作数
SIDT        MEM3              ;其中 MEM3 为 6 字节存储器操作数
```

(3) LTR：装入任务寄存器指令。

这条指令一般用在多任务操作系统中，它将内存中 2 字节装入任务寄存器 TR，执行该指令后，相应的任务状态段 TSS 标上"忙"标志。

例如：LTR   MEM2   ;其中 MEM2 为 2 字节存储器操作数

(4) STR：存储任务寄存器指令。

这条指令一般用在多任务操作系统中，它将任务寄存器 TR 的内容送入内存中 2 字节。

例如：STR   MEM2   ;其中 MEM2 为 2 字节存储器操作数

(5) LAR：装入访问权指令。

本指令将 2 字节段选择子中的访问权字节送入目的寄存器。

例如：LAR   AX,SELECT   ;将段选择子中的访问权字节送入 AH,AL 清 0

(6) LSL：装入段界限值指令。

本指令将描述符中的段界限值送入目的寄存器。在指令中，由段选择子来指出段描述符。

例如：LSL   BX,SELECT2   ;将 SELECT2 段选择子所对应的描述符中的段界限值送入 BX

(7) LGDT/LLDT/LIDT。

这 3 条指令分别将存储器的内容送全局描述符表寄存器、局部描述符表寄存器或中断描述符表寄存器的内容。

```
例如：LGDT  MEM1              ;其中 MEM1 为 6 字节存储器操作数
     LLDT  MEM2              ;其中 MEM2 为 2 字节存储器操作数
     LIDT  MEM3              ;其中 MEM3 为 6 字节存储器操作数
```

(8) VERR/VERW：检测段类型指令。

VERR 指令检测段选择子所对应的段是否可读，VERW 指令则检测一个段选择子所对应的段是否可写。

```
例如：VERR  SELECT1           ;SELECT1 段选择子所对应的段是否可读
     VERW  SELECT2           ;SELECT2 段选择子所对应的段是否可写
```

(9) LMSW：装入机器状态字指令。

本指令将存储器中的 2 字节送入机器状态字 MSW。通过这种方式，可以使 CPU 切换到保护方式。检测段选择子所对应的段是否可读，VERW 指令则检测一个段选择子所对应的段是否可写。

例如：VMSW [SP]   ;将堆栈指针 SP 所指出的 2 字节送入 MSW

(10) SMSW：存储机器状态字指令。

本指令将 2 字节机器状态字 MSW 存入内存中。

例如：SMSW MEM2   ;其中 MEM2 为 2 字节存储器操作数

(11) ARPL：调整请求权级指令。

本指令可以调整段选择子的 RPL 字段，由此常用来阻止应用程序访问操作系统中涉及安全的高级别的子程序。ARPL 的第一个操作数可由存储器或寄存器给出，第二个操作数必须是寄存器。如前者的 RPL(最后 2 位)小于后者的 RPL,则 ZF 置 1,且将前者的 RPL 增值,使其等于后者的 RPL;否则,ZF 清 0,并不改变前者的 RPL。

例如:ARPL   MEM_WORD,BX

3.5 Pentium 新增加的指令

Pentium 一共增加了 3 条处理器专用指令和 5 条系统控制指令,具体如下。

1. 处理器专用指令

1) CMPXCHG8B m:8 字节比较指令

本指令将 EDX:EAX 中的 8 字节与 m 所指的存储器中的 8 字节比较,若相等,则 ZF 置 1,并将 EDX:EAX 中的 8 字节送入目的存储单元;否则 ZF 清 0,并将目的存储单元中的 8 字节送入 EDX:EAX 中。

2) RDSTC:读时钟周期数指令

本指令读取 CPU 中用来记录时钟周期数的 64 位计数器的值,并将读取的值送入 EDX:EAX,供一些应用软件通过两次执行该指令来确定某段程序需要多少时钟周期。

3) CPUID:读 CPU 的标识等有关信息

本指令用来获得 Pentium 处理器的类型等有关信息。在执行此指令前,EAX 中如果为 0,则指令执行后,EAX、EBX、ECX、EDX 的内容合起来即为 Intel 产品的标识字符串,如果此前 EAX 中为 1,则指令执行后,在 EAX、EBX、ECX、EDX 中得到 CPU 级别、工作模式、可设置的断点数等。

2. 系统控制指令

(1) RDMSR:读取模式专用寄存器指令。

本指令用来读出 Pentium 处理器的模式专用寄存器中的值。在执行该指令前,在 ECX 中设置寄存器号,可以为 0~14H,指令执行后,读取的内容存放在 EDX:EAX 中。

(2) WRMSR:写入模式专用寄存器指令。

本指令将 EDX:EAX 中的 64 位数写入模式专用寄存器。同样在执行该指令前,必须在 ECX 中设置寄存器号,可以为 0~14H。

(3) RSM:复位到系统管理模式。

(4) MOV CR4,R32:将 32 位寄存器的内容送入控制寄存器 CR。

(5) MOV R32,CR4:将控制寄存器 CR 内容送入 32 位寄存器。

第4章 汇编语言程序设计

汇编语言是一种面向机器语言的程序设计语言，是一种用符号表示的低级程序语言。与机器语言程序相比，汇编语言编写、阅读和修改都比较方便。本章在介绍汇编语言源程序基本结构的基础上，主要讨论汇编语言程序的语法规则、程序设计的方法和技巧。

4.1 汇编语言概述

视频讲解

随着计算机技术的发展，程序设计语言也从低级向高级发展，分为机器语言、汇编语言和高级语言三种不同层次的语言。

机器语言是用二进制代码指令表达的计算机语言，早期的计算机就使用机器语言编程。机器语言面向机器，能被计算机识别和运行，运行速度最快，程序占内存空间最少。但机器语言程序很不直观，编程、阅读和修改很不方便。

高级语言（如 PASCAL、C 语言等）是独立于机器的通用语言。它更接近自然语言。用高级语言编写的程序可以在不同类型的机器上运行，通用性较强。高级语言语句功能很强，编程容易，使用方便。但用高级语言编写的程序，机器不能独立运行，需要由编译程序或解释程序先将它翻译成机器语言程序，然后计算机才能执行。高级语言程序占用存储空间较大，运行起来较慢。

汇编语言是一种符号语言，用助记符（帮助记忆的符号）表示指令的操作码，地址或数据也可用符号表示。汇编语言面向机器，和具体机器联系紧密，用汇编语言编写程序可以充分利用机器的硬件资源。所以汇编语言常用于编写计算机系统程序、实时通信程序、实时控制程序。

用汇编语言编写的程序叫作汇编语言源程序，在计算机运行之前，也需要翻译成目标程序，机器才能运行。这个翻译过程叫作汇编。完成汇编的程序软件叫汇编程序，使用比较广泛的有 Microsoft 公司开发的具有宏汇编功能的宏汇编程序 MASM。

MASM 的主要功能就是将汇编语言编写的源程序翻译成目标程序，此外它还能根据用户的要求分配存储区域、检查源程序的语法错误等。由汇编程序产生的目标文件虽然是二进制文件，但它还不能直接在计算机上运行，必须通过连接程序（LINK 程序）将目标程序与库文件或其他文件连接在一起形成可执行文件，才能在机器上运行。

汇编语言程序从编辑到运行的过程如图 4.1 所示。

图 4.1　汇编语言程序从编辑到运行的过程·

4.2 汇编语言源程序格式

汇编语言源程序结构采用分段式结构,一个汇编语言源程序由若干段组成,一般有数据段、代码段、扩展段和堆栈段4种类型,源程序可以根据实际需要确定段的数目。数据段、扩展段一般用来存放与程序有关的数据,代码段存放程序的指令代码,堆栈段为程序中堆栈操作提供存储空间。

本节首先介绍汇编语言的语句格式,以及伪指令和使用方法,最后给出完整的汇编语言源程序格式。

4.2.1 汇编语言的语句格式

1. 汇编语言的语句分类

汇编语言程序在汇编时,是以语句为基本单位的。

汇编语言有三种基本语句,即指令语句、伪指令语句和宏指令语句。

指令语句是指在汇编时产生目标代码对应着机器某种操作的语句,每条指令语句都对应着8086/8088 CPU 的一条机器指令。

伪指令语句不产生任何目标代码,它是一种指示性语句,只是指示汇编程序如何进行汇编,只有在汇编和连接时才起作用。

宏指令语句是以宏名定义的一段指令序列,是一般性指令语句的扩展。在汇编时,凡是出现宏指令语句的地方全部用其对应指令序列的目标代码代替。

2. 汇编语言语句的格式

指令语句的格式为:

[标号:]助记符 [操作数][;注释]

伪指令语句的格式为:

[名字] 定义符 [参数][,…参数][;注释]

两种语句都由4部分组成。

1) 标号、名字

标号、名字代表该语句的存储器地址。标号后面要紧跟一个冒号(:),不能漏写。标号在一些指令中充当操作数,用来表示转移地址。名字可以是变量名、段名、过程名等。

标号和名字均应使用合法的标识符,在汇编语言中标识符的命名规则为:

(1) 标识符的第一个字符必须是字母、问号(?)、@或下画线(_)4者之一;

(2) 从第二个字符开始可以是字母、问号(?)、@、下画线(_)或数字;

(3) 标识符不能是保留字(例如 MOV、STACK)。

例如,3DATA、DATA.3就不是合法的标识符,DATA_3 是合法的标识符。另外,建议在给标识符命名时,应使标识符命名与它代表的内容相符。

2) 助记符、定义符

指令语句中的助记符,规定了该指令语句的操作。例如 ADD、XOR 等。这些指令在第3章已经详细介绍过。伪指令语句中的定义符对应8086宏汇编中提供的伪操作功能。

4.2.2 节将详细介绍这些定义符的使用。

3) 操作数

这部分在指令语句中是指令的操作数。根据不同的指令,可能是单操作数或双操作数,也可能不带操作数。伪指令语句中的操作数可以是一个或多个,操作数之间用逗号隔开。

操作数可以是常量、变量、标号、寄存器和表达式等。

(1) 常量。

常量是指令中出现的固定不变的值,可分为数值常量和字符常量两种。数值常量允许使用二进制、八进制、十进制、十六进制数,但要注意应以 B、Q、D、H 字符结尾。十六进制数如果以字母开头,则必须该数前面加以前导 0,以区别于标识符,如 0F5H。ASCII 常数可将字符放在单引号内,如'A'。

(2) 变量。

变量通常是指存放在某些存储单元中的值,这些值是可变的。可以用不同的寻址方式对其存取。变量有三种属性:段、偏移量和类型。

段属性:变量所在段的段基址。

偏移量属性:变量单元地址与段的起始地址之间的地址偏移量。

类型属性:变量所占存储单元的字节数大小。类型有字节(BYTE)、字(WORD)、双字(DWORD)等。

(3) 标号。

标号有三种属性:段、偏移量和类型。

标号的段属性是指定义标号的程序段的段基址,当程序中引用一个标号时,该标号的段地址应在 CS 寄存器中。

标号的偏移量是该标号所在段的起始地址与定义标号的地址之间的字节数。

标号的类型有两种:NEAR 和 FAR。NEAR 标号可以在段内被引用,它所代表的地址指针为 2 字节;FAR 标号可以跨段引用,它所代表的地址指针为 4 字节。

(4) 寄存器。

操作数部分是寄存器名,如 AX、BX、SI 等。

(5) 表达式。

表达式是由常数、变量、操作符和运算符组成的。有三种运算符(算术运算符、逻辑运算符、关系运算符)和两种操作符(分析操作符、合成操作符)。表达式分为数值表达式和地址表达式。数值表达式只产生数值结果,而地址表达式不是单纯的数值,而是具有不同属性的存储器地址变量或标号,属性包括段、偏移量和类型。

① 算术运算符包括+(加)、-(减)、×(乘)、/(除)、MOD(取模)等。

算术运算符可用于数值表达式,运算结果是一个数值。在地址表达式中,只能使用"+""-"运算符。

例如:MOV AL,10 MOD 4   ; 10 MOD 4 = 2,故(AL) = 2

② 逻辑运算符包括 AND(与)、OR(或)、XOR(异或)、NOT(非)。

注意,逻辑运算符只适用于数字操作,对存储器地址操作不适用。

例如:MOV AX,789AH XOR 000FH

该指令实际等价于

```
MOV   AX,7895H
```

③ 关系运算符包括 EQ(等于)、NE(不等于)、LT(小于)、GT(大于)、LE(小于或等于)、GE(大于或等于)。

关系运算符所连接的两个操作数,必须是数字或是同一段内的存储器地址。运算结果为数字值。若关系不成立,则结果为 0;若关系成立,则结果为全 1。

```
例如:MOV   AL,5  NE  2    ;关系成立,故(AL) = 0FFH
      MOV   AL,5  LT  2    ;关系不成立,故(AL) = 00H
```

④ 分析运算符。

a. 取地址偏移量算符 OFFSET。

格式:OFFSET   变量或标号

例如:MOV   SI,OFFSET   BUF

该指令等价于 LEA   SI,BUF。但要注意 OFFSET 后面只能是变量或标号,例如,MOV   SI,OFFSET   [SI]为错误指令。

b. 取段基址算符 SEG。

格式:SEG   变量或标号

例如:MOV AX,SEG   BUF

该指令执行后,将 BUF 所在段的段基址送入寄存器 AX。

c. 取类型算符 TYPE。

格式:TYPE   变量或标号

该指令返回的结果为一个数值,这个数值与变量和标号类型的对应关系如表 4.1 所示。

表 4.1   TYPE 返回值与变量、标号类型的对应关系

TYPE 返回值	变 量 类 型	TYPE 返回值	标 号 类 型
1	BYTE	−1	NEAR
2	WORD	−2	FAR
4	DWORD		

```
例如:BUF  DD  5,6,7
      MOV  CX,TYPE BUF    ;(CX) = 4
```

d. 取变量单元数 LENGTH。

格式:LENGTH   变量

如果一个变量已用重复操作符 DUP 说明其变量的个数,则利用 LENGTH 运算符可以得到这个变量的个数。如果未用 DUP 说明,则得到结果总为 1。

例 4.1
```
      DSEG   SEGMENT
         A  DW 6 DUP (02H)
         B  DD 1,2,3,4,5,6
      DSEG   ENDS
         MOV  BX, LENGTH A;    (BX) = 6
         MOV  CX, LENGTH B;    (CX) = 1
```

e. 取变量字节数 SIZE。

格式:SIZE   变量

如果一个变量已用重复操作符 DUP 说明其变量的个数,则利用 SIZE 算符可以得到这个变量的字节总数。如果未用 DUP 说明,则得到的结果和 TYPE 算符所得结果相同。例

如,将例4.1中的LENGTH替换为SIZE,两条指令执行后,(BX)=12,(CX)=4。

⑤ 合成运算符。

利用合成运算符可对变量、标号或存储器操作数的类型属性进行修改。

a. 类型设置运算符PTR。

格式:类型　PTR　表达式

其中,类型可以是BYTE、WORD、DWORD、NEAR、FAR。该算符强制设置表达式类型为算符前的规定类型。

例如:`MOV BYTE PTR [SI],200`

b. 定义类型算符THIS。

格式:`THIS 类型`

该算符的功能是将类型符后面的类型属性赋予当前的存储单元。

例4.2　`DATA1　EQU　THIS　WORD`
　　　　　`DATA2　DB　12H,34H,56H,78H`

这样,DATA1变量是字类型,而DATA2为字节类型,它们具有同样的段和偏移量。

4) 注释

注释由分号(;)引导,用来说明一段程序、一条或几条指令的功能,使程序便于阅读。汇编程序对注释不进行汇编。

视频讲解

4.2.2　伪指令

伪指令是给汇编程序的控制命令,在汇编过程中由汇编程序进行处理,例如定义变量、常量,分配存储区,定义段以及定义过程。翻译成目标程序后,这些伪指令就不存在了。MASM有60种伪指令,本节介绍一些常用的伪指令。

1. 符号定义伪指令

符号定义伪指令用来给一个符号重新命名,或定义新的类型属性等。这些符号包括汇编语言中所用的变量名、标号名、过程名、寄存器名以及指令的助记符等。符号定义伪指令有等价伪指令(EQU)和等号伪指令(＝)两种。

1) 等价伪指令

格式:符号名　EQU　表达式

例如:`A　EQU　5*3+2`

例4.3　利用EQU为指令助记符定义一个替换名。

```
SUBC    EQU   SBB
COUNT   EQU   DEC
```

利用EQU伪指令,可以用一个名字代表一个数值。如果该数值在程序中多次被引用,则这种方法可以使程序更加简洁,并且将来修改数值时,只要修改一处,而不必修改多处,提高了修改的效率。

利用EQU伪指令,也可以用一个较短的名字来代表一个较长的名字。

需要注意的是,EQU伪操作不能对同一个符号重复定义。

2) 等号伪指令

格式:符号名　＝　表达式

等号伪指令主要用来定义符号常量。其功能与 EQU 类似,与 EQU 的唯一区别是它能对符号进行再定义。

例如: COUNT = 100
   MOV CL,COUNT   ; (CL) = 100
   COUNT = 200
   MOV CL,COUNT   ; (CL) = 200

2. 数据定义伪指令

数据定义伪指令用来定义一个变量,为变量分配存储空间、赋初值等。

格式: [变量名] 伪指令 表达式[,表达式]

其中,方括号中变量名字段为可选项,可有可无。表达式可以不止一个,但相互之间应以逗号分开。

伪指令有 5 种,分别为 DB、DW、DD、DQ 和 DT。用 DB 定义的变量类型为字节(BYTE),用 DW 定义的变量类型为字(WORD),用 DD 定义的变量类型为双字(DWORD),用 DQ 定义的变量类型为四字(QWORD),用 DT 定义的变量类型为 10 字节(TBYTE)。

表达式可以是以下几种。

(1) 常量或常量表达式。

(2) ASCII 字节或字节串。

(3) 问号"?"表示初值未确定,常用来预留存储空间。

(4) 重复子句 DUP。格式为: N DUP (表达式)

其中,N 为重复次数,DUP 为重复保留字,括号内的表达式为重复的内容。

(5) 地址表达式。即用变量名来表示的变量地址。

例 4.4 x1 DB 08H   ;定义一字节变量 x1,赋初值 08H
     BUF DW 01H,02H,03H,04H

定义一字变量 BUF,赋初值 0001H,其后内存字单元中顺序存放 0002H、0003H、0004H。

例 4.5 BUF1 DB 'HELLO' ;等价于 BUF1 DB 'H','E','L','L','O'
    BUF2 DB 'AB'   ;等价于 BUF2 DB 41H,42H
    BUF3 DW 'AB '   ;等价于 BUF2 DB 42H,41H

ASCII 字符串一般用 DB 伪指令来定义,用 DW 来定义字符串时,串中字节数不能大于 2。从例 4.5 中可以看出,DW 定义的字符串存放顺序有别于 DB 所定义的字符串。

例 4.6 SUM DW ?   ;仅定义字变量 SUM,没有赋初值

例 4.7 N   DB 3 DUP (01H,02H);

该定义等价于 N DB 01H,02H,01H,02H,01H,02H。

重复子句允许嵌套。M DB 2 DUP(2,2 DUP (2,'2'))

该定义等价于 M DB 2,2,32H,2,32H,2,2,32H,2,32H。

例 4.8 BUF1 DB 'HELLO'
    SA_BUF DW BUF1
    LA_BUF DD BUF1

如果表达式为地址表达式,只能用 DW、DD 两条伪指令来定义。变量 BUF1 出现在初始表达式的位置,则为地址表达式,第二句用 DW 定义的 SA_BUF 变量中存放 BUF1 在该

段中的偏移地址,第三句用 DD 定义的 LA_BUF 变量中存放 BUF1 的偏移地址、段基址。

3. 段定义伪指令

汇编语言源程序的结构是分段编写的。一个汇编语言源程序由若干逻辑段组成,所有的指令、变量分别存放在各个逻辑段中。

段定义伪指令用来定义汇编语言源程序的逻辑段。常用的段定义伪指令有 SEGMENT、ENDS 和 ASSUME 等。

1) 伪指令 SEGMENT/ENDS

格式:

```
段名    SEGEMNT  [定位方式] [组合方式] ['类别']
        …
段名    ENDS
```

其中,SEGEMNT 为段定义符,ENDS 为段结束符,它们必须成对出现。省略号部分,对于数据段、扩展段和堆栈段来说,一般是存储单元的定义、分配等伪指令;对于代码段来说,一般是完成程序功能的指令语句和伪指令语句。

段名是程序员为该段起的名字,不可省略。定位方式、组合方式、'类别'是赋给段名的属性,用方括号括起来的项可以省略。

定位方式通知汇编程序如何确定逻辑段在存储器中的位置。它有如下 4 种选择。

(1) PAGE(页):表示逻辑段从页的边界开始。通常 256 字节称为一页,故本段从能被256 整除的地址开始。

(2) PARA(节):表示逻辑段从节的边界开始。通常 16 字节称为一节,故本段从能被16 整除的地址开始。如果省略定位方式选项,则默认其为 PARA。

(3) WORD(字):表示逻辑段从字的边界开始。通常 2 字节称为一字,故本段从能被 2整除的地址开始。

(4) BYTE(字节):表示逻辑段从字节的边界开始,即可以从任何地址开始。

组合方式告诉汇编程序,当程序装入存储器时各个逻辑段如何进行组合。它有如下 6种选择。

(1) 不组合:如果组合类型选项被省略,汇编程序则认为该逻辑段不组合,也就是本段和其他段逻辑上不发生关联,各自独立装入内存,不进行组合。

(2) PUBLIC:通知汇编程序,本段和其他模块中同名、同'类别'段相邻连接到一起组成一个物理段装入内存,但组合后的段不能超过 64KB。

(3) COMMON:通知汇编程序,本段和其他模块中同名、同'类别'段应该具有相同的段首址,因而这些段将相互重叠。连接后的段的长度是其中最长段的长度。

(4) MEMORY:表示要求将本逻辑段定位到最高的地址上。如果多个段的组合方式定义为 MEMORY,则将汇编程序首先遇到的段作为 MEMORY 段,其他段当作COMMON 段处理。

(5) AT 表达式:表示本逻辑段根据表达式求值来定位段地址。例如 AT 8A00H,表示本段的段基址为 8A00H。

(6) STACK:指定本段为堆栈段,其他和 PUBLIC 相同。

'类别'是用单引号括起的字符串,是程序员为本段起的别名。其和组合方式配合决定各逻辑段的装入顺序。

2) 伪指令 ASSUME

通过建立段与段寄存器之间的对应关系，来明确源程序中的逻辑段与物理段之间的关系。

格式：ASSUME 段寄存器名:段名[,段寄存器名:段名]

其中，段寄存器名必须是 CS、DS、ES、SS 中的一个，段名必须是由 SEGMENT 和 ENDS 伪指令定义的段名。ASSUME 伪指令只指定所定义的段和段寄存器的对应关系，并不能将段地址装入段寄存器中。故数据段、扩展段、堆栈段寄存器的初值应该在代码段中由程序写入，代码段 CS 寄存器的初值由系统自动装入。例 4.9 给出一个简单的汇编源程序，它含有 DSEG、ESEG、SSEG 和 CSEG 4 个段。

例 4.9
```
        DSEG    SEGMENT
        DATA1   DB    02H
        BUF1    DW    01H,02H,03H
        DSEG    ENDS
        ESEG    SEGMENT
        DATA2   DB    3 DUP(03H)
        SUM     DB    ?
        ESEG    ENDS
        SSEG    SEGMENT  STACK
        STK     DB    100 DUP(?)
        SSEG    ENDS
        CSEG    SEGMENT
        ASSUME  CS:CSEG,SS:SSEG,DS:DSEG,ES:ESEG
        START: MOV AX, DSEG
               MOV DS, AX              ;将 DSEG 段的地址装入 DS
               MOV AX, ESEG
               MOV ES, AX              ;将 ESEG 段的地址装入 ES
               MOV AX, SSEG
               MOV SS, AX              ;将 SSEG 段的地址装入 SS
               ...
        CSEG    ENDS
               END    START
```

3) 当前汇编地址计数器和定位伪指令 ORG

在汇编程序对源程序的汇编过程中，汇编程序使用一个当前汇编地址计数器来保存当前正在被汇编程序翻译的指令或伪指令的地址。用符号 $ 来代表当前汇编地址计数器中的值。

定位伪指令 ORG 可以设置当前汇编地址计数器中的值。

格式：ORG 数值表达式

例 4.10
```
        DSEG SEGMENT
        BUF  DB    '1234'
        COUNT EQU   $-BUF
        DSEG ENDS
```

经汇编程序翻译后，COUNT 中的值为 4。

例 4.11
```
        DSEG SEGMENT
        ORG  10H
        BUF  DB    '1234'
```

```
        ORG    $ + 5
        NUM    DW 50
        DSEG   ENDS
```

BUF 变量在 DSEG 段中的偏移地址为 10H,第二个 ORG 语句是在当前汇编地址计数器值上再加 5,使 $ 的值变为 14H+5=19H。故 NUM 的偏移地址为 19H。

4. 过程定义伪指令

格式:

```
过程名   PROC  [NEAR/FAR]
...
过程名   ENDP
```

其中,PROC 伪指令定义一个过程,并赋予过程一个名字,指出该过程的类型为 NEAR 或 FAR。如果没有指明类型,则默认为 NEAR 类型。PROC 和 ENDP 必须成对出现。

当一个程序段被定义为过程后,在其他地方就可以通过 CALL 指令来调用这段程序。调用指令 CALL 在第 3 章已经详细介绍过。

例 4.12 延时程序 DELAY 的过程定义如下:

```
DELAY   PROC   NEAR
        MOV   BL,10
DLP:    MOV   CX,2800        ;置循环次数
WAIT:   LOOP WAIT
        DEL   BL
        JNZ   DLP
        RET
DELAY   ENDP
```

过程可以嵌套,即一个过程可以调用另一个过程。过程也可以递归调用,即一个过程可以调用它本身。

5. 源程序结束伪指令

格式:END [标号/过程名]

该语句为源程序的最后一个语句,表示源程序的结束,汇编程序在对源程序进行汇编时,一旦遇到 END 伪指令,则结束汇编。其中标号表示程序开始执行的起始地址。若有多个模块相连接,则只有主模块要使用标号,其他模块只使用 END 而不必指定标号。

4.2.3 汇编语言源程序的结构

下面通过一个简单的源程序实例来介绍源程序的框架结构及其语法规定和格式。

例 4.13 两数求和的程序段。

```
DSEG    SEGMENT  'DATA'      ;定义数据段
DATA1   DB  15H              ;被加数
SUM     DB  00H              ;和
DSEG    ENDS                 ;数据段结束
CSEG    SEGMENT  'CODE'      ;定义代码段
ASSUME CS:CSEG,DS:DSEG
START:  MOV   AX, DSEG
        MOV   DS, AX         ;装入数据段 DS 初值
        MOV   AL, DATA1      ;被加数送 AL
        ADD   AL, 12H        ;(AL) + 12H
```

```
        MOV   SUM, AL          ;和送 SUM
        HLT                    ;暂停指令
CSEG    ENDS                   ;代码段结束
        END   START            ;源程序结束
```

由以上实例可见,汇编语言程序的结构是分段结构形式,一个汇编语言源程序由若干段组成,每个段以 SEGMENT 开始,以 ENDS 结束。整个源程序以 END 结束。

以上源程序有两个逻辑段。第一段为 DSEG 段,用来存放与程序有关的数据,例如 DATA1 用来存放被加数,SUM 用来存放加运算结果;第二段为 CSEG 段,用来存放程序的指令代码。每个段均有若干行指令,每一条指令占一行。

4.3　汇编语言程序设计概述

4.3.1　程序设计的基本步骤

设计程序应该能够满足设计要求,并可以正常运行,实现预定的功能,同时要努力使源程序简明、易读、易调试,程序执行的时间尽量短,所占空间尽量小。

程序设计一般按以下几个步骤进行。

1. 分析问题建立数学模型

首先对要解决的问题进行全面了解和分析,弄清给出的条件和应得的结果,并从中找出规律性,建立一个描述各数据间关系的数学模型。

2. 确定算法

算法是解决问题的方法和步骤。每个具体问题都可能有几种不同的算法,应该比较这些算法,找出最合理的算法,以便充分发挥硬件特性和提高开发程序的效率。

3. 绘制流程图

用流程图将问题先后执行步骤直观、形象地描述出来,可将编程和结构进行一个全局安排,这样可以清楚地看出各部分的功能及其相互联系。

4. 分配存储器及寄存器

8086/8088 存储器结构要求存储空间分段使用,因此要分别定义数据段、堆栈段、代码段和扩展段,要明确规定程序中数据和变量所要占用的寄存器和存储单元。

5. 编制程序

根据流程图,编制源程序,用指令和伪指令来实现具体算法,完成规定的功能。

6. 调试程序

一个源程序是否正确,通常还需上机调试。通过上机调试,发现源程序中的语法错误和语义错误。语法错误是指那些不符合汇编语言编写规则的语句错误;语义错误是指实际指令没有达到功能要求的方面。发现错误后,再修改程序,使源程序不断完善。

7. 整理开发文档、投入使用

调试完毕,应该系统整理开发资料,编写程序说明。一个好的开发文档,可以为今后的二次开发打下良好基础。至此,程序可以提交用户,投入使用。

汇编源程序的基本结构有三种:顺序结构、分支结构和循环结构。任何复杂的程序,都由这三种结构组合而成。以下分别介绍这几种结构的程序设计方法。

4.3.2 顺序结构

顺序结构是指程序在执行时是完全按照指令的存放顺序从第一条开始逐条执行,直到最后一条指令为止。用顺序结构能较好地完成一些基本功能,例如数据的传送和交接、查找和算术运算等,它是构成复杂程序的基础。

以下通过一个顺序结构程序设计的例子,说明如何应用顺序结构程序去解决一些具体问题。

例 4.14 设内存单元 DATA 存放一字节无符号数,编程将其拆成两个一位十六进制数,并存入 HEX、HEX+1 的低 4 位。HEX 单元存放低位十六进制数,HEX+1 单元存放高位十六进制数。

分析:可以通过 AND 指令屏蔽的方法分离高 4 位、低 4 位,并用移位指令对高 4 位进行右移处理。

```
              DSEG    SEGMENT
              DATA    DB   8AH
              HEX     DB   0,0
              DSEG    ENDS
              SSEG    SEGMENT STACK
              STK     DB    100 DUP(?)
              SSEG    ENDS
              CSEG    SEGMENT
              ASSUME  CS:CSEG,DS:DSEG,SS:SSEG
      START:  MOV   AX, DSEG
              MOV   DS, AX
              MOV   AL, DATA          ;无符号数送 AL
              MOV   AH, AL            ;保存副本到 AH
              AND   AL, 0FH           ;屏蔽高 4 位
              MOV   HEX, AL           ;保存低 4 位
              AND   AH, 0F0H          ;屏蔽低 4 位
              MOV   CL,4
              SHR   AH, CL            ;右移 4 位
              MOV   HEX + 1, AH       ;保存高 4 位
              MOV   AH, 4CH
              INT   21H               ;返回操作系统
              CSEG  ENDS
              END   START
```

4.3.3 分支结构

通常情况下,程序始终按顺序执行的情况是不多见的,一般会有分支结构。分支结构一般由两部分组成:判断条件是否满足,把判断的结果保存在标志寄存器中;然后根据标志寄存器某个位或某几个位的组合决定是顺序执行下一条指令,还是实现转移。

分支结构有两种基本形式:不完全分支结构和完全分支结构,如图 4.2 所示。

1. 不完全分支结构

不完全分支结构比较简单,当不满足条件时会跳过一些语句,执行下面的语句。

例 4.15 设有单字节无符号数 X,Y,Z,若 X>Y,则结果为 X+Z,否则结果为 X,要求结果存放在 DL 中。

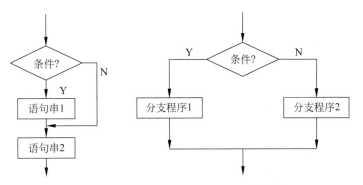

图 4.2　不完全分支结构和完全分支结构

程序段如下：

```
        MOV   AL, X
        CMP   AL, Y
        JBE   NEXT
        ADD   AL, Z
NEXT:   MOV   DL, AL
```

程序通过比较 X 和 Y 的大小，若 X＞Y 不成立，就跳过了 ADD　AL,Z 这条指令，执行 NEXT 标号处的语句。

2. 完全分支结构

完全分支结构又称二路分支结构。编写二路分支结构程序的关键是在分支程序 1 执行完后需要加一条无条件转移指令，以使程序跳过分支程序，避免重复执行该分支。

例 4.16　设内存中有三个互不相等的有符号字数据，分别存放在 X、Y、Z 字单元中，编程将其中最小值存入 MIN 单元。

分析：对于有符号数大小的判断，可选用有符号数比较条件转移指令，本例利用 CMP 指令和 JL 指令结合实现分支转移，流程图如图 4.3 所示。

程序如下：

```
DSEG SEGMENT
    X      DW   4321H
    Y      DW   7658H
    Z      DW   9B00H
    MIN    DW   ?
DSEG    ENDS
SSEG    SEGMENT STACK
STK     DB   100 DUP(?)
SSEG    ENDS
CSEG    SEGMENT
ASSUME  CS:CSEG,DS:DSEG,SS:SSEG
START:  MOV   AX, DSEG
        MOV   DS, AX
        MOV   AX, X
        CMP   AX, Y
        JL    NEXT
        MOV   AX, Y
NEXT:   CMP   AX, Z
        JL    DONE
```

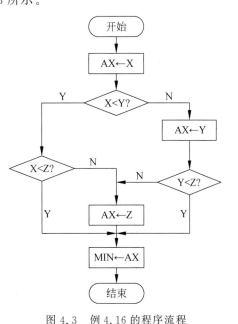

图 4.3　例 4.16 的程序流程

```
            MOV   AX, Z
DONE:   MOV   MIN, AX
            MOV   AH, 4CH
            INT   21H
CSEG    ENDS
            END   START
```

在分支程序设计中,要注意以下几点。

(1) 选择合适的转移指令,否则就不能转移到预定的程序分支,或可能使程序变得烦琐。

(2) 每个分支均应该能够执行到程序结束。

(3) 应把各分支中的公共部分尽量提到分支前或分支后的公共程序段,这样可以使程序简短、清晰。

视频讲解

4.3.4 循环结构

在程序设计的实际应用中,经常遇到一个程序段需要多次重复执行的情况。对这类情况采用循环结构,可以使程序代码缩短,并节省内存。

循环结构有两种基本结构:一种是先处理后判断结构;另一种是先判断后处理结构,如图4.4所示。

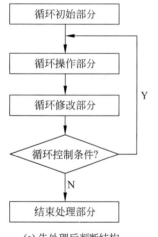

(a) 先处理后判断结构

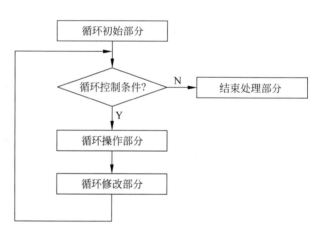

(b) 先判断后处理结构

图 4.4 循环结构

循环程序一般由循环初始状态设置部分、循环操作部分、循环修改部分、循环控制部分和结束处理部分构成。

(1) 循环初始状态设置部分。它为循环做好必要的准备工作,以保证循环程序在正确的初始条件下开始工作。这部分的主要工作是给地址指针赋初值、设置循环次数、累加器清0、进位标志清0等。

(2) 循环操作部分。这部分是循环的主体。它是针对具体情况设计的程序段,从初始新状态开始,动态地执行相同的操作。

(3) 循环修改部分。它与操作部分协调配合,通过修改或恢复每次循环运算后的某些内容,为下一循环做好准备。修改的内容一般包括计数器、寄存器、操作数的地址指针等。

（4）循环控制部分。每个循环程序必须选择一个适当的循环条件，用它来控制循环的继续和终止。循环控制是循环程序设计的关键。控制条件若不能正确设置，则可能导致程序陷入死循环。

（5）结束处理部分。这部分用以对循环结果进行必要的处理，如存储结果或将结果打印输出。

根据循环控制方法，可以分为条件控制循环和计数控制循环两种。根据循环的层次不同，可以分为单循环、双循环和多重循环。

例 4.17 试编程统计由 DATA 单元开始的数据块中能被 3 整除的数的个数。结果存于 COUNT 单元中（设数据块中共有 10 个无符号数）。

分析：可以采用除法指令，对待判断的无符号数做除 3 操作，然后检查余数是否为 0，若为 0，则该数能被 3 整除，程序流程如图 4.5 所示。

程序如下：

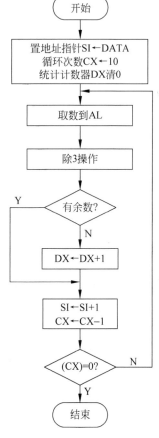

图 4.5　例 4.17 的程序流程

```
DSEG       SEGMENT
DATA       DB    41,9,33H,0F0H,32,0AH, 0FFH,99,68,23H
COUNT      DW    ?
DSEG       ENDS
SSEG       SEGMENT  STACK
STK        DB    100  DUP (?)
SSEG       ENDS
CSEG       SEGMENT
ASSUME     DS:DSEG,SS:SSEG,CS:CSEG
START:     MOV   AX, DSEG
           MOV   DS, AX
           LEA   SI, DATA
           MOV   CX, 10
           MOV   DX, 0
           MOV   BL, 3
LP:        MOV   AL, [SI]
           MOV   AH, 0
           DIV   BL
           AND   AH, AH
           JNZ   NEXT
           INC   DX
NEXT:      INC   SI
           LOOP  LP
           MOV   COUNT, DX
           MOV   AH, 4CH
           INT   21H
CSEG       ENDS
           END   START
```

以上例题是通过判断循环次数来控制循环的，采用了先处理后判断循环程序结构，下面例题采用先判断后处理循环程序结构，以条件控制循环。

例 4.18 试编程统计 DA1 字单元中二进制数据中含 1 的个数，结果存于 DA2 单元中。

分析：可以利用移位指令，将待判断的字一位一位地移到进位位中，然后判断进位位是 1 还是 0，以此实现对二进制数据中含 1 的个数统计。程序流程如图 4.6 所示。

程序如下：

96

```
DSEG      SEGMENT
DA1       DW   3F28H
DA2       DB   ?
DSEG      ENDS
SSEG      SEGMENT   STACK
STK       DB   100  DUP (?)
SSEG      ENDS
CSEG      SEGMENT
ASSUME    DS:DSEG, SS:SSEG, CS:CSEG
START:    MOV  AX, DSEG
          MOV  DS, AX
          XOR  BL, BL
          MOV  AX, DA1
LP:       AND  AX, AX
          JZ   DONE
          SHL  AX, 1
          JNC  LP
          INC  BL
          JMP  LP
DONE:     MOV  DA2, BL
          MOV  AH, 4CH
          INT  21H
CSEG      ENDS
          END  START
```

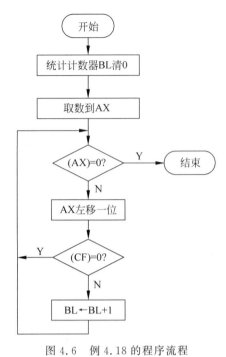

图 4.6 例 4.18 的程序流程

4.3.5 子程序结构

视频讲解

在编写程序时,经常在不同的位置或不同的程序段中存在相同语句串,可以将它们抽取出来,组成子程序,供其他程序调用,调用子程序的程序被称为主程序。这样不但使主程序结构清晰,而且节省了内存空间。

主程序和子程序的概念是相对的,也就是说,一个子程序也可以调用其他子程序。主程序通过调用指令来调用子程序,当子程序执行完后,通过子程序中的返回指令回到主程序,接着执行调用指令的下一条指令。子程序的调用和返回是由设在主程序中的 CALL 指令和设在子程序末尾的 RET 指令来完成的,示意图如图 4.7 所示。

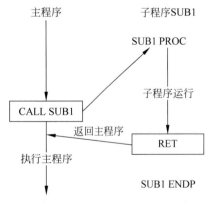

图 4.7 主程序调用子程序示意

在编写子程序过程中,应注意以下问题。

(1) 正确实现子程序的调用及返回。

(2) 采用适当的方法在调用程序和子程序之间进行参数传递。主程序和子程序之间的信息交换主要通过参数的传递来实现。参数传递的方法有三种,分别为寄存器传递法、存储器传递法和堆栈传递法。

(3) 在子程序设计时,还应该注意保护和恢复现场。所谓现场,是指调用程序当前 CPU 的状态,包括标志寄存器、通用寄存器、段寄存器以及指令指针寄存器的内容。

保护和恢复的操作一般在子程序中进行,进入子程序后,就应该把子程序中所使用到的寄存器内容保存在堆栈中,而在子程序返回主程序之前根据堆栈中的内容恢复原来的状态。例如：

```
FUNC1   PROC
 PUSH   AX
 PUSH   BX
 PUSH   CX
 PUSH   DX
PUSHF                           ;保护现场
        ...
 POPF
 POP    DX
 POP    CX
 POP    BX
 POP    AX                      ;恢复现场
 RET                            ;返回
FUNC1   ENDP
```

以下通过例题介绍子程序的设计方法、主程序如何调用子程序，特别是主程序与子程序之间传递参数的方法。

（1）主程序与子程序间使用寄存器传递参数。

8086/8088 的通用寄存器都可以做主程序和子程序的信息交换使用。因为 8086/8088 的指令大多数操作都要在寄存器中进行，用寄存器传递信息，可以直接进行运算。

例 4.19 编写程序实现将内存中字符串的小写字母转换为大写字母。

分析：由 ASCII 编码表可知，英文大、小写的 26 个字母字符编码顺序递增，且各小写字母与其对应大写字母的编码差值均为 32，因此当要将小写字母转换为大写字母时，只需将其 ASCII 值减去 32 即可。这里将判断输入的字符是否为小写字母的工作编为子程序，该子程序将判断的结果通过标志位 CF 返回给主程序，CF＝0 表示是小写字母，CF＝1 表示不是小写字母。主程序通过 AL 寄存器将要判断的内容传递给子程序。

本例采用寄存器传递参数的方法来完成主程序与子程序之间的传递参数，并给出主程序的调用方法。

```
DSEG   SEGMENT
STRBUF DB    'WelCome To our Class!$'
DSEG   ENDS
SSEG   SEGMENT   STACK
STK    DB  100  DUP (?)
SSEG   ENDS
CSEG   SEGMENT
ASSUME DS:DSEG,SS:SSEG,CS:CSEG
START: MOV   AX, DSEG
       MOV   DS, AX
       MOV   BX, OFFSET STRBUF
LOP:   MOV   AL, [BX]
       CMP   AL, '$'
       JE    EXIT
       CALL  COMPARE
       JC    NEXT
       SUB   AL, 32
       MOV   [BX], AL
  NEXT:INC   BX
```

```
            JMP  LOP
      EXIT:HLT
;子程序名:COMPARE
;功能:判断输入的字符是否为小写字母
;入口参数:AL←待判断的字符
;出口参数:CF←是否为小写字母
   COMPARE  PROC  NEAR
            CMP   AL, 'a'
            JB    SETFLAG
            CMP   AL, 'z'
            JA    SETFLAG
            CLC
            RET
   SETFLAG:STC
            RET
   COMPARE  ENDP
CSEG        ENDS
            END  START
```

（2）主程序与子程序间使用存储器传递参数。

如果需要传递的参数比较多，可以考虑采用存储器传递法，也就是在内存开辟一块区域用来保存和传递主程序和子程序间的参数。

例4.20 编程将4个字节单元的非压缩BCD码转换为4位压缩BCD码(两字节)后存放到首地址为BCDBUF的两个字节单元中。

```
DSEG     SEGMENT
SRCBUF   DB   06H, 02H, 07H, 04H
BCDBUF   DB   2  DUP (?)
DSEG     ENDS
SSEG     SEGMENT STACK
STK      DB  100  DUP (?)
SSEG     ENDS
CSEG     SEGMENT
   ASSUME  DS:DSEG,SS:SSEG,CS:CSEG
START:  MOV AX, DSEG
        MOV DS, AX
        CALL MERGE
        HLT
MERGE   PROC     NEAR
        PUSH AX
        PUSH BX
        PUSH CX
        LEA  SI,SRCBUF
        MOV  AH,  [SI]
        MOV  BH,  [SI+1]
        MOV  CL,  4
        SHL  AH,  CL
        ADD  AH, BH
        MOV  AL,  [SI+2]
        MOV  BL,  [SI+3]
        MOV  CL,  4
        SHL  AL,  CL
        ADD  AL,BL
```

```
           MOV   BCDBUF, AH
           MOV   BCDBUF + 1, AL
           POP   CX
           POP   BX
           POP   AX
           RET
   MERGE   ENDP
CSEG       ENDS
           END   START
```

（3）主程序与子程序间使用堆栈传递参数。

在内存区域开辟一段堆栈区，用来进行主程序和子程序之间的参数传递，也是一种行之有效的方法。用堆栈传递参数的方法是在调用子程序之前，用 PUSH 指令将输入参数压入堆栈，在子程序中用出栈的方式依次获得参数。使用这种方法传递参数时，要特别注意堆栈中断点的保护与恢复。

例 4.21 将内存中的两个数组的对应单元求和，其结果存放到另一个数组中，要求求和部分由子程序完成。

需要注意，由于 CALL 指令将返回地址存放在堆栈的顶部，故在子程序中，从堆栈中取参数不能使用 POP 指令，应该使用 MOV 指令直接到堆栈中取出参数。

```
DSEG       SEGMENT
A1         DW   100, 300, 28, 40, 55, 121, 39, 21, 39, 165
A2         DW   20, 102, 18, 33, 65, 141, 1, 155, 18, 120
A3         DW   10  DUP (0)
DSEG       ENDS
SSEG       SEGMENT  STACK
STK        DB   100  DUP (?)
SSEG       ENDS
CSEG       SEGMENT
ASSUME  DS:DSEG,SS:SSEG,CS:CSEG
START:     MOV   AX, DSEG
           MOV   DS, AX
           MOV   CX, 10
           MOV   SI, OFFSET A1
           MOV   DI, OFFSET A2
           MOV   BX, OFFSET A3
   LOP:    PUSH WORD PTR [SI]
           PUSH WORD PTR [DI]
           CALL SUM
           MOV   [BX], AX
           ADD   BX, 2
           ADD   SI, 2
           ADD   DI, 2
           LOOP LOP
           MOV   AH, 4CH
           INT   21H
SUM        PROC   NEAR
           PUSH BP
           MOV   BP, SP
           MOV   AX,  [BP + 4]
           ADD   AX,  [BP + 6]
           POP   BP
```

第 4 章

汇编语言程序设计

```
        RET
SUM     ENDP
CSEG    ENDS
        END  START
```

4.4　系统功能调用

　　DOS(Disk Operation System)和 BIOS(Basic Input and Output System)为用户提供两组系统服务程序。用户程序可以调用这些系统服务程序。但在调用时,不用 CALL 指令,采用软中断指令 INT n;用户程序也不必与这些服务程序的代码连接。因此,使用 DOS 调用编写的程序简单、清晰,可读性好。

　　DOS 提供若干功能调用。其功能包括基本输入输出管理、内存储器读/写管理、磁盘文件的读/写管理、时间和日期的设置功能。

　　DOS 是磁盘操作系统,提供了用户访问系统的接口。普通用户可以从键盘输入命令,由 DOS 的 COMMAND.COM 模块接收、识别、处理输入的命令。

　　BIOS 在较低层次上为用户提供一组 I/O 程序,要求用户对硬件有一定的了解,但也不要求用户直接控制外设。BIOS 一般固化在主板的 ROM 中,独立于操作系统。

　　用户通过软中断指令 INT n 去调用 DOS 和 BIOS 中的服务程序来访问系统。

4.4.1　系统功能调用的方法

　　8086/8088 指令系统中的软中断指令 INT n,每执行一次就调用相应的中断服务程序系统。当 n=5~1FH,调用 BIOS 中的服务程序,当 n=20~3FH 时,调用 DOS 中的服务程序。其中 INT 21H 是一个具有多个子功能的中断服务程序,这些子功能的编号称为功能号。INT 21H 一般称为 DOS 功能调用,具体功能列表见附录 B。

　　调用时按下面 3 个步骤处理。

　　(1) 将入口参数送到指定寄存器中。

　　(2) 将功能号送入 AH 寄存器中。

　　(3) 执行中断指令 INT 21H。

　　有些中断服务子程序不需要入口参数,但大多数需要将参数送入指定寄存器。程序员只需给出这三方面的信息,不必关心具体程序如何、在内存中的存放地址如何,DOS 根据所给的信息,自动转入相应子程序执行,调用结束后,出口参数一般在寄存器中,有些子程序调用结束时会在屏幕上显示相应的结果。

4.4.2　DOS 功能调用

　　以下介绍几个常用的 DOS 功能调用。其中包括单个字符的读取与显示,以及字符串的显示与输入等。

1. 读取键盘单个字符并回显(01H 功能)

调用方式:

```
MOV  AH,1        ;子功能号送入 AH
INT  21H
```

说明：该调用没有入口参数，执行时，系统扫描键盘，等到按键按下，先检查是否是 Ctrl-Break 键，如果是则退出命令执行，否则将按下键对应的 ASCII 送入 AL 寄存器，并在屏幕上显示该字符。

2. 在屏幕上输出单个字符(02H 功能)

调用方式：

```
MOV   AH,2              ;子功能号送入 AH
MOV   DL,'A'
INT   21H              ;将字符'A'在屏幕上显示出来
```

说明：该调用无出口参数，入口参数(待显示字符的 ASCII)送入 DL，如果 DL 中的字符为 Ctrl-Break 键，则终止程序执行。

3. 在打印装置上输出单个字符(05H 功能)

功能：将 DL 寄存器中的字符送入标准打印装置打印输出。

入口参数：将要打印字符的 ASCII 值送入 DL 寄存器。

出口参数：无。

```
例如：MOV   AH,5              ;子功能号送入 AH
      MOV   DL,'A'
      INT   21H              ;将字符'A'在打印机上打印出来
```

4. 在屏幕上输出字符串(09H 功能)

功能：在输出设备显示一个以 $ 为结束标志的字符串，光标跟随字符串移动。

调用时，入口参数：DS:DX 指向一个以 $ 为结束标志的字符串。

出口参数：无。

```
例如：BUF   DB    'WELCOME TO OUR SYSTEM $ '
      …
      MOV   DX,OFFSET BUF
      MOV   AH,9
      INT   21H
```

运行后，在屏幕上显示字符串 WELCOME TO OUR SYSTEM。

5. 字符串输入(0AH 功能)

功能：将从键盘上输入的一串字符送到指定的内存缓冲区。

入口参数：DS:DX 指向内存缓冲区。

出口参数：无。

缓冲区的第一字节：存放缓冲区能容纳的最大字符个数(1～255)，不能为 0。

缓冲区的第二字节：存放实际输入的字符个数，由计算机自动输入。

自第三字节开始，存放从键盘接收到的字符，最后结束字符串的回车符也包括在内。如果实际输入的字符数少于定义的字节数，缓冲区内其余字节输入为 0，若多于定义的字节数，则后来的输入字符丢掉并响铃。例如：

```
DSEG       SEGMENT
BUF        DB   30          ;定义缓冲区的长度
           DB   ?           ;保留，由中断服务子程序填入实际输入的字符数
           DB   30 DUP (?)  ;定义 30 字节存储空间，用以存放输入的字符
DSEG       ENDS
CSEG       SEGMENT
```

```
    ...
    LEA       DX,BUF
    MOV       AH,10
    INT       21H
    ...
    CSEG      ENDS
```

4.4.3 BIOS 功能调用

在地址 0FE00H 开始的 8KB 的 ROM(只读存储器)中装有基本输入输出系统例行程序。驻留在 ROM 中的 BIOS 给微处理器提供了系统加点自检、引导装入、主要 I/O 设备的处理程序以及接口控制等功能模块来处理所有的系统中断。DOS 的功能程序一般是通过调用这些 BIOS 功能来实现的。附录 C 给出了 BIOS 中断简要列表。

以下以磁盘操作为例,简单介绍 BIOS 功能调用。BIOS 磁盘操作 INT 13H 处理的记录都是一个扇区大小,且是以实际的磁道号和扇区号寻址的。在读写和检验磁盘文件之前,先必须将以下寄存器初始化:

AH　　　执行的功能号。

AL　　　扇区数。

CH　　　柱面/磁道号(0 为起始号)。

CL　　　起始的扇区号(1 为起始号)。

DH　　　磁头/盘面号。

DL　　　驱动器号。硬盘:80H=驱动器 1,81H=驱动器 2,…。

ES:BX　数据区中 I/O 缓冲区的地址。

1. 复位磁盘系统(00H 功能)

该操作可以执行对磁盘控制器的硬件复位。

调用方式:

```
MOV  AH,00H              ;子功能号送入 AH
INT  13H
```

注意,如果在其他操作之后调用该功能,则返回一系列错误。

2. 读磁盘状态(01H 功能)

调用方式:

```
MOV  AH,01H              ;子功能号送入 AH
INT  13H
```

该操作在 AL 中返回最后一次磁盘 I/O 操作之后的状态。

3. 读磁盘数据(02H 功能)

该操作将同一磁道上的若干扇区中的数据读取到内存。需要注意的是,BX 中存放缓冲区的内存地址必须对应附加段(ES)。以下给出将一个扇区的内容读入缓冲区 INSECT 的例子。

```
INSECT   DB     512 DUP(?)
    ...
MOV  AH,02H                 ;子功能号送入 AH
MOV  AL,01H                 ;一个扇区
```

```
LEA   BX,INSECT          ;填写缓冲区的偏移地址
MOV   CH,05H             ;起始磁道号 5
MOV   CL,03H             ;起始扇区号 3
MOV   DH,01H             ;起始磁头 1
MOV   DL,81H             ;驱动器 2
INT   13H
```

调用返回后,AL 中是实际读取的扇区数,BX、CX 及 DX 中内容不变。

4. 写磁盘数据(03H 功能)

写磁盘操作将指定内存区中的数据写到一个扇区或几个扇区,除 AH=03H 以外,其他寄存器的设置和读磁盘操作一样。调用返回后,AL 中是实际写入的扇区数。

5. 检查磁盘扇区(04H 功能)

该操作仅简单检查指定的扇区是否能找到,并且执行奇偶校验。例如,判别驱动器 A 中是否有格式化的磁盘时,可以用以下指令段:

```
MOV   AH,04H            ;子功能号送入 AH
MOV   DH,00H            ;起始磁头 0
MOV   DL,00H            ;驱动器 0
MOV   CH,00H            ;起始磁道号 0
MOV   CL,01H            ;起始扇区号 1
MOV   AL,01H            ;一个扇区
INT   13H
JC    ERROR             ;没有磁盘
```

汇编语言程序设计

第5章　　　存　储　器

视频讲解

5.1　存储器概述

存储器(memory)是用来存储程序和数据的部件,是计算机系统中必不可少的组成部分。从与 CPU 的关系来看,可分为内存储器和外存储器。内存储器(内存,也称主存)通常由半导体存储器组成,它直接与 CPU 的外部总线相连,是计算机主机的组成部分,用来存放当前正在执行的数据和程序,是本章主要讨论的内容。外存储器(外存,也称辅存)位于主机外面,它通过接口逻辑电路与主机相连接,是作为计算机的外部设备来配置的。外存用来存放暂时不用的那些程序和数据,使用时必须先调入内存才能执行。常用的外存有硬盘、光盘、U 盘等。

5.1.1　半导体存储器的分类

从存储器的工作特点、作用等角度来看,半导体存储器分类如图 5.1 所示。

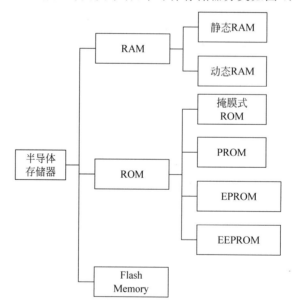

图 5.1　半导体存储器的分类

1. RAM

RAM(随机存取存储器)的特点是存储器中的信息既可以读又可以写,且对存储器中的任一存储单元进行读写操作的时间大致相同。RAM 中的信息在掉电后立即消失,是一种易失性存储器。RAM 分为静态 RAM(SRAM)和动态 RAM(DRAM)两种。

1) SRAM

SRAM 是利用触发器的两个稳定状态表示"1"和"0",最简单的 TTL 电路组成的 SRAM 存储单元由两个双发射极晶体管和两个电阻构成的触发器电路组成;而 MOS 管组成的 SRAM 存储单元由 6 个 MOS 管构成的双稳态触发电路组成。SRAM 的特点是只要电源不掉电,写入 SRAM 的信息就不会丢失,同时对 SRAM 进行读操作时不会破坏原有信息。SRAM 的功耗较大,容量较小,存取速度快,不需要刷新,常用于容量较小的单板机、工业控制等小系统中。

2) DRAM

DRAM 是利用 MOS 管的栅极对其衬底间的分布电容来保存信息的。DRAM 的每个存储单元所需要的 MOS 管较少,典型的由单管 MOS 组成,因此 DRAM 的集成度较高、功耗低;缺点是 MOS 管栅极对其衬底间的分布电容上的电荷会随着电容器的放电过程而逐渐消失。一般地,信息在 DRAM 中保存的时间为 2ms 左右。为了保存 DRAM 中的信息,每隔 1~2ms 要对其刷新一次。刷新的过程就是"读出"的过程,由读出再生电路完成。因此采用 DRAM 的计算机必须配置刷新电路。另外,DRAM 的存储器速度较慢,容量较大,且功耗低。DRAM 广泛应用于内存容量较大的微型机系统,如 PC 的内存。

2. ROM

ROM(Read Only Memory,只读存储器)的特点是用户在使用时只能读出信息,不能写入新的信息,存储信息断电后不会丢失。ROM 用来存放固定的应用程序、系统软件、监控程序、常数表格等。ROM 按写入信息方式的不同可分为以下几种。

1) 掩膜式 ROM

掩膜式 ROM(Masked ROM)存储单元中的信息由 ROM 制造厂家在生产时使用掩膜式工艺将信息一次性写入,其内部信息不再能更改,所以也称固定存储器。它适用于大批量生产。

2) PROM

PROM(Programmable ROM)中的程序和数据是由用户使用专门的编程器自行一次性写入的,一旦写入就无法更改。

3) EPROM

EPROM(Erasable Programmable ROM)也是由用户使用专门的编程器自行写入程序和数据,但写入后的信息可用紫外线照射芯片的石英窗口来擦除,芯片中的信息全部擦除后可再重新写入新的内容。EPROM 可以多次擦除、多次写入。

4) EEPROM

EEPROM(Electrically Erasable Programmable ROM)是可用电信号进行擦除和写入信息的存储器,芯片不离开插件板便可擦除部分或全部信息和写入其中信息。EEPROM 为经常需要修改程序和参数的应用领域提供了极大的方便,但存取速度较慢,价格较贵。

3. Flash Memory

Flash Memory(闪速存储器)又称为快闪存储器,简称闪存,是一种新型的可读/写、非易失性半导体存储器,近年来技术发展极快。Flash Memory 芯片具有功耗低、集成度高、体积小、可靠性高等特点。目前,Flash Memory 广泛应用于便携式计算机的 PC 卡存储器(固态硬盘),以及用来存放主板上的 BIOS 以代替原来的 EPROM 的 BIOS。现在的移动设备普遍用 Flash Memory 来存储信息。对于需要实时代码或数据更新的嵌入式系统应用,Flash Memory 也是一种理想的存储器。

近年来采用 Flash Memory 制作的"U 盘"已广泛应用在台式机和便携机中替代软盘,成为大容量、高速度的移动式存储器。

5.1.2 半导体存储器的主要性能指标

半导体存储器的主要性能指标有存储容量和存取速度。

1. 存储容量

一个半导体存储器芯片的存储容量是指存储器可以容纳的二进制信息量。一般存储器都采用一维线性编址,存储器中每个存储单元都被赋予一个地址。因此,存储器的存储容量与存储器中存储地址数有关,与每个存储单元的位数有关,即存储器的存储容量 $=2^M \times N$,其中 M 是存储器的地址数,N 是存储器的每个存储单元的位数。表示存储器容量的单位通常用字节(B)表示,也可用位(b)表示。这里有 1B=8b。

例如,某存储器芯片的地址数为 16 位,存储字长为 8 位,则该存储器的存储容量为 $2^{16} \times 8b = 64KB = 512Kb$。

2. 存储速度

存储器的存储速度可以用两个时间参数表示:一个是"存取时间"T_A(Access time),定义为从启动一次存储操作,到完成该操作所经历的时间;另一个是"存储周期"T_M(Memory cycle),定义为启动两次独立的存储器操作之间所需的最小时间间隔。通常存储周期 T_M 略大于存取时间 T_A。

5.1.3 典型的半导体存储器芯片

1. 静态 RAM 芯片 HM6116

HM6116 是一种 2048×8 位的高速静态 CMOS 随机存取存储器,其引脚排列如图 5.2 所示。

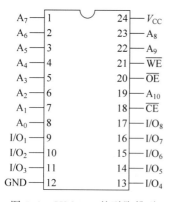

图 5.2　HM6116 的引脚排列

HM6116 片内有 16 384(即 16K)个存储单元,排列成 128×128 的矩阵,构成 2K 个字,字长为 8 位,可构成 2KB 的内存。该芯片有 11 条地址线 $A_0 \sim A_{10}$、8 条数据线 $I/O_1 \sim I/O_8$,还有 3 条控制线:片选信号 $\overline{CE}$,用来选择芯片;写允许信号 $\overline{WE}$ 控制读/写操作,当 $\overline{WE}$ 为高电平时,为读出,当 $\overline{WE}$ 为低电平时,为写入;输出允许信号 $\overline{OE}$,用来把输出数据输出到数据线。

常用的静态 RAM 芯片有 2114(1K×4b)、6116(2K×8b)、6264(8K×8b)、62128(16K×8b)、62256(32K×8b)、62512(64K×8b)及更大容量的 HM628128(128K×8b)和 HM628512(512K×8b)等。

2. 动态 RAM 芯片 Intel 2164A

Intel 2164A 是 64K×1b 的动态随机存取存储器,其引脚排列如图 5.3 所示。

Intel 2164A 的片内有 64K(65 536)个内存单元,有 64K 个存储地址,每个存储单元存储一位数据,片内要寻址 64K 个单元,需要 16 条地址线,为了减少封装引脚,地址线分为行地址和列地址两部分,芯片的地址引脚只有 8 条,片内有地址锁存器,可利用外接多路开关,由行地址选通信号 $\overline{\text{RAS}}$ 将先送入的 8 位行地址送到片内行地址锁存器,然后由列地址选通信号 $\overline{\text{CAS}}$ 将后送入的 8 位列地址送到片内列地址锁存器。16 位地址信号选中 64K 存储单元中的一个单元。

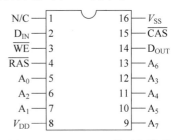

图 5.3 Intel 2164A 的引脚排列

Intel 2164A 的数据线是输入和输出分开的,则 $\overline{\text{WE}}$ 信号控制读/写。当 $\overline{\text{WE}}$ 为高电平时,为读出,所选中单元的内容经过输出三态缓冲器,从 D_{OUT} 引脚读出;当 $\overline{\text{WE}}$ 为低电平时,为写入,D_{IN} 引脚上的内容经过输入三态缓冲器,对选中单元进行写入。

Intel 2164A 芯片无专门的片选信号,一般行选通信号和列地址选通信号也起到了片选的作用。

常用的动态 RAM 典型芯片有 2116(16K×1b)、2164(64K×1b)、21256(256K×1b)、21010(1M×1b)、21014(256K×4b)、44100(1M×4b)等。

3. 只读存储器芯片 Intel 2732A

Intel 2732A 是一种 4K×8b 的 EPROM,其引脚排列如图 5.4 所示。

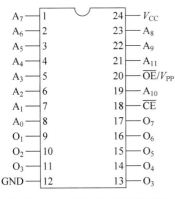

图 5.4 Intel 2732A 的引脚排列

Intel 2732A 的存储容量为 4K×8b,有 12 条地址线 $A_{11} \sim A_0$,8 条数据线 $O_7 \sim O_0$。2 个控制信号中 $\overline{\text{CE}}$ 为芯片允许信号,用来选择芯片;$\overline{\text{OE}}/V_{\text{PP}}$ 为输出允许信号及编程电源输入线。当 $\overline{\text{CE}}$ 为低电平时,若 $\overline{\text{OE}}/V_{\text{PP}}$ 也为低电平,对存储器进行读操作,把输出数据送上数据线;若 $\overline{\text{OE}}/V_{\text{PP}}$ 加上 21V 编程电压,则对存储器重新编程。当 $\overline{\text{CE}}$ 为高电平时,Intel 2732A 处于待用状态(又称为静止等待方式)。

常用的 EPROM 芯片有 2716(2K×8b)、2732(4K×8b)、2764(8K×8b)、27128(16K×8b)、27256(32K×8b)、27512(64K×8b)等。

5.1.4 存储器的分级结构

现在存储器的衡量指标主要从以下三方面:速度、容量、价格。计算机对存储器的要求是价格低、速度快、容量大,需要尽可能满足这三个标准。但是,一般都是速度越快,价格越高,因此容量一般也比较小。为了尽可能满足计算机的运算速度和高容量的要求,现有的存储系统中都设置了高速缓冲存储器(Cache),并采用虚拟存储技术构成三级存储系统。微机系统中存储器的结构如图 5.5 所示。

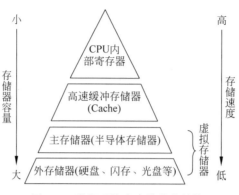

图 5.5　微机系统中存储器的结构

Cache 采用静态半导体存储器,具有速度快、容量小的特点。Cache 位于 CPU 和主存储器(以下简称主存)之间,用于匹配两者的速度,达到高速存取指令和数据的目的。现有的 Cache 系统一般都设置了 3 级以上,其中一级 Cache 都集成到了 CPU 内部。

Cache 和主存构成了微机系统的 Cache-主存系统。CPU 读取数据都是先从 Cache 中读取,如果 Cache 不存在,才去访问主存。如果能够尽可能地保证 CPU 每次都能从 Cache 中读取到数据,从 CPU 的角度看,CPU 的主存的速度接近 Cache,容量则接近于主存。

主存和外存构成了虚拟存储器系统,主要目的是从逻辑上实现对内存容量的扩充。从整体上看,其速度接近于主存的速度,其容量则接近于外存的容量。

计算机存储系统的这种多层次结构,很好地解决了容量、速度、成本三者之间的矛盾。这些不同速度、不同价格、不同容量的存储器,利用了硬件、软件或软硬件结合的技术连接起来,组成了一个完整的存储系统。

5.2　半导体存储芯片结构及使用

视频讲解

5.2.1　半导体存储器的基本结构

计算机系统中内存储器的基本结构如图 5.6 所示。图 5.6 中虚线框内为半导体存储器,其中存储体是存储单元的集合体,容量为 $2^M \times N$;MAR 为存储器地址寄存器,用来存放 CPU 所访问的存储单元的地址;MDR 为存储器数据寄存器,用来存放 CPU 对 MAR 地址所指存储单元的读/写操作的数据。内存储器通过 M 位地址线、N 位数据线和相关的控制线与 CPU 交换信息。

CPU 对内存储器的访问只有读操作、写操作。当 CPU 启动一次存储器读操作时,CPU 先将地址通过地址总线送入 MAR,然后使读相关的控制信号有效,MAR 中的地址码经过地址译码器译码后选中该地址对应的存储单元,并通过读/写驱动器将选中单元的数据送入 MDR,最后通过数据总线读入 CPU。

当 CPU 启动一次存储器写操作时,CPU 先将地址通过地址总线送入 MAR,再将数据通过数据总线送入 MDR,然后使写相关的控制信号有效,MAR 中的地址码经过地址译码器译码后选中该地址对应的存储单元,并通过读/写驱动器将 MDR 的数据送入选中的存储单元。

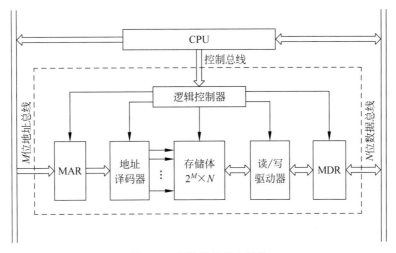

图 5.6 存储器的基本结构

5.2.2 半导体存储芯片的使用

1. 半导体存储芯片的使用概述

CPU 对存储器芯片的使用,是通过软件和硬件协调工作完成的。在软件方面,CPU 执行相应的指令实现对存储器的访问。例如,8086/8088 CPU 读存储器操作可用指令 MOV AL,[1000H];写存储器操作可用指令 MOV [1000H],AL。在硬件方面,可以将存储器芯片的地址线、数据线、控制线与 CPU 的地址总线、数据总线、控制总线直接相连接,并采用译码电路产生存储器芯片的片选信号,实现 CPU 与半导体存储芯片的正确连接。

由 8088 CPU 组成的 8 位存储器系统如图 5.7 所示。存储器芯片同 CPU 的连接是构筑 8 位存储器子系统的主要工作,有如下三部分内容。

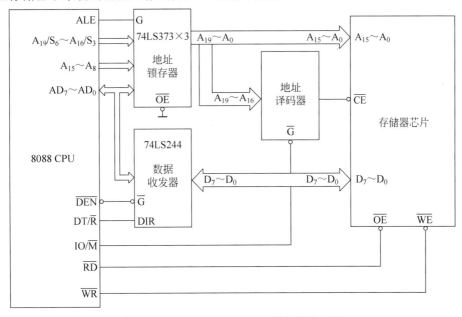

图 5.7 8088 CPU 组成的 8 位存储器系统

1）地址线的连接

可以根据所选用的半导体存储器芯片地址线的多少，把 CPU 的地址线两部分：一部分通常是低位的地址线直接和存储器芯片的地址线相连，用于芯片内的地址译码，选中该存储器芯片的一个存储单元；另一部分通常是剩余的高位地址线经另加的地址译码器，产生存储器芯片的片选信号，用来选中 CPU 所要访问的存储器芯片。图 5.7 中，对存储器芯片而言，片内地址线为 $A_{15} \sim A_0$，直接与 CPU 的地址线 $A_{15} \sim A_0$ 相连接。CPU 未连接的 4 位高位地址 $A_{19} \sim A_{16}$ 即剩余地址线，经地址译码器译码后输出作为存储器芯片的片选信号。

2）数据线的连接

图 5.7 中，存储器芯片有 8 条数据线，可直接同 8088 CPU 的 8 位数据线相连。

3）控制线的连接

从图 5.7 中可见，CPU 对存储器读/写操作的控制信号主要有 $\overline{WR}$、$\overline{RD}$ 和 $IO/\overline{M}$，前两个可直接同存储器芯片的控制信号线 $\overline{WE}$ 和 $\overline{OE}$ 连接，$IO/\overline{M}$ 可作为地址译码器的使能端实现对存储器的读/写操作。

2. 存储器芯片与 CPU 连接时应考虑的问题

存储器芯片与 CPU 连接时，原则上可以将存储器芯片的地址线、数据线、控制线与 CPU 的地址总线、数据总线、控制总线直接相连接，但在实际操作时，必须考虑以下几个问题。

1）CPU 的负载能力

在微机系统中，由于 CPU 通过总线与多片存储器芯片及 I/O 接口相连接，这些芯片有的是 TTL 器件，有的是 MOS 器件，因此在构成系统时，CPU 能否支持其负载是必须考虑的问题。当总线上连接的器件超出 CPU 的负载能力时，应设法提高总线的驱动能力。采取的措施通常有增加缓冲器或总线驱动器等。

2）各种信号线的连接

由于 CPU 的各种信号要求与存储器的各种信号要求有所不同，往往需要增加一些必要的辅助电路。

（1）数据线。存储器芯片的数据线可与 CPU 的数据线直接相连。CPU 的数据总线是双向的，而存储器的数据线有输入输出共用和分开两种结构。对于输入输出共用的数据线，由于其芯片内部有三态驱动器，故可直接与 CPU 的数据总线相连。而对于输入和输出分开的数据线，则要外加三态门，才能与 CPU 的数据总线相连。

（2）地址线。存储器的地址线一般可直接与 CPU 的地址总线相连。对于大容量的动态 RAM，为了减少封装引线的数目，往往采用分时输入的方式。这时，需要在 CPU 与存储器芯片之间增加多路转换开关，用 $\overline{CAS}$ 和 $\overline{RAS}$ 分别将高位地址及低位地址送入存储器。

（3）控制线。存储器的控制信号主要有读写信号 $\overline{OE}$、$\overline{WE}$ 及片选信号 $\overline{CS}$，对于动态存储器芯片，还需要地址分时控制信号 $\overline{CAS}$ 和 $\overline{RAS}$ 等。

3）CPU 的时序与存储器存取速度的配合

CPU 在取指令和存储器读写操作时，其时序是固定的。因此，可根据 CPU 的时序来选择存储器。对存取速度较慢的存储器，还需增加等待周期 T_W，以满足快速 CPU 的要求。

4）存储器的地址分配及片选信号的产生

内存通常分 RAM 和 ROM 两大部分，RAM 又分系统区（监控程序及操作系统占用的区域)和用户区。所以,合理地对内存进行分配是非常重要的。此外,目前生产的存储器芯片的容量仍然是有限的,所以常常需要许多片存储器芯片才能组成一个存储器系统,这就要求正确选择片选信号。

通常,片选信号由 CPU 剩余的高位地址线译码产生,译码电路既可采取集成电路地址译码器,也可采用基本门电路实现。

(1) 采用集成电路地址译码器。

在微机系统中,常采用中规模集成电路芯片 74LS138 作为地址译码器,其引脚如图 5.8 所示。

74LS138 是 3 线—8 线译码器/分配器,有 3 个选择输入端 C、B、A,3 个使能输入端 G_1、$\overline{G_{2A}}$、$\overline{G_{2B}}$,以及 8 个输出端 $\overline{Y_0} \sim \overline{Y_7}$。其逻辑功能表如表 5.1 所示。当 3 个使能输入端 $G_1=1$、$\overline{G_{2A}}=0$、$\overline{G_{2B}}=0$ 同时成立时 74LS138 才进行译码工作,此时 8 个输出端 $\overline{Y_0} \sim \overline{Y_7}$ 仅有一个有效,由 3 个选择输入端 C、B、A 对应的二进制编码确定。

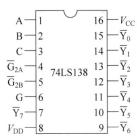

图 5.8 74LS138 译码器引脚

表 5.1 74LS138 译码器逻辑功能

输		入				输			出				
$\overline{G_{2A}}$	$\overline{G_{2B}}$	G	C	B	A	$\overline{Y_0}$	$\overline{Y_1}$	$\overline{Y_2}$	$\overline{Y_3}$	$\overline{Y_4}$	$\overline{Y_5}$	$\overline{Y_6}$	$\overline{Y_7}$
1	×	×	×	×	×	1	1	1	1	1	1	1	1
×	1	×	×	×	×	1	1	1	1	1	1	1	1
×	×	0	×	×	×	1	1	1	1	1	1	1	1
0	0	1	0	0	0	0	1	1	1	1	1	1	1
0	0	1	0	0	1	1	0	1	1	1	1	1	1
0	0	1	0	1	0	1	1	0	1	1	1	1	1
0	0	1	0	1	1	1	1	1	0	1	1	1	1
0	0	1	1	0	0	0	1	1	1	0	1	1	1
0	0	1	1	0	1	1	1	1	1	1	0	1	1
0	0	1	1	1	0	1	1	1	1	1	1	0	1
0	0	1	1	1	1	1	1	1	1	1	1	1	0

(2) 采用基本门电路实现地址译码。

对于存储芯片较少的存储器,可以采用基本门电路组成的逻辑电路来实现片选控制。典型的或门和与非门如图 5.9 所示。图中两逻辑电路的逻辑关系完全等价,读者可自行验证。

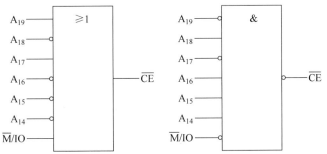

图 5.9 典型的基本门电路实现地址译码

5.3　16 位/32 位系统的存储器接口

16 位及以上 CPU,为了向下兼容 8 位、16 位 CPU 指令,通常一个存储器单元仍采用 8 位。这样,在其存储器系统设计时,既要保证字节的读/写功能,又要保证字、双字读/写时序的效率,就要考虑存储单元地址对齐问题。地址对齐(adjustment)是指 16 位 CPU(8086)数据的存放地址为 2 的倍数,即偶数($A_0=0$),32 位 CPU(80386)数据的存放地址为 4 的倍数($A_1=A_0=0$),以此类推,以保证数据读/写时序的效率。这种思想体现在以下 8086/80386 存储器系统的设计应用中。

1. 8086 CPU 存储器系统的奇偶分体

8086 存储器系统中 1MB 的存储器地址空间分成两个 512KB 的存储体——"偶存储体"和"奇存储体",图 5.10 为 8086 系统中奇偶分体存储器和 CPU 的连接图。

图 5.10 中用 3 片 74LS373 地址锁存器和 2 片 74LS245 数据收发器分离 8086 的地址数据复用线 $AD_{15}\sim AD_0$ 和地址状态复用线 $A_{19}/S_6\sim A_{16}/S_3$ 形成 20 位地址总线 AB 和 16 位数据总线 DB。偶存储体同 8086 的低 8 位数据总线 $D_7\sim D_0$ 相连接,奇存储体同 8086 的高 8 位数据总线 $D_{15}\sim D_8$ 相连接,地址总线的 $A_{19}\sim A_1$ 同两个存储体中的地址线 $A_{18}\sim A_0$ 相连接,A_0 不用在对存储器的存储单元寻址上,A_0 和 $\overline{BHE}$ 被用作对存储器奇偶字库的选择。A_0 接偶存储体的 $\overline{CE}$,$A_0=0$ 时选中偶存储体。$\overline{BHE}$ 信号与奇存储体 $\overline{CE}$ 端相连,$\overline{BHE}=0$ 时选中奇存储体。当 8086 对地址对齐的字(对准字)进行读/写操作时,$A_0=0$ 且 $\overline{BHE}=0$,可在一个总线周期内完成读/写操作,而 8086 对非对准字(奇地址开始的字)进行读/写操作时,需要两个总线周期才可完成。显然,软件应该使用对准字才能显现 8086 CPU 存储器系统的奇偶分体硬件结构的效率。

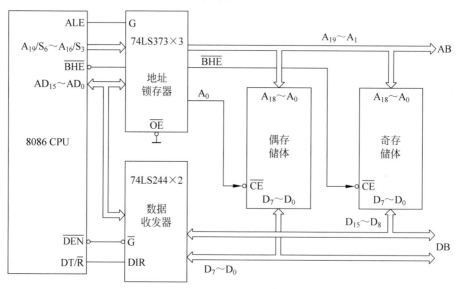

图 5.10　8086 CPU 存储器系统的奇偶分体

2. 80386 CPU 存储器系统的分体

80386 存储器系统中 4GB 的存储器地址空间分成 4 个 1GB 的存储体,图 5.11 为 80386 CPU 存储器系统分体连接。

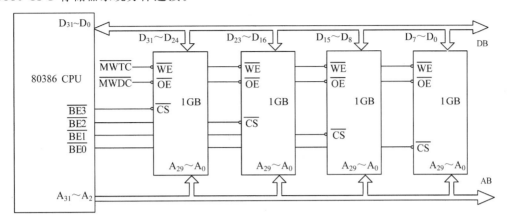

图 5.11　80386 CPU 存储器系统的分体连接

利用高 30 位地址线 $A_{31}\sim A_2$ 和 4 字节使能信号 $\overline{BE3}\sim\overline{BE0}$ 来实现字节、字、双字的数据传送。$\overline{BE3}\sim\overline{BE0}$ 信号由 CPU 内部根据地址线 $A_1\sim A_0$ 产生。4 个 1GB 的存储体的地址单元分别是 $4n+0,4n+1,4n+2,4n+3$ 对应连接在 80386 数据总线 $D_7\sim D_0$、$D_{15}\sim D_8$、$D_{23}\sim D_{16}$、$D_{31}\sim D_{24}$ 上,当 80386 进行双字对准字(地址为 4 的倍数)数据传送时,$\overline{BE3}\sim\overline{BE0}$ 全部有效,可一次完成双字 32 位数据的读/写操作。

5.4　存储器容量的扩展

视频讲解

存储芯片的容量是有限的,实际系统需要更大存储容量时,就必须采用多片现有的存储器芯片构成较大容量的存储器模块,这就是存储器的扩展。扩展存储器的方法有三种:位扩展、字扩展、字位扩展。

5.4.1　位扩展

当存储芯片的存储字的数量满足需要,而存储字长(存储单元的位数)不满足需要时,就需要增加存储字长,即进行位扩展。

如果采用 Intel 2164 芯片,因该芯片 64K×1b 芯片,必须由 8 片才能构成 64KB 的内存,如图 5.12 所示。

位扩展时,各存储芯片的信号线的连接方法如下。

(1) 芯片的地址线全部并联,并与 CPU 地址总线中相应的地址线相连。

(2) 芯片的数据线分高低位分别与 CPU 数据总线的相应位连接。

(3) 芯片的读/写控制信号线并联,接 CPU 控制总线中的读/写控制线;芯片的片选信号并联,可接 CPU 控制总线中的存储器选择信号,也可接地址线高位或地址译码器输出端。

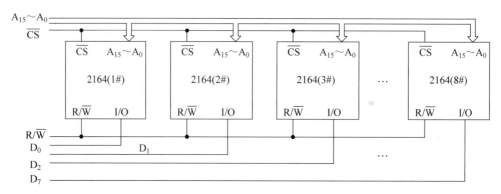

图 5.12　62K×1b 芯片位扩展组成 64K×8b 的内存

5.4.2　字扩展

当存储芯片的存储字长(存储单元的位数)满足需要,而存储字的数量不满足需要时,就需要增加存储字的数量,即进行字扩展。

字扩展时,各存储芯片的信号线的连接方法如下。

(1) 芯片的地址线全部并联,并与 CPU 地址总线中相应的地址线相连。

(2) 芯片的数据线全部并联,并与 CPU 数据总线中相应的数据线连接。

(3) 芯片的读/写控制信号线并联,接 CPU 控制总线中的读/写控制线;芯片的片选信号分别接地址线高位或地址译码器输出端。

其中,关键是如何产生存储器芯片的片选信号。在存储器系统中,实现片选控制的方法有三种,即线选法、部分译码法和全译码法。

1. 线选法

线选法是指利用地址总线的高位地址线直接作为存储器芯片的片选信号,低位地址线和存储器地址相连。采用线选法需保证每次寻址时只能有一个片选信号有效。

线选法的优点是结构简单,缺点是地址空间浪费大。由于部分地址线未参与译码,会出现大量地址重叠。此外,当通过线选的芯片增多时,还可能出现地址空间不连续的情况。

图 5.13 为 16 位系统线选法字扩展的例子,图中 4 片 6264 芯片(8K×8b,SRAM),分为两组:奇片和偶片。

由图 5.13 可知,奇片用 $\overline{\text{BHE}}$ 作为片选,8 位数据线 $D_7 \sim D_0$ 连接到 8086 数据总线 $D_{15} \sim D_8$ 上;偶片用 A_0 作为片选,8 位数据线 $D_7 \sim D_0$ 连接到 8086 数据总线 $D_7 \sim D_0$ 上。6264 芯片地址线 13 条 $A_{12} \sim A_0$ 连接到 8086 地址总线 $A_{13} \sim A_1$ 上。所以图 5.13 中 1♯芯片为偶片、2♯芯片为奇片构成第 1 组,3♯芯片为偶片、4♯芯片为奇片构成第 2 组。根据线选法产生片选原则选择高位地址中的 A_{14} 和 A_{15} 作为 2 组存储器芯片的片选。故第 1 组中 1♯芯片(偶片)的片选是 $A_{14} = 0$ 和 $A_0 = 0$ 同时成立,2♯芯片(奇片)的片选是 $A_{14} = 0$ 和 $\overline{\text{BHE}} = 0$ 同时成立,图 5.12 中用或门实现上述逻辑。

表 5.2 给出图 5.13 中 4 片 6264 芯片的地址范围。$A_{19} \sim A_{16}$ 因未参与对 2 组芯片的片选控制,故其值可以是 0 或 1(用 × 表示任取),这里假定取为全 0,显然 2 组芯片有大量重叠区。考虑 2 组芯片不能被同时选中,所以地址中不允许出现 $A_{15}A_{14} = 00$ 的情况。

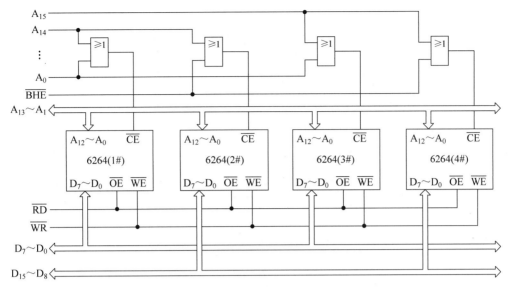

图 5.13 16 位系统线选法字扩展接线

表 5.2 图 5.13 存储器芯片的地址范围

组 别		高位地址线						低位地址线		地址范围
		A_{19}	A_{18}	A_{17}	A_{16}	A_{15}	A_{14}	$A_{13} \sim A_1$	A_0	
第 1 组	1#(偶片)	×	×	×	×	1	0	0000000000000 ~ 1111111111111	0 ~ 0	08000H ~ 0BFFEH
	2#(奇片)	×	×	×	×	1	0	0000000000000 ~ 1111111111111	1 ~ 1	08001H ~ 0BFFFH
第 2 组	3#(偶片) 4#(奇片)	×	×	×	×	0	1	0000000000000 ~ 1111111111111	× ~ ×	04000H ~ 07FFFH

2. 部分译码法

部分译码法是将高位地址线中部分地址进行译码,产生存储器的片选信号。对被选中的芯片而言,未参与译码的高位地址线可以为 0,也可以为 1,即每个存储单元将对应多个地址。使用时一般将未用地址设为 0。采用部分译码法,可简化译码电路,但由于地址重叠,会造成系统地址空间资源的部分浪费。

图 5.14 所示的电路,是采用部分译码法用 4 片 2732 芯片(4K×8b,EPROM)组成的 16 位存储器系统。

图 5.14 中 4 片 2732 芯片分为两组,每组 2 片(奇片和偶片),其中 1# 和 3# 为偶片,2# 和 4# 为奇片,1# 和 2# 构成第一组,3# 和 4# 构成第二组。2732 芯片地址线 12 条 $A_{11} \sim A_0$ 连接到 8086 地址总线 $A_{12} \sim A_1$ 上。部分译码法采用高位地址的部分 A_{16}、A_{15}、A_{14}、A_{13} 经 2 片 74LS138 进行译码,74LS138 的 $\overline{G_{2B}}$ 使能端一个接 A_0,另一个接 $\overline{BHE}$。

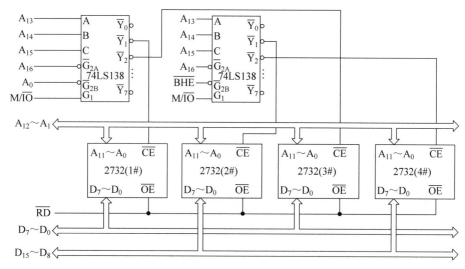

图 5.14　16 位系统部分译码法字扩展接线

表 5.3 给出图 5.14 中 4 片 2732 芯片的地址范围。部分译码时,未使用高位地址线 A_{19}、A_{18} 和 A_{17}。也就是说,这 3 位无论是什么,对芯片寻址都没有影响。所以,每个芯片将同时具有 $2^3 = 8$ 个可用且不同的地址范围(即重叠区)。

表 5.3　图 5.14 存储器芯片的地址范围

组　　别		高位地址线							低位地址线		地址范围
		A_{19}	A_{18}	A_{17}	A_{16} $\overline{G_{2A}}$	A_{15} C	A_{14} B	A_{13} A	$A_{12} \sim A_1$	A_0	
第 1 组	1♯(偶片) 2♯(奇片)	×	×	×	0	0	0	1	000000000000 ～ 111111111111	× ～ ×	02000H ～ 03FFFH
第 2 组	3♯(偶片) 4♯(奇片)	×	×	×	0	0	1	0	000000000000 ～ 111111111111	× ～ ×	04000H ～ 05FFFH

3. 全译码法

全译码法是指将地址总线中除片内地址以外的全部剩余高位地址参加译码,产生各存储芯片的片选信号。采用全译码法,每个存储单元的地址都是唯一的,不存在地址重叠,但译码电路较复杂,连线也较多。

图 5.15 所示的电路是采用全译码法用 6 片 62512 芯片(64K×8b,SRAM)组成的 16 位存储器系统。

图 5.15 中 6 片 62512 芯片分为 3 组,每组 2 片(奇片和偶片)。62512 芯片地址线 16 条 $A_{15} \sim A_0$ 连接到 8086 地址总线 $A_{16} \sim A_1$ 上。8086 的高位地址是 $A_{19} \sim A_{17}$,全部经 2 片 74LS138 进行译码,A_0、$\overline{BHE}$ 分别接 2 片 74LS138 的使能端。表 5.4 给出图 5.15 中 6 片 62512 芯片的地址范围。

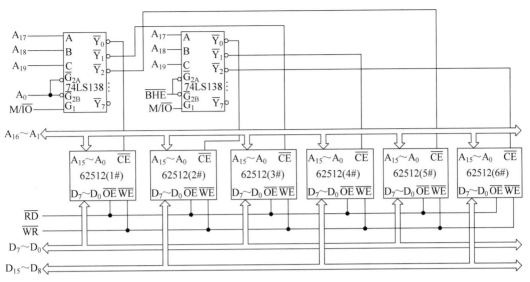

图 5.15　16 位系统全译码法字扩展接线

表 5.4　图 5.15 中 62512 芯片的地址范围

组　别		高位地址线			低位地址线		地址范围
		A_{19}	A_{18}	A_{17}	$A_{16} \sim A_1$	A_0	
		C	B	A			
第 1 组	1#（偶片） 2#（奇片）	0	0	0	0000000000000000 ～ 1111111111111111	× ～ ×	00000H ～ 1FFFFH
第 2 组	3#（偶片） 4#（奇片）	0	0	1	0000000000000000 ～ 1111111111111111	× ～ ×	20000H ～ 3FFFFH
第 3 组	5#（偶片） 6#（奇片）	0	1	0	0000000000000000 ～ 1111111111111111	× ～ ×	40000H ～ 5FFFFH

5.4.3　字位扩展

当存储芯片的存储字长（存储单元的位数）和存储字的数量都不满足需要时，字和位都需要进行扩展，即进行字位扩展。字位扩展是字扩展和位扩展的组合，字位全扩展时，先把存储芯片分组，然后可以采取组内位扩展、组间字扩展或者采取组内字扩展、组间位扩展两种方案。

某 8088 微机系统采取组内位扩展、组间字扩展方案，要求使用 2114 芯片（1K×4b）若干，扩展 4K×8b 存储器模块，且扩展后的存储空间为从 8F000H 开始的连续存储区。扩展后的存储器模块如图 5.16 所示。

图 5.16 中 2114 所需芯片数＝(4K×8b)/(1K×4b)＝8 片。组内位扩展：2114 芯片每两片一组，组成 4 组按字节存取的 1KB 容量的存储器，4 位数据线分别与 CPU 数据总线的 $D_3 \sim D_0$ 及 $D_7 \sim D_4$ 分别相连接，地址线、控制线并联。组间字扩展：4 组存储器的地址线 $A_9 \sim A_0$、数据线 $D_7 \sim D_0$ 并联后分别连接到 8088 总线的低位地址 $A_9 \sim A_0$ 和数据线 $D_7 \sim D_0$

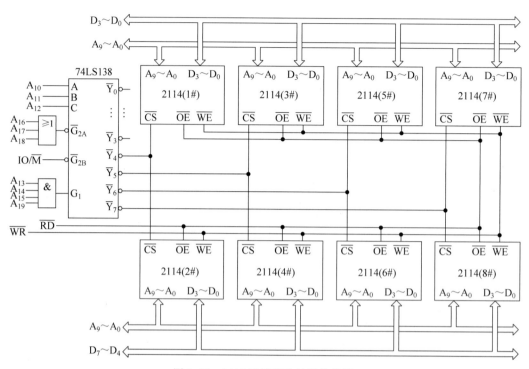

图 5.16 8088 系统字位扩展的接线

上;高位地址线 A_{19}～A_{10} 全译码后为 4 组存储器组提供片选信号,全译码用一片 74LS138 和逻辑门实现,A_{12}、A_{11}、A_{10} 分别连接在 74LS138 的 C、B、A 上,8088 的 $IO/\overline{M}$ 连接到 74LS138 的 $\overline{G}_{2B}$ 上,A_{18}、A_{17}、A_{16} 通过或门连接在 74LS138 的 $\overline{G}_{2A}$ 上,A_{19}、A_{15}、A_{14}、A_{13} 通过与门连接在 74LS138 的 G_1 上。$\overline{Y}_4$、$\overline{Y}_5$、$\overline{Y}_6$、$\overline{Y}_7$ 分别作为 4 组存储器的片选 $\overline{CS}$,可满足起始地址为 8F000H。4 组存储器的地址分配情况如表 5.5 所示。

表 5.5 图 5.16 中 4 组存储器的地址分配情况

组　　别		高位地址线				低位地址线	地址范围
		A_{19}～A_{13}	A_{12} C	A_{11} B	A_{10} A	A_9～A_0	
第 1 组	2114(1#) 2114(2#)	1000111	1	0	0	0000000000 ～ 1111111111	8F000H ～ 8F3FFH
第 2 组	2114(3#) 2114(4#)	1000111	1	0	1	0000000000 ～ 1111111111	8F400H ～ 8F7FFH
第 3 组	2114(5#) 2114(6#)	1000111	1	1	0	0000000000 ～ 1111111111	8F800H ～ 8FBFFH
第 4 组	2114(7#) 2114(8#)	1000111	1	1	1	0000000000 ～ 1111111111	8FC00H ～ 8FFFFH

5.4.4 存储器芯片与 8086 CPU 的连接举例

8086 CPU 与半导体存储器芯片的接口如图 5.17 所示,其中存储器芯片 1♯～8♯为 SRAM 芯片 62512(64K×8b);9♯～16♯为 EPROM 芯片 2732(4K×8b)。试分析该接口电路的特性,计算 RAM 区和 ROM 区的地址范围(内存为字节编址)。

1. 电路分析

1) 8086 CPU 是 16 位微处理器,存储区须奇偶分体

图 5.17 中 1♯、3♯、5♯和 7♯这 4 个 RAM 芯片的 8 位数据线接数据总线 $D_7 \sim D_0$, 2♯、4♯、6♯和 8♯这 4 个 RAM 芯片的数据线接 $D_{15} \sim D_8$。所以,前者 4 片构成偶存储体,后者 4 片构成奇存储体。同理,ROM 区中 9♯、11♯、13♯和 15♯构成偶存储体,10♯、12♯、14♯和 16♯构成奇存储体。RAM 区中 8 片分为 4 组,ROM 区中 8 片分为 4 组。

2) 8086 CPU 的双重复用总线经过锁存器和数据收发器分离出地址总线、数据总线

图 5.17 中采用了 3 片 74LS373 和 2 片 74LS245。74LS373 有两个控制端 G 和 $\overline{OE}$,G 为锁存允许信号,接 8086 CPU 的 ALE(地址锁存允许)。ALE 为高电平,将双重复用总线中的 $\overline{BHE}/S_7$ 和 $AD_{15} \sim AD_0$ 以及 $A_{19}/S_6 \sim A_{16}/S_3$ 地址信息存入 74LS373,$\overline{OE}$ 接地,保证 74LS373 输出有效的地址总线 $A_{19} \sim A_0$ 和 $\overline{BHE}$。74LS245 有两个控制端 $\overline{G}$ 和 DIR,$\overline{G}$ 为使能端,接 8086 CPU 的 $\overline{DEN}$(数据允许)。$\overline{DEN}$ 为低电平,实现双重复用总线 $AD_{15} \sim AD_0$ 中的数据信息与 74LS245 的连接;DIR 为方向端,接 8086 CPU 的 $DT/\overline{R}$(数据发送、接收),当 $DT/\overline{R} = DIR = 1$ 时,8086 经 74LS245 发送数据;当 $DT/\overline{R} = DIR = 0$,8086 经 74LS245 接收数据。

3) RAM 区

图 5.17 中 RAM 的译码电路由 2 片 74LS138(17♯和 18♯)构成,62512 芯片地址线 16 条 $A_{15} \sim A_0$,考虑 8086 是 16 位存储器系统,连接到 8086 地址总线 $A_{16} \sim A_1$ 上。高位地址 $A_{19} \sim A_{17}$ 同 17♯和 18♯的 C、B、A 连接,采用全译码法。74LS138(17♯和 18♯)的 3 个使能端 G_1、$\overline{G_{2A}}$、$\overline{G_{2B}}$ 中,17♯和 18♯的 G_1 与 8086 的 $M/\overline{IO}$ 相连,8086 存储器读/写时 $M/\overline{IO} = 1$,G_1 为有效电平。17♯的 $\overline{G_{2A}}$、$\overline{G_{2B}}$ 与地址总线 A_0 相连,所以 17♯芯片负责产生 RAM 的偶存储体 1♯、3♯、5♯和 7♯芯片的片选信号。18♯的 $\overline{G_{2A}}$、$\overline{G_{2B}}$ 与地址总线 $\overline{BHE}$ 相连,所以 18♯芯片负责产生 RAM 的奇存储体 2♯、4♯、6♯和 8♯芯片的片选信号。17♯芯片和 18♯芯片的输出端 $\overline{Y_0}$ 分别接 1♯芯片和 2♯芯片的片选线,故 1♯芯片和 2♯芯片为一组。同理,3♯芯片和 4♯芯片为第 2 组,4♯芯片和 5♯芯片为第 3 组,6♯芯片和 7♯芯片为第 4 组,同组的两个芯片前者是偶片,后者为奇片。62512 芯片的写控制端 $\overline{WE}$ 和读控制端 $\overline{OE}$ 分别与 8086 的写控制信号 $\overline{WR}$ 和读控制信号 $\overline{RD}$ 相连。

4) ROM 区

图 5.17 中 ROM 的译码电路由 1 片 74LS138(19♯)构成,2732 芯片地址线 12 条 $A_{11} \sim A_0$,考虑 8086 是 16 位存储器系统,连接到 8086 地址总线 $A_{12} \sim A_1$ 上。高位地址为 $A_{19} \sim A_{13}$,其中 A_{15}、A_{14}、A_{13} 同 19♯芯片的 C、B、A 连接。19♯芯片的 3 个使能端 G_1、$\overline{G_{2A}}$、$\overline{G_{2B}}$ 中,G_1 与 8086 的 $M/\overline{IO}$ 相连;$\overline{G_{2A}}$ 与 8086 的读控制信号 $\overline{RD}$ 相连,当 8086 运行存储器读指令时使能;$\overline{G_{2B}}$ 与与非门的输出相连,与非门的 4 个输入是地址总线 $A_{19} \sim A_{16}$,显然 $A_{19} =$

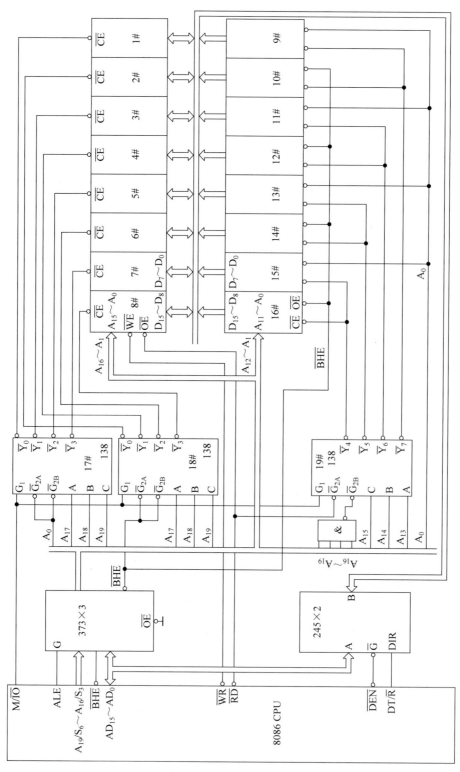

图 5.17 8086 CPU 与半导体存储器芯片的接口实例

$A_{18} = A_{17} = A_{16} = 0$ 时，$\overline{G_{2B}}$ 使能。A_0 负责 ROM 的偶存储体 9♯、11♯、13♯和15♯芯片的片选。$\overline{BHE}$ 负责 ROM 的奇存储体 10♯、12♯、14♯和16♯芯片的片选。综上所述，高位地址 $A_{19} \sim A_{13}$ 全部唯一确定为全译码法。

2. RAM 区的地址范围

图 5.17 中 RAM 区各个芯片的地址范围如表 5.6 所示，整个 RAM 区的地址范围为 00000H～7FFFFH，共占 512KB。

表 5.6 RAM 区各个芯片的地址范围

组　　别		高位地址线			低位地址线		地址范围
		A_{19} C	A_{18} B	A_{17} A	$A_{16} \sim A_1$	A_0	
第1组	1♯（偶片） 2♯（奇片）	0	0	0	0000000000000000 ～ 1111111111111111	× ～ ×	00000H ～ 1FFFFH
第2组	3♯（偶片） 4♯（奇片）	0	0	1	0000000000000000 ～ 1111111111111111	× ～ ×	20000H ～ 3FFFFH
第3组	5♯（偶片） 6♯（奇片）	0	1	0	0000000000000000 ～ 1111111111111111	× ～ ×	40000H ～ 5FFFFH
第4组	7♯（偶片） 8♯（奇片）	0	1	1	0000000000000000 ～ 1111111111111111	× ～ ×	60000H ～ 7FFFFH

3. ROM 区的地址范围

图 5.17 中 ROM 区各个芯片的地址范围如表 5.7 所示，整个 ROM 区的地址范围为 F8000H～FFFFFH，共占 32KB。

表 5.7 ROM 区各个芯片的地址范围

组　　别		高位地址线							低位地址线		地址范围
		A_{19}	A_{18}	A_{17}	A_{16}	A_{15} C	A_{14} B	A_{13} A	$A_{12} \sim A_1$	A_0	
第1组	9♯（偶片） 10♯（奇片）	1	1	1	1	1	1	1	000000000000 ～ 111111111111	× ～ ×	FE000H ～ FFFFFH
第2组	11♯（偶片） 12♯（奇片）	1	1	1	1	1	1	0	000000000000 ～ 111111111111	× ～ ×	FC000H ～ FDFFFH
第3组	13♯（偶片） 14♯（奇片）	1	1	1	1	1	0	1	000000000000 ～ 111111111111	× ～ ×	FA000H ～ FBFFFH
第4组	15♯（偶片） 16♯（奇片）	1	1	1	1	1	0	0	000000000000 ～ 111111111111	× ～ ×	F8000H ～ F9FFFH

第6章 | 输入输出与中断

视频讲解

6.1 输入输出接口概述

计算机在运行过程中所需要的程序和数据都要从外部输入,运算的结果要输出到外部去。在计算机与外部世界进行信息交换的过程中,输入输出系统提供了所需的控制和各种手段。在 CPU 要与外部设备(简称外设)进行信息交换时至少有两方面的困难:一方面,CPU 和外设的速度差异非常大;另一方面,CPU 不能和外设直接通过引脚连接。因此,CPU 和外设之间必须要设置输入输出接口(I/O 接口),作为 CPU 与外设进行信息交换的桥梁。

6.1.1 输入输出接口的功能

微型计算机上的所有部件都是通过总线互连的,外部设备也不例外。I/O 接口就是将外设连接到系统总线上,以实现数据传送的控制逻辑电路的总称,也称为外设接口。

外部设备的种类繁多且涉及的信息类型也不相同,因此,CPU 与外设之间交换信息时需要解决诸如速度匹配问题、信号电平和驱动能力问题、信号形式匹配问题、信息格式问题和时序匹配问题等。这些都需要 I/O 接口予以解决。

由 I/O 接口在系统中的位置以及需要解决的问题可以得出 I/O 接口电路应具有如下功能。

(1) I/O 地址译码与设备选择。所有外设都通过 I/O 接口挂接在系统总线上,在同一时刻,总线只允许一个外设与 CPU 进行数据传送。

(2) 信息的输入输出。通过 I/O 接口,CPU 可以从外部设备输入各种信息,也可以将处理结果输出到外设;CPU 可以通过向 I/O 接口写入命令字来控制 I/O 接口的工作,还可以随时监测与管理 I/O 接口和外设的工作状态;必要时,I/O 接口还可以通过接口向 CPU 发出中断请求。

(3) 命令、数据和状态的缓冲与锁存。因为 CPU 与外设之间的时序和速度差异很大,为了能够确保计算机和外设之间可靠地进行信息传送,要求接口电路应具有信息缓冲能力。接口不仅要缓存 CPU 送给外设的信息,也要缓存外设送给 CPU 的信息,以实现 CPU 与外设之间信息交换的同步。

(4) 信息转换。I/O 接口还要实现信息格式变换、电平转换、码制转换、传送管理以及联络控制等功能。

6.1.2 CPU 与输入输出接口之间的信息

CPU 与 I/O 接口进行通信实际上是通过 I/O 接口内部的一组寄存器来实现的,这些寄存器通常称为 I/O 端口(I/O port)。CPU 通过 I/O 接口与外设的连接示意图如图 6.1 所示。通过 I/O 接口传送的信息除数据外,还有反映当前外设工作状态的状态信息以及 CPU 向外设发出的各种控制信息。

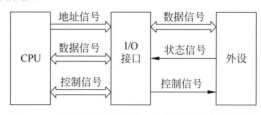

图 6.1　CPU 通过 I/O 接口与外设的连接示意图

1. 数据信息

在微型计算机中,数据信息可以分为 3 种基本类型。

1) 数字量

数字量是指以二进制形式表示的数据信息。数字量的位数通常是字节的整数倍,如 8 位、16 位或 32 位等。

2) 模拟量

当计算机处理现场连续变化的非电量的物理量时,需通过传感器把这些非电量的物理量转换为连续变化的模拟电压或电流——模拟量。模拟量再经过 A/D 转换器转换为数字量,才能输入计算机处理。

3) 开关量

开关量是指可用 2 个状态表示的信息,如开关的开和闭、电机的起和停等。一个开关量只需要一位二进制数表示。

2. 状态信息

状态信息表示外设当前所处的状态。输入时,输入设备是否处于就绪(READY)状态;输出时,输出设备是否处于忙(BUSY)状态。

3. 控制信息

控制信息是由 CPU 发出、用于控制 I/O 接口的工作方式以及外设的启动和停止等信息。

数据信息、状态信息和控制信息属于不同性质的信息,需要分别传送,I/O 接口中就需要有相应的 I/O 端口。I/O 端口包括三种类型:数据端口、状态端口和控制端口。CPU 通过数据端口从外设读入数据或向外设输出数据。从状态端口读入设备的当前状态,通过控制端口向外设发出控制命令。根据需要,一个 I/O 接口可能仅包含其中的一类或两类端口,当然也可能包含全部三类端口。

6.1.3 输入输出端口的编址方式

在微型计算机系统中,CPU 对外设的访问实际上是对外设接口电路中相应的 I/O 端口进行访问。I/O 端口的编址通常有两种不同的方式:一是与内存单元统一编址;二是独立编址。

1. I/O 端口统一编址

这种编址方式又称为存储器映射编址方式,即把每个 I/O 端口都当作一个存储单元看待,按照存储单元的编址方式统一安排端口的地址,端口与存储器单元在同一个地址空间中进行编址。通常是在整个地址空间中划分出一小块连续的地址分配给 I/O 端口。被端口占用了的地址,存储器不能再使用。

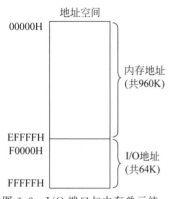

图 6.2 I/O 端口与内存单元统一编址的示意图

图 6.2 给出了 I/O 端口与内存单元统一编址的示意图。图中,系统的存储空间的地址范围为 00000H～FFFFFH,内存单元保留 00000H～EFFFFH 地址空间,共 960K 个地址,分配给 I/O 端口的地址范围为 F0000H～FFFFFH,共 64K 个地址。

统一编址方式的优点是可以用访问内存的方法来访问 I/O 端口,无须设置专门的 I/O 指令。由于访问内存的指令种类丰富、寻址方式多样,因此这种编址方式为访问外设带来了很大的灵活性。从理论上讲,所有用于内存的指令都可以用于外设。同时,I/O 控制信号也可与存储器的控制信号共用,从而给应用带来了很大的方便。

统一编址方式的缺点是外设占用了一部分内存地址空间,这就减少了内存可用的地址范围,因此对内存容量有影响。此外,从指令上不易区分当前是对内存进行操作还是对外设进行操作。

Intel MCS-51 等系列的单片微型计算机和 Motorola 公司的 MC6800、MC68000 及 68HC05 等微处理器就采用统一编址方式,这些计算机中无专门的 I/O 指令。

2. I/O 端口独立编址

I/O 端口独立编址时,内存地址空间和外设地址空间是相互独立的。例如,8086/8088 系统的内存地址范围为 00000H～FFFFFH,共 1MB,而外设端口的地址范围为 0000H～FFFFH,共 64KB。这两个地址空间相互独立,互不影响。CPU 在寻址内存和外设时,使用不同的控制信号来区分当前是对内存操作还是对 I/O 端口操作。例如,Z80 CPU 的 $\overline{\text{MREQ}}$ 和 $\overline{\text{IORQ}}$、8086 的 M/$\overline{\text{IO}}$ 和 8088 的 IO/$\overline{\text{M}}$ 信号。另外,采用 I/O 端口独立编址的 CPU,其指令系统中单独设置有专用的 I/O 指令,用于对 I/O 端口进行读写操作。

独立编址方式的优点是将输入输出指令和访问存储器的指令明显区分开,使程序清晰,可读性好,而且 I/O 指令长度短,执行的速度快,也不占用内存空间;I/O 地址译码电路较简单。

独立编址方式的不足之处是 CPU 指令系统中必须有专门的 IN 和 OUT 指令,这些指令的功能没有访问存储器指令强,也增加了指令系统的规模。另外,CPU 要能提供区分存储器和 I/O 的控制信号。

I/O 端口独立编址方式在 Z80 系列及 Intel 公司的 x86 系列 CPU 中得到广泛采用。8086/8088 CPU 就采用了 I/O 端口独立编址方式,专门设置有 IN/OUT 输入输出指令。

6.2　CPU 与外设之间的数据传送方式

微型计算机系统中,由于外设的工作速度与 CPU 的速度差别很大,主机与外设之间的数据传送过程中,要实现数据的正确传送,关键问题是数据传送的控制方式,简称数据传送方式。CPU 与外设之间的数据传送方式主要有以下 4 种:无条件传送、查询传送、中断传送和直接存储器存取(DMA)方式。其中,无条件传送、查询传送、中断传送这 3 种传送方式是通过执行程序来完成数据传送的,所以也统称程序控制传送方式。

6.2.1　无条件传送方式

无条件传送方式主要用于外部控制过程的各种动作是固定的且是已知的,控制的对象是一些简单的、随时"准备好"的外设。也就是说,在这些设备工作时,随时都可以接收 CPU 输出的数据,或者它们的数据随时都可以被 CPU 读出,即 CPU 可以不必查询外设当前的状态而无条件地进行数据的输入输出。在与这样的外设交换数据的过程中,数据交换与指令的执行是同步的,因此,这种方式也可称为同步传送方式。

采用无条件传送方式的接口电路如图 6.3 和图 6.4 所示。当 CPU 从外设输入数据时,来自外设的数据已输入至三态缓冲器,CPU 执行一条 IN 指令,将地址信号组成的端口地址送上地址总线,经过译码,选中对应的端口,然后在读信号 $\overline{RD}=0$ 期间将数据读入;而输出数据时,CPU 只执行一条 OUT 指令,输出的过程类似,只是必须在写信号 $\overline{WR}$ 有效时将数据写入输出锁存器,由它再把信息通过外设输出。

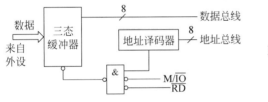

图 6.3　无条件传送的输入方式

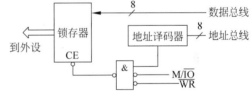

图 6.4　无条件传送的输出方式

无条件传送方式的优点是程序简单,所需的硬件和软件都比较少,传送速度快,但必须在确信外设已准备好的情况下才能使用,否则就会出错。

对于诸如开关、发光二极管等这一类简单设备来说,就是采用无条件的传送方式,因为这类简单设备在任一时刻的状态是固定的,也就是说它们总是准备好的。

6.2.2　查询传送方式

对于那些总是"准备好"的外设,当它们与 CPU 同步工作时,采用无条件传送方式是适用的,也是很方便的。但在实际应用中,大多数的外设并不总处于"准备好"状态,CPU 与它们进行数据交换时,必须要先查询一下外设的状态,若准备好才传送数据,否则 CPU 就要等待,直到外设准备好为止。这种利用程序不断地询问外设的状态,根据它们所处的状态来实现数据的输入和输出的方式就称为程序查询方式。

为了实现这种工作方式,外设须向计算机提供一个状态信息,相应的接口除传送数据外,还要有一个传送状态的端口。采用查询传送方式进行一次数据传送的工作过程可描述如下。

(1) 查询外设的状态,执行一条输入指令,读取外设状态。

(2) 检查外设状态,看数据是否准备好。若外设没有准备好,即外设处于"忙"(BUSY＝1)或"未就绪"(READY＝0)状态,则继续查询外设状态。

(3) 若外设已准备好,即外设处于"空闲"(BUSY＝0)或"就绪"(READY＝1)状态,则执行一条输入输出指令,进行一次数据传送。

1. 查询式输入

查询式输入方式的接口电路如图 6.5 所示。在图中,接口电路包含状态口和输入数据口两部分,分别由 I/O 端口译码器的两个片选信号和 M/$\overline{\text{IO}}$、$\overline{\text{RD}}$ 信号控制。状态口由一个 D 触发器和一个三态门(通常是三态缓冲器中的一路)构成。输入数据口由一个 8 位锁存器和一个 8 位缓冲器构成,它们可以被分别选通。

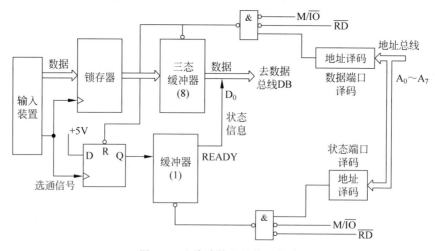

图 6.5　查询式输入的接口电路

当输入设备准备好数据后,就向 I/O 接口电路发一个选通信号。此信号有两个作用:一方面将外设的数据送入接口的数据锁存器中;另一方面使接口中的 D 触发器的 Q 端置 1,表示数据准备就绪(READY＝1)。CPU 首先执行 IN 指令读取状态口的信息,这时 M/$\overline{\text{IO}}$、$\overline{\text{RD}}$ 信号均变低,使三态缓冲器开启,于是 Q 端的高电平经缓冲器(1 位)传送到数据线,假设通过数据线 D_0 传送状态位 READY。程序检测到 READY＝1 后,便执行 IN 指令读数据口。这时 M/$\overline{\text{IO}}$、$\overline{\text{RD}}$ 信号再次有效,一方面开启数据缓冲器,将外设送到锁存器中的数据经 8 位数据缓冲器送到数据总线;另一方面将 D 触发器清 0,即清除数据准备就绪状态,一次数据传送完毕。

在查询输入的过程中,读入的数据是 8 位或 16 位,而读入的状态位是 1 位,如图 6.6 所示。设状态口的地址为 PORT_S1,输入数据口的地址为 PORT_IN,传送数据的总字节数为 COUNT_1,则查询式输入数据的程序段为:

```
          MOV  BX, 0          ;初始化指针
          MOV  CX, COUNT_1    ;字节数
READ_S1 : IN   AL, PORT_S1    ;读入状态位
          TEST AL,  01H       ;数据是否准备好
```

```
        JZ    READ_S1        ;否,循环检测
        IN    AL, PORT_IN    ;已准备好,读入数据
        MOV   [BX],AL        ;存到内存缓冲区中
        INC   BX             ;修改地址指针
        LOOP  READ_S1        ;未传送完,继续传送
```

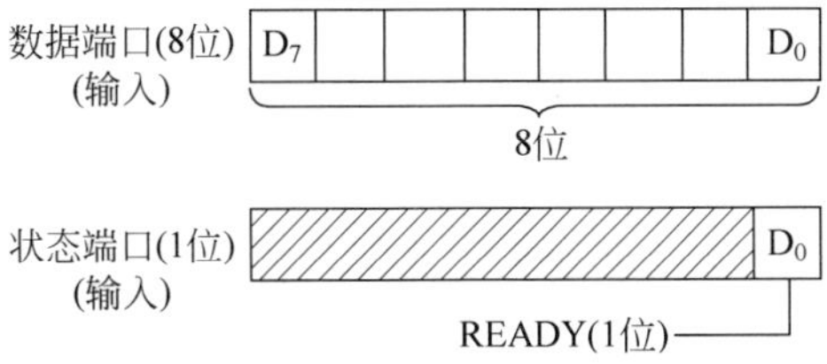

数据端口(8位)
(输入)

状态端口(1位)
(输入)

图 6.6　查询式输入的数据和状态信息

2. 查询式输出

查询式输出方式的接口电路如图 6.7 所示。与输入接口相类似,输出接口电路也包含两个端口:状态口和数据输出口。状态口也由一个 D 触发器和一个三态门构成,而数据输出口只含一个 8 位数据锁存器。

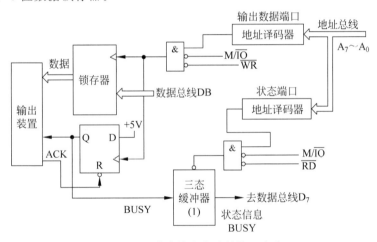

图 6.7　查询式输出方式的接口电路

当 CPU 准备向外设输出数据时,它先执行 IN 指令读取状态口的信息。这时,低电平的 M/$\overline{\text{IO}}$、$\overline{\text{RD}}$ 和状态端口的地址译码有效使状态口的三态门开启,从数据总线读入外设的忙状态 BUSY,假设通过数据线 D_7 传送状态位 BUSY。若 BUSY＝1,表示外设处在接收上一个数据的忙碌状态。只有在外设空闲(BUSY＝0)时,CPU 才能向外设输出新的数据。当 CPU 检查到外设状态 BUSY＝0 时,便执行 OUT 指令将数据送向数据输出口。这时,低电平的 M/$\overline{\text{IO}}$、$\overline{\text{WR}}$ 和数据端口的地址译码有效,产生低电平的选通信号,它用来选通数据锁存器,将数据送向外设。同时,选通信号的后沿还使 D 触发器翻转,置 Q 为高电平,把状态口的 BUSY 位置为 1,表示外设忙碌。当输出设备从接口中取走数据后,就送回一个应答信号 ACK,它将 D 触发器清 0,即置 BUSY＝0,一次数据传送完毕。

在查询输出的过程中,输出的数据是 8 位或 16 位,而读入的状态位是 1 位,如图 6.8 所示。设状态口的地址为 PORT_S2,输出数据口的地址为 PORT_OUT,传送数据的总字节数为 COUNT_2,若输出的数据放在 2000H 开始的一段存储区中,则查询式输出数据的程

序段为:

```
           MOV   BX, 2000H        ;初始化地址指针
           MOV   CX, COUNT_2      ;字节数
READ_S2 :  IN    AL, PORT_S2      ;读入状态位
           TEST  AL, 80H          ;数据是否准备好
           JNZ   READ_S2          ;否,循环检测
           MOV   AL, [BX]         ;从内存缓冲区中取数据
           OUT   PORT_OUT, AL     ;输出数据
           INC   BX               ;修改地址指针
           LOOP  READ_S2          ;未传送完,继续传送
```

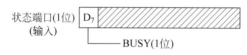

图 6.8　查询式输出的数据和状态信息

利用查询方式进行数据输入输出的过程中,CPU 不能再做别的事,将大量时间耗费在读取和检测外设状态上,真正用于传送数据的时间很少,这样大大降低了 CPU 的效率。

例 6.1　一个数据采集系统如图 6.9 所示,采取查询方式与 CPU 传送信息。有 8 个模拟量输入,经过多路开关,每次送出一个模拟量至 A/D 转换器。8 个模拟量由端口 4 输出的 3 位二进制码($D_2D_1D_0$)控制。若 $D_2D_1D_0=000$,对应于 A_0 输入;若 $D_2D_1D_0=001$,对应于 A_1 输入;以此类推,若 $D_2D_1D_0=111$,对应于 A_7 输入;同时 A/D 转换器由端口 4 输出的 D_4 位控制启动与停止,A/D 转换器的 READY 信号由端口 2 的 D_0 位传至 CPU 数据总线,经 A/D 转换后的数据由端口 3 传至数据总线。

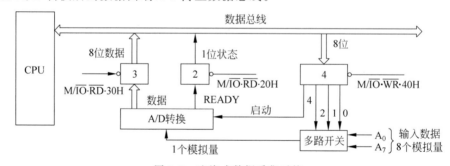

图 6.9　查询式数据采集系统

该数据采集系统需要用到三个端口,每个端口分别分配相应的端口地址,设状态端口 2 的端口地址为 20H,数据端口 3 的端口地址为 30H;控制端口 4 的端口地址为 40H。试编写一段程序,依次检测 8 个模拟量,并将转换结果存放在以地址 DSTORE 开始的一段存储区域中。

实现这样的数据采集过程的程序为:

```
BEGIN:  MOV   DL, 0F8H          ;设置启动 A/D 转换的信号
        LEA   DI, DSTORE        ;存放输入数据缓冲区的地址偏移量至 DI
CAIJI:  MOV   AL, DL
```

```
        AND  AL, 0EFH                ;使 D_4 = 0
        OUT  40H, AL                 ;停止 A/D 转换
        CALL DELAY                   ;等待停止 A/D 操作的完成
        MOV  AL, DL
        OUT  40H, AL                 ;启动 A/D,且选择模拟量 A0
READ_S: IN   AL, 20H                 ;输入状态信息
        SHR  AL, 1
        JNC  READ_S                  ;若未准备好,程序循环等待
        IN   AL, 30H                 ;否则,输入转换数据
        STOSB                        ;数据存至内存
        INC  DL                      ;修改多路开关控制信号,指向下一个模拟量
        JNZ  CAIJI                   ;8 个模拟量未输入完,循环
```

6.2.3 中断传送方式

无条件传送和查询传送这两种数据输入输出方式,都是由 CPU 去管理外设,这对具有多外设且要求实时性较强的计算机控制系统是不适合的。

为了提高 CPU 的效率,可以采用中断传送方式。即当 CPU 需要输入时,若外设的输入数据已存入寄存器,输入寄存器已满;需要输出时,若外设已把上一个数据输出,输出寄存器已空,这时均可由外设向 CPU 发出中断请求,CPU 在接到请求后若条件允许,则暂停(或中断)正在进行的工作而转去对该外设服务,并在服务结束后回到原来被中断的地方继续原来的工作。这种方式能使 CPU 在没有外设请求时进行原有的工作,有请求时才去处理数据的输入输出,从而提高了 CPU 的利用率,而且有了中断,就允许 CPU 与外设(甚至多个外设)同时工作。

以输入设备需进行中断传送为例,中断传送时的接口电路如图 6.10 所示。

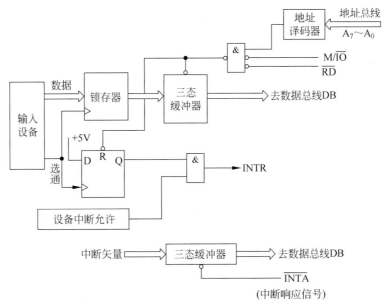

图 6.10　中断传送方式的接口电路

当输入设备输入一个数据,发出选通信号,把数据存入锁存器,又使 D 触发器置 1,发出中断请求,若中断是允许的,CPU 在现行指令执行完后,暂停正在执行的程序,发出中断响

应信号 $\overline{\text{INTA}}$(这是 8086/8088 的中断响应信号),于是外设把一个中断矢量或中断类型码放到数据总线上,CPU 就转入中断服务程序,在中断服务程序中传送数据,同时清除中断请求标志。当中断处理完后,CPU 返回被中断的主程序继续执行。利用中断方式进行数据传送,不仅大大提高 CPU 的效率,还能够对外设的请求做出实时响应。尤其是在外设出现故障、不立即进行处理有可能造成严重后果的情况下,利用中断方式可以及时做出处理,避免不必要的损失。

6.2.4　DMA 方式

虽然采用中断方式能大大提高 CPU 的利用率,但与其他两种方式一样,实际的数据传送过程还需要 CPU 执行程序来实现,对于一些高速外设及需批量数据交换(如磁盘与内存的数据交换)来说是不能满足要求的。

对于需要进行高速和大批量的数据传送的场合,希望外设能够不通过 CPU 而直接与存储器进行信息交换,这就是 DMA(Direct Memory Access,直接存储器存取)方式,即通过特殊的硬件电路(DMA 控制器)来控制存储器与外设直接进行数据传送。在这种方式下,CPU 放弃对总线的管理,而由 DMA 控制器来控制。由于 CPU 只启动而不干预数据传送过程,整个过程只由硬件完成不需要软件介入,因此,这种方式的数据传输率很高。

DMA 的工作过程如图 6.11 所示,外设采用 DMA 传送的大致过程如下。

(1) 当外设准备好,可以进行 DMA 传送时,外设向 DMA 控制器发出 DMA 传送请求信号(DRQ)。

(2) DMA 控制器收到请求后,向 CPU 发出"总线请求"信号 HOLD,表示希望占用总线。

(3) CPU 在完成当前总线周期后会立即对 HOLD 信号进行响应。响应包括两方面:一方面是 CPU 将数据总线、地址总线和相应的控制信号线均置为高阻态,由此放弃对总线的控制权;另一方面,CPU 向 DMA 控制器发出"总线响应"信号(HLDA)。

(4) DMA 控制器收到 HLDA 信号后,就开始控制总线,并向外设发出 DMA 响应信号 DACK。

(5) DMA 控制器送出地址信号和相应的控制信号,实现外设与内存或内存与内存之间的直接数据传送。

(6) 数据传送完成后,DMA 控制器撤销对 CPU 的请求信号,CPU 撤销保持响应信号并恢复对总线的控制。

6.3　中　断　技　术

中断技术在计算机中应用极为广泛,它不仅可用于数据传输、提高数据传输过程中 CPU 的利用率,还可用来处理一些实时响应的事件。在操作系统中,还使用中断来进行一些系统级的特殊操作。

6.3.1　中断概述

在微型计算机中,当 CPU 执行程序时,由于随机的事件引起 CPU 暂时停止正在执行的程序,而转去执行一个用于处理该事件的程序(称为中断服务程序,或中断处理程序),处理完后又返回被中止的程序断点处继续执行,这一过程就称为中断。

1. 中断源及其分类

引起中断的事件称为中断源,即引起中断的原因或来源。中断源可分为两大类:一类来自 CPU 内部,称为内部中断源;另一类来自 CPU 外部,称为外部中断源。

内部中断源主要包括 CPU 执行指令时产生的异常、特殊操作引起的异常以及由程序员安排在程序中的 INT n 软件中断指令。

外部中断源主要包括三类:首先是 I/O 设备,如键盘、打印机等;其次是实时时钟,如定时器时间到等;最后是故障源,如电源掉电、硬件出错等。

对内部中断来说,中断的控制完全是在 CPU 内部实现的。而对于外部中断,则是利用 CPU 的两条中断输入信号线 INTR 和 NMI 来告诉 CPU 已发生了中断事件。INTR 称为可屏蔽中断输入信号,因为 CPU 能否响应该信号,还受到中断允许标志位 IF 的控制。当 IF=1(开中断)时,CPU 在一条指令执行完后对它做出响应;当 IF=0(关中断)时,CPU 不予响应,该中断请求被屏蔽。NMI 称为非屏蔽中断请求输入信号,上升沿有效。它不受标志位 IF 的约束。只要 CPU 在正常地执行程序,它就一定会响应 NMI 的请求。

2. 中断系统及其功能

中断系统是指为实现中断而设置的各种硬件与软件,包括中断控制逻辑及其相应管理中断的指令等。中断系统应具有如下功能。

1) 实现中断响应及返回

当某个中断源发出中断请求时,CPU 能根据条件决定是否响应该中断请求。若允许响应,则 CPU 必须在执行完现行指令后,保护断点和现场(即把断点处的断点地址和各寄存器的内容与标志位的状态推入堆栈),然后再转到需要处理的中断服务程序的入口,同时,清除中断请求触发器。当处理完中断服务程序后,再恢复现场和断点地址,使 CPU 返回断点,继续执行主程序。中断的简单过程示意如图 6.11 所示。

2) 实现优先权排队

通常,在实际系统中有多个中断源时,有可能出现两个或两个以上中断源同时提出中断请求的情况,而 CPU 同一时刻只能接受一个中断申请。这样就必须要设计者事先根据轻重缓急,给每个中断源一个中断优先权。当多个中断源同时发出中断申请时,CPU 能找到优先级别最高的中断源,响应它的中断请求。在优先权级别最高的中断源处理了以后,再响应级别较低的中断源。

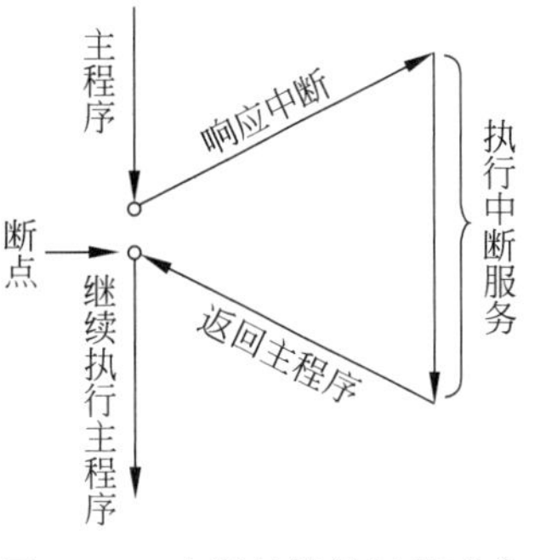

3) 高级中断源能中断低级的中断处理

图 6.11 中断的简单过程示意

当 CPU 响应某一中断源的请求,在进行中断处理时,若有优先级别更高的中断源发出中断申请,则 CPU 要能中断正在进行中的中断服务程序,保留这个程序的断点和现场(类似于子程序嵌套),响应高级中断,在高级中断处理完以后,再继续执行被中断的中断服务程序。这就形成了中断嵌套。中断嵌套过程示意如图 6.12 所示。两个中断形成的是两重中断(或两级嵌套),还可以进行多重中断(或多级嵌套)。

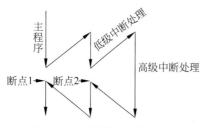

图 6.12　中断嵌套过程示意

3. 中断优先级的确定

当系统具有多个中断源时,由于中断产生的随机性,就有可能在某一时刻有两个以上的中断源同时发出中断请求,而 CPU 往往只有一条中断请求线,并且任一时刻只能响应并处理一个中断,这就要求 CPU 能识别出是哪些中断源申请了中断并找出优先级最高的中断源并响应之,在其处理完后,再响应级别较低的中断源的请求。

要判别和确定各个中断源的中断优先权可以用软件和硬件两种方法。

1) 软件确定中断优先权

软件确定中断优先权(软件判优)就是采用软件查询技术。CPU 响应中断后,就用软件查询以确定是哪些外设申请中断,并判断它们的优先权。

例如,把 8 个外设的中断请求触发器组合起来,作为一个端口,并赋予设备号,如图 6.13 所示。把各个外设的中断请求信号相"或"后,作为 INTR 信号,向 CPU 送出中断请求。当 CPU 响应中断时,把中断寄存器的状态作为一个外设读入 CPU,逐位检测它们的状态,若有中断请求就转到相应的服务程序入口。这时,中断寄存器各位查询的先后次序就是相应中断源的优先级别高低次序。

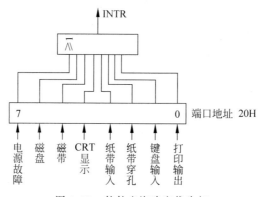

图 6.13　软件查询确定优先权

在软件查询方式中询问的次序,即是优先权的次序,不需要有判断与确定优先权的硬件排队电路。它实现简单,调整优先权次序方便,但在中断源较多的情况下,由询问转至相应的服务程序入口的时间就比较长。

2) 硬件优先权排队电路

硬件确定优先权(硬件判优)是指利用专用的硬件电路或中断控制器来安排各中断源的优先级别。硬件判优电路的形式很多,下面介绍两种常用的硬件判优方法。

(1) 链式优先权排队电路。

链式优先权排队的基本思想是将所有的中断源构成一个链,排在链前面的中断源的优先级别高于排在后边的,高级别的中断会自动封锁低优先级别的中断。

链式优先权排队电路如图 6.14 所示。在电路中,每个外设对应的接口都有一个中断逻辑电路,CPU 响应中断时发出的 INTA 信号沿着这些逻辑电路串接成的链从前往后传递。

当多个输入有中断请求时,则由中断输入信号的"或"电路产生 INTR 信号,送至 CPU。

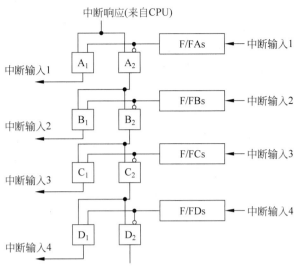

图 6.14　链式优先权排队电路

当 CPU 允许中断且在现行指令执行完后,响应中断,发出中断响应信号。当中断响应为高电平,若 F/FAs 有中断请求,则它的输出为高,于是与门 A_1 输出为高,由它控制转至中断 1 的服务程序的入口;且门 A_2 输出为低电平;因而使门 B_1、B_2 和 C_1、C_2 等所有下面各级门的输入和输出全为低电平,即屏蔽了所有别的各级中断。

若第一级没有中断请求,即 F/FAs=0,则中断输出 1 为低电平,但门 A_2 的输出却为高电平,把中断响应传递至中断请求 2。若此时 F/FBs=1,则与门 B_1 输出为高电平,控制转去执行中断 2 的服务程序;此时与门 B_2 的输出为低,因而屏蔽了以下各级中断。而若 F/FBs=0,则与门 B_1 输出为低,而与门 B_2 输出为高,把中断响应传递至中断请求 3,以此类推。

在链式优先权排队电路中,中断源的中断优先级由其在链式排队电路中的先后次序决定,排在链的最前面的则优先权最高。它优先权判定速度快,但由于链式排队是硬件链接,不易调整优先权次序,且对硬件故障敏感。

（2）优先权编码电路。

用编码器和比较器实现优先权排队电路,如图 6.15 所示。

若有 8 个中断源,当任一个有中断请求时,通过"或"门,即可有一个中断请求信号产生,但它能否送至 CPU 的中断请求线,还要受比较器的控制(若优先权失效信号为低电平,则与门 2 关闭)。

8 条中断输入线的任一条,经过编码器可以产生 3 位二进制优先权编码 $A_2A_1A_0$,优先权最高的线的编码为 111,优先权最低的线的编码为 000。而且若有多个输入线同时输入,则编码器只输出优先权最高的编码。

正在进行中断处理的外设的优先权编码,通过 CPU 的数据总线,送至优先权寄存器,然后输出编码 $B_2B_1B_0$ 至比较器,以上过程是由软件实现的。

比较器比较编码 $A_2A_1A_0$ 与 $B_2B_1B_0$ 的大小,若 A≤B,则 A>B 端输出低电平,封锁与门 1,就不向 CPU 发出新的中断申请(即当 CPU 正在处理中断时,当有同级或低级的中断源申请中断时,优先权排队线路就屏蔽它们的请求);只有当 A>B 时,比较器输出端才为

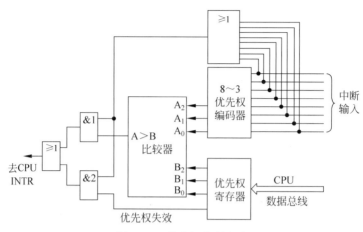

图 6.15　优先权编码电路

高电平,打开与门1,将中断请求信号送至 CPU 的 INTR 输入端,CPU 就中断正在进行的中断处理程序,转去响应更高级的中断。

若 CPU 不在进行中断处理时(即在执行主程序),则优先权失效信号为高电平,当有任一中断源请求中断时,都能通过与门2,发出 INTR 信号。

这样的优先权电路,当外设的个数≤8 时,则它们共用一个产生中断矢量的电路,它有三位由比较器的编码 $A_2 A_1 A_0$ 供给,就能做到不同的编码转入不同的入口地址。

6.3.2　中断的处理过程

计算机处理中断的三个步骤,即中断请求、中断响应、中断处理。下面简要介绍中断处理过程的三个步骤。

1. 中断请求

外设需要 CPU 服务时,首先要发出一个有效的中断请求信号送到 CPU 的中断输入端。中断请求信号分为边沿触发和电平触发。边沿触发是指 CPU 根据中断请求端上有无从低到高或从高到低的跳变来决定中断请求信号是否有效;电平触发是指 CPU 根据中断请求端上有无稳定的电平信号(高电平还是低电平取决于 CPU 的设计)来确定中断请求信号是否有效。一般来说,CPU 能够即时予以响应的中断可以采用边沿触发,而不能即时响应的中断则应采用电平触发,否则中断请求信号就会丢失。8088/8086 CPU 的 NMI 为边沿触发,而 INTR 为电平触发。为了保证产生的中断能被 CPU 处理,INTR 中断请求信号应保持到该请求被 CPU 响应为止。CPU 响应后,INTR 信号还应及时撤除,以免造成多次响应。

2. 中断响应

中断优先级确定后,发出中断请求的中断源中优先级最高的请求被送到 CPU 的中断请求输入引脚上。CPU 在每条指令执行的最后一个时钟周期检测中断请求引脚上有无中断请求。但 CPU 并不是在任何时刻、任何情况下都能对中断请求进行响应。要响应中断请求,必须满足以下三个条件。

(1) 一条指令执行结束。CPU 在一条指令执行的最后一个时钟周期对中断请求进行检测,当满足本条件和下述几个条件时,指令执行一结束,CPU 即可响应中断。

（2）CPU 处于开中断状态。在 CPU 内部有一个中断允许触发器，只有当中断允许触发器 IF＝1，即处于开中断状态时，CPU 才有可能响应中断。这个触发器的状态由 STI 和 CLI 指令分别进行置位和复位。

（3）没有总线请求。在复位（RESET）、总线保持（HOLD）等总线请求时，CPU 不工作，当然就不能响应中断。

中断响应时，CPU 除了要向中断源发出中断响应信号外，还要自动完成下述三项工作。

（1）关闭中断。CPU 响应中断时，需立即关中断（使 IF＝0），以保证保护现场、断点和获取中断入口地址等工作不受影响。

（2）保护现场和断点。将标志寄存器 F（PSW）、断点的段基地址（CS 值）和偏移地址（IP 值）压入堆栈，以保证中断结束后能正常返回被中断的程序。

（3）获得中断服务程序入口，转入中断服务程序。

3. 中断处理

CPU 响应中断，就转入中断服务程序以完成具体的输入输出等中断服务处理。在中断服务程序中通常要做以下几项工作。

（1）保护软件现场。保护软件现场是指把中断服务程序中要用到的寄存器的原内容压入堆栈保存起来。因为中断的发生是随机性的，若不保护现场，就有可能破坏主程序被中断时的状态，从而造成中断返回后主程序无法正确执行。

（2）开中断。CPU 响应中断时会自动关闭中断（使 IF＝0）。若进入中断服务程序后允许中断嵌套，则需用指令开中断（使 IF＝1）。

（3）执行中断处理程序。不同的中断，其需处理的事项也各不相同，根据中断的要求，完成具体的中断处理。

（4）关中断。相应的中断处理指令执行结束后需要关中断，以确保有效地恢复被中断程序的现场。

（5）恢复现场。就是把先前保护的现场进行恢复，也即把所保存的有关寄存器内容按入栈的相反顺序从堆栈中弹出，使这些寄存器恢复到中断前的状态。

（6）开中断返回。在返回主程序前，首先需要开中断，最后执行中断返回指令 IRET，其操作正好是 CPU 硬件在中断响应时自动保护硬件现场和断点的逆过程，即 CPU 会自动地将堆栈内保存的断点信息和标志信息弹出到 IP、CS 和 FR 中，保证被中断的程序从断点处继续往下执行。

从计算机中断处理的整个过程来说，当中断请求时，CPU 满足一定条件才能响应中断，然后才能进入具体的中断处理阶段，完成具体的中断服务功能，中断响应和中断处理是两个不同的阶段。当有多个中断请求时，需根据中断优先权级别决定中断响应的次序，同优先级中断，按请求先后次序响应，不同级的中断，按优先权高低顺序响应。

6.3.3　8086/8088 的中断

8086/8088 CPU 的中断系统可以处理 256 种不同类型的中断。为了便于识别，8086/8088 系统中给每种中断都赋予一个中断类型码（或称中断号），编号为 0～255。CPU 可根据中断类型码的不同来识别不同的中断源。

视频讲解

第 6 章

输入输出与中断

1. 中断类型

8086/8088 系统的中断源可来自 CPU 外部,称为外部中断;也可来自 CPU 内部,称为内部中断。

1) 外部中断

外部中断也称为硬件中断,它是由外部硬件或外设接口产生的。8086/8088 CPU 为外部设备提供了两条硬件中断信号线 NMI(非屏蔽中断)和 INTR(可屏蔽中断)。

(1) 非屏蔽中断。

非屏蔽中断由 NMI 引脚上出现的上升沿触发,它不受中断允许标志 IF 的控制,其中断类型码固定为 2。CPU 接收到非屏蔽中断请求信号后,不管当前正在做什么,都会在执行完当前指令后立即响应中断请求而进入相应的中断处理。

非屏蔽中断通常用来处理系统中出现的重大故障或紧急情况,如系统掉电处理、紧急停机处理等。

(2) 可屏蔽中断。

绝大多数外设提出的中断请求都是可屏蔽中断,可屏蔽中断的中断请求信号从 CPU 的 INTR 端引入,高电平有效。可屏蔽中断受中断允许标志位 IF 的控制,只有当 IF=1 时,CPU 才会响应 INTR 请求。如果 IF=0,即使中断源有中断请求,CPU 也不会响应,这种情况称为中断被屏蔽。

在微型计算机中,外设的中断请求是通过中断控制器 8259A 来进行统一管理的,由 8259A 决定是否允许一个外设向 CPU 发出中断请求。

2) 内部中断

内部中断是 CPU 执行了某些指令或者软件对标志寄存器中某个标志位进行设置而产生的,由于它与外部硬件电路完全无关,故也称为软件中断。在 8086/8088 CPU 中,内部中断可分为 5 种类型。

(1) 除法出错中断。

在执行除法指令时,若发现除数为 0 或商超过了结果寄存器所能表示的最大范围,则立即产生一个中断类型码为 0 的中断。

(2) 单步中断。

8086/8088 CPU 的标志寄存器中有一位陷阱标志 TF。CPU 每执行完一条指令都会检查 TF 的状态。若发现 TF=1,则 CPU 就产生中断类型码为 1 的中断,使 CPU 转向单步中断的处理程序。单步中断广泛地用于程序的调试,是一种用户设置用于观察逐条指令运行情况的内部中断。

(3) 断点中断。

8086/8088 指令系统中有一条专用于设置断点的指令 INT 3。CPU 执行该指令就会产生一个中断类型码为 3 的中断。INT 3 指令是单字节指令,因而它能很方便地插入程序的任何地方,专门用于在程序中设置断点来调试程序,它也称为断点中断,插入 INT 3 指令之处便是断点。在断点中断服务程序中,可显示有关的寄存器、存储单元等内容,以便程序员分析到断点为止程序运行是否正确。

(4) 溢出中断。

若算术指令的执行结果发生溢出(OF=1),则执行 INTO 指令后立即产生一个中断类型码为 4 的中断。4 号中断为程序员提供了处理运算溢出的手段,INTO 指令通常和算术指令配合起来使用。

（5）中断指令 INT n。

INT n 是用户自定义的软件中断指令,CPU 执行中断指令 INT n 也会引起内部中断,其中断类型码由指令中的 n 指定。

以上所述内部中断的类型码均是固定的,除单步中断外,其他的内部中断不受 IF 状态标志影响。

2. 中断优先级顺序

8086/8088 CPU 的中断系统可处理 256 种不同类型的中断,这些中断具有固有的优先级顺序,如表 6.1 所示。概括来说,内部中断的优先级高于外部中断,外部中断中非屏蔽中断的优先权高于可屏蔽中断,单步中断的优先权最低。

表 6.1　8086/8088 CPU 的中断优先级顺序

中　　断	优　先　级
除法出错、INTO、INT n	最高
NMI	
INTR	↓
单步	最低

3. 中断向量表

在 8086/8088 CPU 中断系统中,无论是外部中断还是内部中断,每个中断源都有一个与它相对应的中断类型码。中断类型码长度为 1B(1 字节),故 8086/8088 最多允许处理 256 种类型的中断(中断类型码为 0~255)。

为了能够根据所得到的中断类型码来找到中断服务程序的首地址,8086/8088 系统规定所有中断服务程序的首地址都必须放在一个称为中断向量表的表格中。中断向量表位于内存的最低 1KB(即内存中 00000H~003FFH 区域),共有 256 个表项,用以存放 256 个中断向量,即 256 个中断的服务程序入口地址。每个中断向量占 4B(4 字节),其中低位字(2B)存放中断服务程序入口地址的偏移量,高位字(2B)存放中断服务程序入口地址的段地址。中断向量表如图 6.16 所示。

根据中断向量表的格式,只要知道了中断类型码 n 就可以找到所对应的中断向量在表中的位置。中断向量在中断向量表中的存放位置(地址)可由下式计算得到:

中断向量在表中的存放地址$=4n$

即中断类型码 n 乘以 4,就得到中断向量地址,然后只要取连续的 $4n$ 和 $4n+1$ 字节单元的内容装入 IP,取 $4n+2$ 和 $4n+3$ 单元的内容装入 CS,即可转入中断服务程序。

4. 中断处理过程

1) 中断类型码的获取

8086/8088 CPU 对不同类型中断的响应过程不同,主要区别在于如何获得相应的中断类型码。有两种方法获取中断类型码。

（1）对于软件中断,类型码为 0~4 的中断类型码由系统自动形成;对于 INT n 指令,类型码由指令指定。

（2）对于硬件中断,若为 NMI 中断,则有系统自动产生中断类型码 2;若为 INTR 中

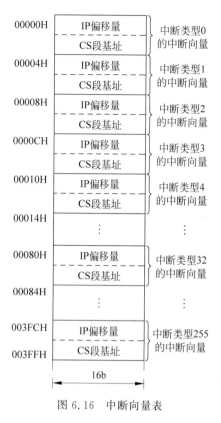

图 6.16　中断向量表

断,则 CPU 转入 2 个连续周期的中断响应周期,并在第 2 个中断响应周期采样数据总线,获取中断类型码。

2)中断处理

获得中断类型码后,中断处理的过程为:

(1)将类型码乘以 4,计算出中断向量的地址。

(2)硬件现场保护。即将标志寄存器 FR 的内容压入堆栈,以保护当前指令执行结果的特征。

(3)清除 IF 和 TF 标志,屏蔽新的 INTR 中断和单步中断。

(4)保存断点,即把断点处的 IP 和 CS 值压入堆栈,先压入 CS 值,再压入 IP 值。

(5)根据计算出来的地址从中断向量表中取出中断服务程序的入口地址(段和偏移),分别送至 CS 和 IP 中。

(6)转入中断服务程序执行。进入中断服务程序后,首先要保护在中断服务程序中要使用的寄存器内容,然后进行相应的中断处理。

(7)现场恢复与中断返回,在中断返回前恢复保护的寄存器内容,最后执行中断返回指令 IRET。

IRET 的执行将使 CPU 按次序恢复断点处的 IP、CS 和标志寄存器,从而使程序返回到断点处继续执行。

8086/8088 CPU 对各种中断处理顺序的流程如图 6.17 所示。

6.3.4　中断服务程序的设计

1. 中断服务程序的结构

在中断服务程序的开始部分,通常要把在中断服务程序中将要用到的寄存器的内容压入堆栈保存,以便在中断服务结束时再从堆栈中弹出,恢复原先的内容,这通常称为"保护现场"和"恢复现场"。当然,若中断服务程序用的寄存器不影响主程序的正确运行,也可以不进行现场的入栈保护。中断服务程序的一般结构如下。

```
INTPROC:PUSH XX
        PUSH YY          ;保存现场
        STI              ;若允许中断嵌套,则开中断

                         ;中断服务程序的主体

        POP YY
        POP XX           ;恢复现场
        IRET
```

2. 中断向量的设置

采用中断方式,除了正确编写中断服务程序外,还有另外一个非常重要的操作就是要把

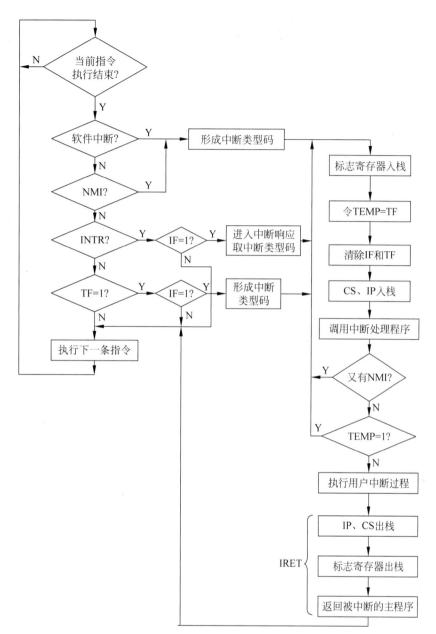

图 6.17　8086/8088 CPU 对各种中断处理顺序的流程

中断服务程序的入口地址（中断向量）置入中断向量表的相应表项中。

　　这又分为几种不同的情形：对于由系统提供的中断服务程序，通常是由系统负责完成此项操作。例如，对于由 BIOS 提供的中断服务程序，其中断向量是在系统加电时，由 BIOS 设置的；对于由 DOS 提供的中断服务程序，其中断向量是在启动 DOS 时由 DOS 负责设置的；而对于由用户开发的中断服务程序，其中断向量则应当是由用户程序（通常是在主程序中）进行设置的。有多种不同方法可设置中断向量，下面介绍常用的两种设置方法。

　　1) 用 MOV 指令直接设置

　　所谓用 MOV 指令直接设置即利用 MOV 指令直接将中断服务程序的入口地址送入中

断向量表的相应地址单元中。具体地说,就是将中断服务程序入口地址的偏移量存放到物理地址为 4N(N 为中断类型码)的字单元中,将中断服务程序入口地址的段基值存放到物理地址为 4N+2 的字单元中。设中断服务程序的过程名为 INTPROC,下列程序段可用于设置中断向量。

```
MOV  AX,0
MOV  ES,AX
MOV  BX,N * 4
MOV  AX,OFFSET  INTPROC
MOV  ES:WORD PTR[BX],AX        ;置中断服务程序入口地址的偏移量
MOV  AX;SEG  INTPROC
MOV  ES:WORD PTR[BX + 2],AX    ;置中断服务程序入口地址的段基值
```

2) 利用 DOS 功能调用设置

DOS 功能调用(INT 2IH)专门提供了在中断向量表中存、取中断向量的手段,功能号分别是 25H 和 35H。其中,设置中断向量(25H 功能号)是把由 AL 指定中断类型的中断向量(预先置于 DS:DX 中)放置在中断向量表中。其基本使用方法为:

```
预置功能号: AH = 25H
  入口参数: DS:DX = 中断向量
            AL = 中断类型号
  执行调用: INT 21H
```

设中断服务程序的过程名为 INTPROC,下列程序段可把对应于中断类型码 N 的中断向量置于中断向量表之中。

```
MOV  AX,SEG  INTPROC
MOV  DS,AX                     ;将中断服务程序入口地址的段基值预置于 DS 中
MOV  DX,OFFSET  INTPROC        ;将中断服务程序入口地址的偏移量预置于 DX 中
MOV  AL,N                      ;送中断类型码 N
MOV  AH,25H
INT  2IH                       ;在中断向量表中设置中断向量
```

在主程序中通常要为中断服务程序做必要的准备工作,除了上面介绍的中断向量的设置外,还应包括清除设备中断屏蔽位以及使 CPU 中断允许标志 IF 置 1(开中断)等操作。

6.4　中断控制器 8259A

Intel 8259A 是 8 位可编程的中断控制器。它具有 8 级优先权控制,多片 8259A 通过级联还可扩展至对 64 个中断源实现优先级控制。8259A 可以根据不同的中断源向 CPU 提供不同的中断类型码,还可以根据需要对中断源进行中断屏蔽。8259A 有多种工作方式,可以通过编程来选择,以适应不同的应用场合。

6.4.1　8259A 的内部结构及引脚

1. 8259A 的内部结构

8259A 的内部结构如图 6.18 所示。它由中断请求寄存器(Interrupt Request Register,IRR)、中断服务寄存器(Interrupt Service Register,ISR)、中断屏蔽寄存器(Interrupt Mask

视频讲解

Register，IMR)、中断优先权判别电路、数据总线缓冲器、读/写控制逻辑和级联缓冲/比较器组成。

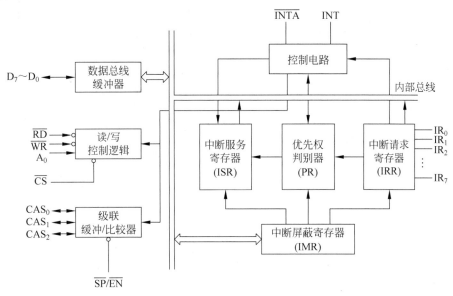

图 6.18　8259A 的内部结构

1) IRR

IRR 保存从 $IR_0 \sim IR_7$ 来的中断请求信号。某一位为 1 表示相应引脚上有中断请求信号。

2) ISR

ISR 记录正在处理中的中断请求信息，它的每一位 $IS_0 \sim IS_7$ 分别对应 $IR_0 \sim IR_7$。当任何一级中断被响应，CPU 正在执行它的中断服务程序时，ISR 中的相应位置 1，一直保持到该级中断处理过程结束为止。多重中断情况下，ISR 中有多位被同时置 1。

3) IMR

IMR 用于存放中断屏蔽字，它的每一位分别与 $IR_0 \sim IR_7$ 相对应。其中为 1 的位所对应的中断请求输入将被屏蔽，为 0 的位所对应的中断请求输入不受影响。

4) 中断优先权判别电路

中断优先权判别电路监测从 IRR、ISR 和 IMR 来的输入，经过判定最高优先权，确定是否应向 CPU 发出中断请求。在中断响应时，它要确定 ISR 哪一位应置 1，并将相应的中断类型码送给 CPU。在中断结束 EOI 命令时，它要决定 ISR 哪一位应复位。

5) 数据总线缓冲器

数据总线缓冲器是 8259A 与系统数据总线的接口，它是 8 位双向三态缓冲器。凡是 CPU 对 8259A 编程的控制字，都是通过它写入 8259A 的；8259A 的状态信息，也是通过它读入 CPU 的；在中断响应周期，8259A 送至数据总线的中断类型码也是通过它传送的。

6) 读/写控制逻辑

一片 8259A 只占两个 I/O 端口地址，用地址线 A_0 来选择端口，端口地址的高位由片选信号 $\overline{CS}$ 输入。CPU 能通过读/写控制逻辑实现对 8259A 读出内部寄存器的内容(状态信号)和将命令写入有关的控制寄存器。

7) 级联缓冲/比较器

级联缓冲/比较器是实现8259A芯片之间的级联,使得中断源可由8级扩展至64级。

2. 8259A 的引脚

Intel 8259A 是 28 个引脚的双列直插式芯片,其引脚如图 6.19 所示。

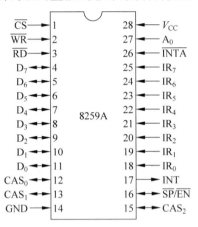

图 6.19　8259A 的引脚

$D_7 \sim D_0$ 是双向三态数据线,可直接与系统的数据总线相连。

$IR_0 \sim IR_7$ 是 8 条外界中断请求输入线。

$\overline{RD}$ 是读命令信号线,当其有效时,控制信息由 8259A 至 CPU。

$\overline{WR}$ 是写命令信号线,当其有效时,控制信息由 CPU 写入 8259A。

$\overline{CS}$ 是选片信号线,由地址高位控制。

A_0 用以选择 8259A 内部的不同寄存器,通常直接连至地址总线的 A_0。

INT 是中断请求线,用于向 CPU 发中断请求信号。

$\overline{INTA}$ 是中断响应线,用于接收 CPU 的中断响应信号。

$CAS_2 \sim CAS_0$ 是级联信号线,当 8259A 作为主片时,这三条为输出线;作为从片时,则此三条线为输入线。这三条线与 $\overline{SP/EN}$ 线相配合,实现 8259A 的级联。

6.4.2　8259A 的工作方式

8259A 具有非常灵活的中断管理方式,可满足用户各种不同的要求,且这些工作方式都可以通过编程来设置。但是,由于工作方式多,也使用户感到 8259A 的编程和使用难以掌握。为此,在讲述 8259A 的编程之前,先对 8259A 的工作方式进行介绍。

1. 中断响应顺序

应用于 8086/8088 系统中时,它的中断响应顺序为:

(1) 当有一条或若干条中断请求($IR_0 \sim IR_7$)变高,中断请求寄存器 IRR 的相应位置位。

(2) 若中断请求线中至少有一条是中断允许的,则 8259A 由 INT 引脚向 CPU 送出中断请求信号。

(3) 若 CPU 是处在开中断状态,则在当前指令执行完以后,用 $\overline{INTA}$ 信号作为响应。

（4）8259A 在接收到 CPU 的 $\overline{\text{INTA}}$ 信号后，使最高优先权的 ISR 位置位，而相应的 IRR 位复位。

（5）8086/8088 CPU 启动另一个中断响应周期，输出另一个 $\overline{\text{INTA}}$ 脉冲。在这个周期中，8259A 向数据总线输送一个 8 位的中断类型码。CPU 在此周期中，读取此中断类型码并把它乘以 4，就可以从中断服务程序入口地址表中取出中断服务程序的入口地址。这样中断响应周期就完成了，CPU 就可转至中断服务程序执行。

2. 8259A 中断优先级管理

1）完全嵌套方式

在这种方式下，只要不重新设置优先级别，各中断请求的中断优先级就是固定不变的。8259A 加电后就处于这种方式，默认 IR_0 优先级最高（0 级为最高级），IR_7 优先级最低（7 级为最低级）。同时，高优先级的中断可中断低优先级的中断，实现中断嵌套。

2）自动循环方式

在实际应用中，许多中断源的优先权级别是一样的，若采用完全嵌套方式，则低级别中断源的中断请求有可能总是得不到服务。解决的方法是使这些中断源轮流处于最高优先级。这就是自动中断优先级循环方式。

在自动循环方式下，从 $IR_0 \sim IR_7$ 引入的中断轮流具有最高优先级，即当任何一级中断被处理完，它的优先级别就被修改为最低，而最高优先级分配给该中断的下一级中断。例如，现正在处理 IR_2 引入的中断服务，如果处理完毕，IR_2 变为最低优先级，IR_3 为最高优先级，IR_4 为次高优先级，依次排序。

3）特殊完全嵌套方式

这种工作方式用在 8259A 有级联的情况。当任何一个从片 8259A 接收到一个中断请求，经本 8259A 判定为最高优先级时，则响应这个中断，通过 INT 引脚向主片 8259A 相应的 IR 端提出中断请求。如果此时主片 8259A 中 ISR 相应位已置 1，说明该从片 8259A 的其他输入端已提出过中断请求，且正在服务，而从片 8259A 判别出刚申请的中断优先级最高，因此应停止现行中断服务程序转到刚申请的中断服务程序。8259A 有级联的情况下，按完全嵌套方式管理优先级，即接在主片 8259A IR_0 上的从片比接在 IR_1 上的从片具有高的优先级，而主片上 IR_0、IR_1 上的中断比接在主片 IR_2 上的从片具有高的优先级，以此类推。

3. 8259A 中断屏蔽管理

8259A 的 8 个中断请求都可根据需要单独屏蔽，屏蔽是通过编程使得屏蔽寄存器 IMR 相应位置 0 或置 1，从而允许或禁止该位所对应的中断。8259A 有如下两种屏蔽方式。

1）普通屏蔽方式

在普通屏蔽方式中，将 IMR 某位置 1，则它对应的 IR 就被屏蔽，从而使这个中断请求不能从 8259A 送到 CPU。如果该位置 0，则允许该 IR 中断传送给 CPU。

2）特殊屏蔽方式

在执行一个中断服务程序时，可能希望优先级别比正在服务的中断源低的中断能够中断当前的中断服务程序。但在全嵌套方式中，只要当前服务中断的 ISR 位未被复位，较低级的中断请求在发出 EOI 命令之前是不会得到响应的。

为此，8259A 提供了一种特殊屏蔽方式。在第 i 位的 IR_i 的处理中，若希望使除 IR_i 以外的所有 IR 中断请求均可被响应,则首先设置特殊屏蔽方式,再编程将 IR$_i$ 屏蔽掉(使 IMR 中的 IM$_i$ 位置 1),这样就会使 ISR 的 IS$_i$ 位复位。这时,除了正在服务的这级中断被屏蔽(不允许产生进一步中断)外,其他各级中断全部被开放。这样,正在服务的优先级高的中断就可以被优先级低的中断申请中断。

4. 8259A 中断结束管理

当 8259A 响应某一级中断为其服务时,中断服务寄存器 ISR 的相应位置 1,当有更高级的中断申请来到时,ISR 相应位又置 1。在中断服务结束时,ISR 相应位清 0,以便再次接收同级中断。中断结束管理就是用不同的方式使 ISR 中相应位清 0。

8259A 中断结束管理方式分非自动中断结束方式和自动中断结束方式,而非自动中断结束方式又分为普通中断结束方式和特殊中断结束方式。

1) 普通中断结束方式

这种方式配合全嵌套优先权工作方式使用。当 CPU 用输出指令向 8259A 发出正常中断结束 EOI 命令时,8259A 就会把 ISR 中已置 1 的位中的级别最高位复位。因为在全嵌套方式中,置 1 的级别最高 ISR 位对应了最后一次被响应的和被处理的中断,也就是当前正在处理的中断,所以,把已置 1 的位中级别最高的 ISR 位复位相当于结束了当前正在处理的中断。

2) 特殊中断结束方式

在非全嵌套方式下,由于中断优先级不断改变,无法确知当前正在处理的是哪一级中断,这时就要采用特殊中断结束方式 SEOI。这种方式反映在程序中就是要发一条特殊中断结束命令,这个命令中指出了要清除 ISR 中的哪一位。

3) 自动中断结束方式

若采用自动中断结束方式 AEOI,则在第二个中断响应 $\overline{INTA}$ 信号的后沿,8259A 将自动把中断服务寄存器 ISR 中的对应位清除。这样,尽管系统正在为某个设备进行中断服务,但对 8259A 来说,中断服务寄存器中却没有保留正在服务的中断的状态。所以,对 8259A 来说,好像中断服务已经结束了一样。这种最简单的中断结束方式只能用于没有中断嵌套的情况。

在级联方式下,一般用非自动中断结束方式,无论是普通中断结束方式,还是特殊中断结束方式,在一个中断服务程序结束时,都必须发两次中断结束命令,一次是发给主片的,另一次则是发给从片的。

5. 8259A 的级联

当中断源超过 8 个时,就无法用一片 8259A 来进行管理,这时可采用 8259A 的级联工作方式。指定一片 8259A 为主控芯片(主片),它的 $\overline{SP}$ 端接 +5V,INT 接到 CPU 上。而其余的 8259A 芯片均作为从片,它的 $\overline{SP}$ 端接地,INT 输出分别接到主片的 IR 输入端。由于 8259A 有 8 个 IR 输入端,故一个主片 8259A 最少可以连接一片从片 8259A,最多可以连接 8 片从片 8259A,所以 8259A 级联最少允许 15 个 IR 中断请求输入,最多允许有 64 个 IR 中断请求输入。

由一片主 8259A 和两片从 8259A 构成的级联中断系统如图 6.20 所示。每个 8259A 均有各自的地址,由 $\overline{CS}$ 和 A$_0$ 来决定。主片 8259A 的 CAS$_0 \sim$ CAS$_2$ 作为输出连接到从片的 CAS$_0 \sim$ CAS$_2$ 上,而两个从片的 INT 分别连接主控芯片的 IR$_3$ 和 IR$_6$。

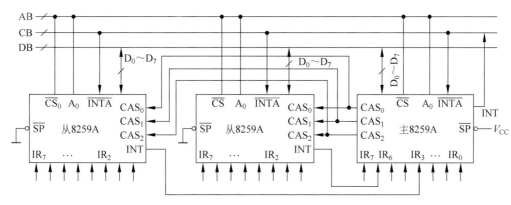

图 6.20 8259A 构成的级联中断系统

在级联方式中,不管是主片还是从片,每一片 8259A 都有各自独立的初始化程序,以便设置各自的工作状态。在中断结束时要连发两次 EOI 命令,分别使主片和相应的从片完成中断结束操作。

在中断响应中,若中断请求来自于从片,则中断响应时主片 8259A 会通过 $CAS_0 \sim CAS_2$ 来通知相应的从片 8259A,而从片 8259A 把 IR 对应的中断类型码送至数据总线。

在级联方式下,可采用前面提到的特殊全嵌套方式,以允许从片上优先级更高的 IR 产生中断。在将主片初始化为特殊全嵌套方式后,从片的中断响应结束时,要用软件来检查中断状态寄存器 ISR 的内容,查询本从片上还有无其他中断请求未被处理。如果没有,则连发两个 EOI 命令,使从片及主片结束中断。若还有其他未被处理的中断,则应只向从片发一个 EOI 命令,而不向主片发 EOI 命令。

6.4.3　8259A 的编程

8259A 是可编程中断控制器,在它工作之前,必须通过软件向其写入控制命令的方法来确定其工作状态,这就是 8259A 的编程。控制命令分为初始化命令字(Initialization Command Word,ICW)和工作命令字或操作命令字(Operation Command Word,OCW)两种,写入 8259A 内部的 ICW 和 OCW 寄存器组中。

8259A 内部寄存器很多,而 8259A 只有 2 个端口地址(由 $\overline{CS}$ 和 A_0 决定),将无法满足寄存器寻址的需要。可以采取利用访问方向不同(读写 $\overline{RD}$、$\overline{WR}$ 操作的不同)、命令字包含标志特征位(命令字 D_4、D_3 状态)和访问的先后次序等来实现。

8259A 的编程分为初始化编程和操作方式编程。

1. 初始化编程

由 CPU 向 8259A 送 $2\sim4$ 字节的初始化命令字 ICW。在 8259A 工作之前,必须写入初始化命令字使其处于就绪状态。

初始化命令字的顺序如图 6.21 所示。ICW_1 和 ICW_2 是必需的,而 ICW_3 和 ICW_4 是由工作方式来选择的。

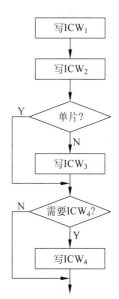

图 6.21　8259A 的初始化命令字的顺序

第 6 章

输入输出与中断

1) ICW$_1$

写 ICW$_1$ 的条件为: A$_0$=0,标志特征位 D$_4$=1。这时写入偶地址端口(A$_0$=0)的数据被当成 ICW$_1$。写 ICW$_1$ 意味着重新初始化 8259A。ICW$_1$ 的格式如图 6.22 所示。

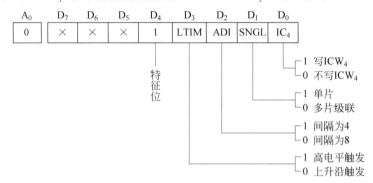

图 6.22 初始化命令字 ICW$_1$ 的格式

D$_0$ 位 IC$_4$ 确定是否写 ICW$_4$,若 D$_0$ 位为 1,则写 ICW$_4$;若 D$_0$ 位为 0,则不写 ICW$_4$。D$_1$ 位 SNGL 规定系统中是单片 8259A 工作还是多片 8259A 级联工作。D$_2$ 位 ADI 规定 CALL 地址的间隔,若 D$_2$=1,则间隔为 4,这适用于建立一个转移指令表;若 D$_2$=0,则间隔为 8。D$_3$ 位 LTIM 规定中断请求输入线的触发方式,D$_3$=1 为高电平触发方式,此时边沿检测逻辑断开;若 D$_3$=0,则为上升沿触发方式。

2) ICW$_2$

A$_0$=1 时,表示要写入奇地址端口(A$_0$=1)的是 ICW$_2$,其格式如图 6.23 所示。

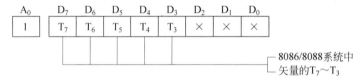

图 6.23 初始化命令字 ICW$_2$ 的格式

ICW$_2$ 为中断类型码寄存器,用于存放中断类型码。CPU 响应中断时,8259A 将该寄存器内容放到数据总线上供 CPU 读取。

在 8086/8088 系统中,8259A 在第二个中断响应周期,将向 CPU 输送如表 6.2 所示的中断向量码,其中的 $T_7 \sim T_3$ 是由 ICW$_2$ 规定的,而低 3 位则是由 8259A 自动插入的。

表 6.2 8259A 的中断类型码

类 别	D$_7$	D$_6$	D$_5$	D$_4$	D$_3$	D$_2$	D$_1$	D$_0$
IR$_7$	T_7	T_6	T_5	T_4	T_3	1	1	1
IR$_6$	T_7	T_6	T_5	T_4	T_3	1	1	0
IR$_5$	T_7	T_6	T_5	T_4	T_3	1	0	1
IR$_4$	T_7	T_6	T_5	T_4	T_3	1	0	0
IR$_3$	T_7	T_6	T_5	T_4	T_3	0	1	1
IR$_2$	T_7	T_6	T_5	T_4	T_3	0	1	0
IR$_1$	T_7	T_6	T_5	T_4	T_3	0	0	1
IR$_0$	T_7	T_6	T_5	T_4	T_3	0	0	0

3）ICW₃

ICW₃ 仅在多片 8259A 级联时需要写入。主片 8259A 的 ICW₃ 与从片的 ICW₃ 在格式上不同。ICW₃ 应紧接着 ICW₂ 写入同一 I/O 地址中。其格式如图 6.24 所示。

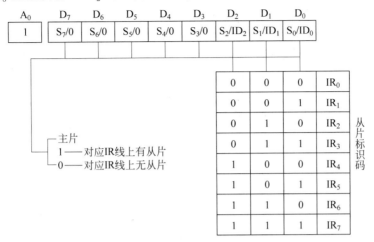

图 6.24 初始化命令字 ICW₃ 的格式

注意，主片 8259A 的 ICW₃ 的每一位对应一片从片，主片 ICW₃ 各位的设置必须与本主片与从片相连的 IR 线的序号一致。例如，主片的 IR₄ 与从片的 INT 连接，则主片 ICW₃ 的 S₄ 位应为 1。

同理，从片的 ICW₃ 的低 3 位作为该从片标识符也必须与本从片所连接之主片 IR 线的序号一致。例如，某片的 INT 线与主片的 IR₄ 连接，则该从片的 ICW₃ ＝00000100B＝04H。

4）ICW₄

ICW₄ 应紧跟在 ICW₃ 之后写入同一 I/O 地址中。ICW₄ 的格式如图 6.25 所示。

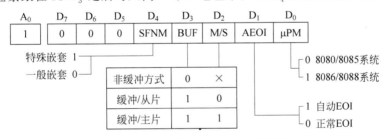

图 6.25 初始化命令字 ICW₄ 的格式

D₀ 位 μPM 用于规定所用的微处理器，D₁ 位 AEOI 规定结束中断的方式，D₃ 位 BUF 是指 8259A 工作于级联方式时，其数据线与系统总线之间增加一个缓冲器，以增大驱动能力。这时 8259A 把 $\overline{SP/EN}$ 作为输出端，输出一个允许信号，用来控制缓冲器。而主片与从片只能用 D₂（M/S 位）来区分（主片为 0，从片为 1）。在非缓冲方式时，若 8259A 工作在级联方式 $\overline{SP/EN}$ 引脚为输入端，用来区分主片（高电平）和从片（低电平）。D₄ 位 SFNM 是设置嵌套模式的，确定级联时中断优先权管理方式，SFNM＝1 表示采用特殊完全嵌套方式。

2. 操作方式编程

由 CPU 向 8259A 送 3 字节的操作命令字 OCW，以规定 8259A 的操作方式，改变

147

8259A 的中断控制方式、屏蔽中断源以及读出 8259A 的工作状态信息。OCW 可在 8259A 初始化以后的任何时刻写入,写的顺序也没有严格要求。但它们对应的端口地址有严格规定,OCW_1 必须写入奇地址端口($A_0 = 1$),OCW_2 和 OCW_3 必须写入偶地址端口($A_0 = 0$)。

1) OCW_1

OCW_1 是中断屏蔽命令字,其每一位可以对相应的中断请求输入线进行屏蔽。若 OCW_1 的某一位为 1,则相应的输入线被屏蔽;若某一位为 0,则相应的输入线的中断就允许。OCW_1 的格式如图 6.26 所示。

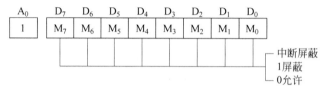

图 6.26 操作命令字 OCW_1 的格式

2) OCW_2

OCW_2 的作用是对 8259A 发出中断结束命令 EOI,它还可以控制中断优先级的循环。OCW_2 的格式如图 6.27 所示。它与 OCW_3 共用一个端口地址,但其特征位 $D_4 D_3 = 00$。

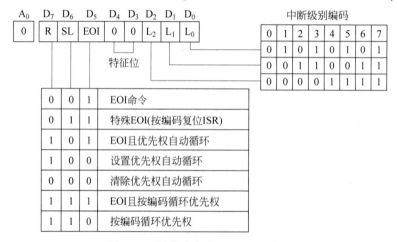

图 6.27 操作命令字 OCW_2 的格式

D_7 位 R 是优先级循环控制位。R=0 时表示使用固定优先级,IR_7 最低,IR_0 最高。当 R=1 时,表示使用循环优先级。D_6 位 SL 是特殊循环控制。当 SL=1 时,使 $L_2 \sim L_0$ 对应的 IR_i 为最低优先级。SL=0 时,$L_2 \sim L_0$ 的编码无效。D_5 位 EOI 是中断结束命令。该位为 1 时,则复位现行中断的 ISR 中的相应位,而在特殊 EOI 时使 $L_2 \sim L_0$ 对应的 IS_i 位复位。

3) OCW_3

OCW_3 是屏蔽方式和状态读出控制字,其格式如图 6.28 所示。它与 OCW_2 共用一个端口地址,但其特征位 $D_4 D_3 = 01$。

OCW_3 最低两位决定下一个操作是否为读操作(RR=1),以及是读中断请求寄存器 IRR(若 RIS=0),还是读中断服务寄存器 ISR(若 RIS=1)。D_2 位 P 设置查询模式,决定是查询命令(P=1),还是非查询命令(P=0),即下一步是否通过读取查询字(1 字节,字节最高

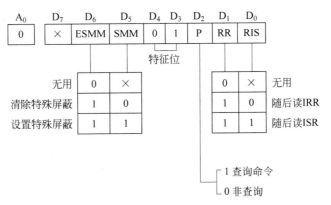

图 6.28　操作命令字 OCW$_3$ 的格式

位是中断请求标志位,字节后 3 位是最高优先级中断源的编码)确定中断请求;通过 INT 引脚传送中断请求的一般采用非查询模式。D$_6$、D$_5$ 这两位决定是否工作于特殊屏蔽模式,当 D$_6$D$_5$=11 时,则允许特殊屏蔽模式;当 D$_6$D$_5$=10 时,则清除特殊屏蔽模式返回正常的屏蔽模式。若 D$_6$ 位 ESMM=0,则 D$_5$ 位 SMM 不起作用。

6.4.4　8259A 的应用举例

在 IBM PC/XT 系统中,只用一片 8259A 中断控制器,用来提供 8 级中断请求,其中 IR$_0$ 优先级最高,IR$_7$ 优先级最低。IR$_0$～IR$_7$ 分别用于日历时钟中断、键盘中断、保留、网络通信、异步通信中断、硬盘中断、软盘中断和打印机中断。设 8259A 的 ICW$_2$ 高 5 位 T$_7$～T$_3$=00001,对应的中断类型码为 08H～0FH;片选地址为 20H、21H。

8259A 的使用步骤如下。

(1) 8259A 的初始化。

根据题意,设置 ICW$_1$,系统使用单片 8259A,采取上升沿触发,需设置 ICW$_4$,采用缓冲工作方式,8088/8086 配置;设置 ICW$_2$,中断类型号从 08H 开始。

```
MOV   AL, 13H       ;8259A 的初始化部分
OUT   20H, AL       ;写 ICW₁,单片,边沿触发,需要 ICW₄
MOV   AL, 8
OUT   21H, AL       ;写 ICW₂,中断类型号从 08H 开始
MOV   AL, 0DH
OUT   21H, AL       ;写 ICW₄,缓冲工作方式,8088/8086 配置
```

当然,在实际的 IBM PC/XT 中,系统已完成了 8259A 中断控制器的初始化。

(2) 送中断向量。

根据中断源的中断类型码送中断向量。例如,异步通信中断 IR$_4$,其中断向量类型码为 00001100B=12(0CH),则中断向量的偏移量(IP 值)与段地址(CS)在中断向量表中的存放地址为 12×4=48(30H)、49(31H)、50(32H)、51(33H)。其中,30H、3IH 存放 IR$_4$ 中断服务程序入口地址的偏移量,32H、33H 存放 IR$_4$ 中断服务程序入口地址的段基址。

(3) 中断子程序结束。

由于 8259A 采用中断工作方式,且 ICW$_4$ 中的 D$_1$ 位(即 AEOI)为 0,这意味着采用正常结束中断,因此,在中断子程序结束前必须发 EOI 命令和 IRET 命令。

　　由于 PC/XT 微型计算机已对 8259A 进行了初始化操作,故只需进行操作命令字的设定即可,要使用命令字有屏蔽字 OCW$_1$ 和中断结束命令字 OCW$_2$。设异步通信中断 IR$_4$ 的中断服务子程序名为 INTP_IR4,则主程序和相应的中断服务程序为:

```
DATA        SEGMENT
            ;定义需通信的数据信息
DATA        ENDS
CODE        SEGMENT
            ASSUME CS:CODE,DS:DATA
START:      ....                        ;8259A 初始化等
            ....
            MOV   AX, SEG INTP_IR4       ;设置异步通信中断 IR4 的中断向量
            MOV   DS, AX
            MOV   DX,OFFSET  INTP_IR4
            MOV   AH,25H
            MOV   AL,0CH
            INT 2IH
            IN    AL,21H                 ;读 8259A 中断屏蔽寄存器 IMR
            AND   AL,0EFH
            OUT   21H,AL                 ;将 8259A IMR 的 M4 位置 0,开放 IR4 中断
            ....                         ;将通信的数量送 CX,准备启动异步通信等
            ....
            STI                          ;置中断允许
HERE:       JMP   HERE                   ;等待中断

INTP_IR4    PROC  FAR
            MOV   AX,DATA                ;中断服务程序
            MOV   DS,AX
            ...
            ...                          ;异步通信服务程序主体
            ...
            MOV   AL, 20H
            OUT   20H, AL                ;写 OCW2 命令,使 ISR 相应位复位(即发 EOI 命令)
            LOOP NEXT
            IN    AL,21H
            OR    AL,10H
            OUT 21H,AL                   ;将 8259A IMR 的 M4 位置 1,关闭 IR4 中断
NEXT:       STI                          ;置中断允许
            IRET
INTP_IR4    ENDP
            CODE ENDS                    ;代码段结束
            END START                    ;程序结束
```

第7章 并行接口

在微型计算机和外设或其他计算机之间的信息交换中,若把一个字符的各数位用几根数据线同时进行传输,那么,这种通信方式称为并行通信。

实现并行通信的接口称为并行接口。并行接口电路的实现,可以使用通用的 TTL 芯片连接而成,典型芯片有 74LS373、74LS244 和 74LS245 等;也可以采用可编程并行接口芯片,它具有电路功能强大、控制灵活等特点,Intel 公司生产的 8255A 就是目前应用最广泛的一种可编程并行通信接口芯片。

通常简单的输入输出设备是键盘和显示器,其中最简单和常用的显示设备是发光二极管(LED)和液晶显示器(LCD)。这些外设与微处理器的通信往往采用并行通信的方式。

7.1 简单并行接口

视频讲解

简单的并行接口采用通用的 TTL 芯片,该芯片是一种不可编程的接口芯片,电路结构简单、功能单一、硬件接好后,功能固定,无法改变。

7.1.1 简单并行接口的种类

简单并行接口电路的基本部件为三态缓冲器和数据锁存器。通常包括上述两种部件之一或兼具这两种部件的接口电路都可作为简单的并行接口。

1. 三态缓冲器接口

这类电路主要用作为单向或双向的总线缓冲器/驱动器,其中使用最多、最典型的是 74LS244 单向的 8 位缓冲器/驱动器和 74LS245 双向的 8 位总线收发器,如图 7.1 所示。

从图中不难看出该芯片由 8 个三态门构成。74LS244 有 2 个控制端:$\overline{1G}$ 和 $\overline{2G}$,每个控制端各控制 4 个三态门。当某一控制端为有效电平时,相应的 4 个三态门导通;否则,相应的三态门呈现高阻状态(断开)。实际使用中,通常是将两个控制端并联,这样就可用一个控制信号来使 8 个三态门同时导通或同时断开。

由于三态门具有"通断"控制能力的特点,故可利用其作输入接口。利用三态门作为输入信号接口时,要求信号源能够将信号保持足够长的时间直到被 CPU 读取,这是因为三态门本身没有对信号的保持或锁存能力。

2. 数据锁存器接口

数据输出接口通常采用具有信息存储能力的双稳态触发器来实现。数据锁存器接口主要是指带有一定控制端的触发器和数据锁存器,最简单的可用 D 触发器构成。例如,常用的 8 位触发器组成的 74LS273 芯片。

数据锁存器接口芯片 74LS273 如图 7.2 所示。74LS273 共有 8 个数据输入端(1D~8D)

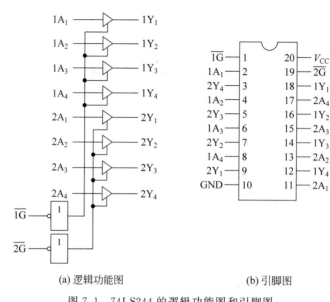

(a) 逻辑功能图　　　　　　　　(b) 引脚图

图 7.1　74LS244 的逻辑功能图和引脚图

和 8 个数据输出端 1Q~8Q。$\overline{R}$ 为复位端,低电平有效,CP 为脉冲输入端,在每个脉冲的上升沿将输入端 D 的状态锁存在 Q 输出端,并将此状态保持到下一个时钟脉冲的上升沿。74LS273 常作为并行输出接口。

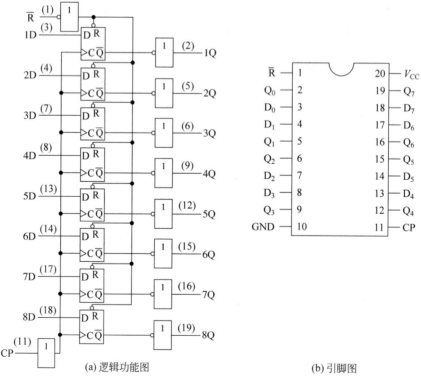

(a) 逻辑功能图　　　　　　　　(b) 引脚图

图 7.2　74LS273 的逻辑功能图和引脚图

只要 74LS273 正常工作,其输出端 Q 总有一个确定的逻辑状态(0 或 1)输出。因此,

74LS273 无法直接用作输入接口,即它的 Q 端绝不允许直接与系统的数据总线相连接。

3. 兼具数据锁存器和三态缓冲器的接口

这类接口中,最典型的是 74LS373 芯片,它是具有三态缓冲功能的数据锁存器,由一个 8 位的锁存器和一个 8 位三态缓冲器构成。和它功能类似的还有 Intel 公司的 8282 输入输出接口芯片。

74LS373 芯片的逻辑电路和引脚图如图 7.3 所示。74LS373 共有 8 个数据输入端(1D~8D)和 8 个数据输出端 1Q~8Q。2 个控制端 G 和 $\overline{OE}$,使能端 G 有效时,将 D 端数据锁存到触发器,当输出允许端 $\overline{OE}$ 有效时,将锁存的数据送到输出端 Q。

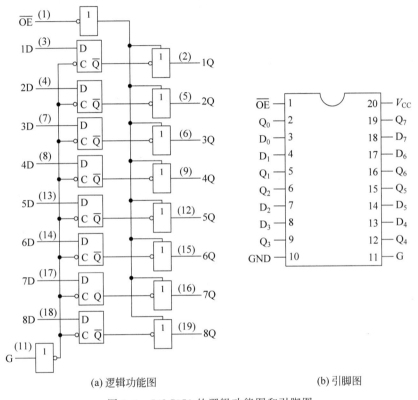

(a) 逻辑功能图   (b) 引脚图

图 7.3 74LS373 的逻辑功能图和引脚图

7.1.2 简单并行接口的应用

例 7.1 图 7.4 所示的是使用三态缓冲器 74LS244 构成的开关接口电路。图中由或门和译码器构成缓冲器 74LS244 的片选控制电路,当地址输出为 80H 时,译码器 $\overline{Y}_0$ 输出有效(即 74LS244 的端口地址为 80H)。试编写一段程序,实现每隔 5min 检测一次开关 S_1~S_8 的通断状态,检测 100 次结束,并把检测结果保存到以 2000H 开始的一段存储区域中。5min 的延迟子程序为 DELAY5M。

该程序段如下:

```
        MOV   BX,2000H
        MOV   CX,100
LOP:    IN    AL,80H          ;80H 是 I/O 端口地址
```

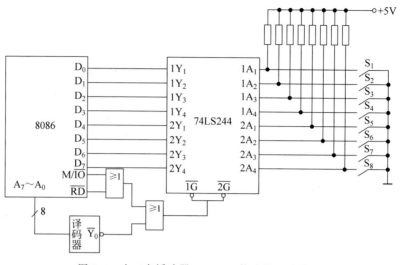

图 7.4 由三态缓冲器 74LS244 构成的开关接口

```
MOV  [BX],AL
INC  BX
CALL DELAY5M           ;DELAY5M 为延时 5min 子程序
DEC  CX
JNZ  LOP
```

例 7.2 图 7.5 为采用锁存器 74LS373 的模拟交通灯接口电路。图中由或门和译码器构成锁存器 74LS373 的片选控制电路,当地址输出为 40H 时,译码器 $\overline{Y}_0$ 输出有效(即 74LS373 的端口地址为 40H)。试编写一段程序,控制交通指示灯依次发光:同方向红灯、黄灯、绿灯依次轮流发光;交叉方向红绿交替、黄灯同时发光。红灯、绿灯发光时间为 10s,黄灯发光时间为 3s。10s 的延迟子程序为 DELAY10S,3s 的延迟子程序为 DELAY3S。

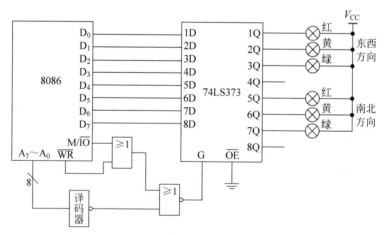

图 7.5 采用数据锁存器 74LS373 的交通灯接口电路

可以看出,输出为 0BEH 时,东西方向红灯发光,南北方向绿灯发光;输出为 0DDH 时,黄灯同时发光;输出为 0EBH 时,东西方向绿灯发光,南北方向红灯发光。

该程序段如下:

```
LOP:   MOV  AL,0BEH
```

```
OUT   40H, AL          ;40H 是 I/O 端口地址
CALL DELAY10S          ;DELAY10S 为延迟 10s 的子程序
MOV  AL, 0DDH
OUT   40H, AL
CALL DELAY3S           ;DELAY3S 为延迟 3s 的子程序
MOV  AL, 0EBH
OUT   40H, AL
CALL DELAY10S
JMP  LOP
```

7.2　可编程并行接口 8255A

7.2.1　8255A 的内部结构和引脚特性

1. 8255A 的内部结构

8255A 的内部结构如图 7.6 所示,由 4 部分组成。

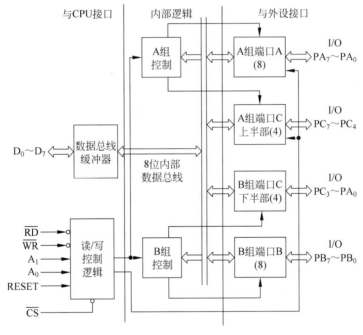

图 7.6　8255A 的内部结构

1) 数据总线缓冲器

一个双向三态的 8 位缓冲器用作 8255A 与数据总线相连的缓冲部件。CPU 通过执行输入输出指令实现对缓冲器发送或接收操作。8255A 的控制字和状态字也是通过该缓冲器传送的。

2) 数据端口 A、B、C

对于三个 8 位的数据端口 PA、PB、PC,用户可以用软件将它们设置为输入或输出端口。这三个端口有各自的特点,可以根据具体需要选择使用。

端口 A(PA 口)有一个 8 位的数据输入锁存器和一个 8 位的数据输出锁存器/缓冲器。所以,端口 A 作为输入或输出时,数据均受到锁存。故端口 A 可以用在数据双向传输的

场合。

端口 B(PB 口)和端口 C(PC 口)分别有一个 8 位的数据输入缓冲器和一个 8 位的数据输出锁存器/缓冲器。只有端口 B 和端口 C 用作输出端口时,数据才受到锁存。

3)A 组和 B 组控制电路

8255A 的三个数据端口分为两组来控制。端口 A 及端口 C 的高 4 位为 A 组,端口 B 及端口 C 的低 4 位为 B 组。

这两组控制电路用来决定 A 组和 B 组的工作方式。

4)读/写控制逻辑

该电路用来完成对 8255A 内部三个数据端口的译码,以及完成从系统控制总线接收 RESET、$\overline{WR}$ 和 $\overline{RD}$ 信号组合后产生控制命令,并由此产生的控制命令传送给 A 组和 B 组控制电路,从而完成对数据信息的传输控制。控制信号和传输动作的对应关系如表 7.1 所示。

表 7.1 8255A 控制信号和传输动作的对应关系

$\overline{CS}$	A_1	A_0	$\overline{RD}$	$\overline{WR}$	操 作
0	0	0	0	1	读端口 A(数据从端口 A 到数据总线)
0	0	0	1	0	写端口 A(数据从数据总线到端口 A)
0	0	1	0	1	读端口 B
0	0	1	1	0	写端口 B
0	1	0	0	1	读端口 C
0	1	0	1	0	写端口 C
0	1	1	1	0	对 8255A 写入控制字
0	1	1	0	1	非法信号组合
0	×	×	1	1	数据总线缓冲器高阻
1	×	×	×	×	未选择

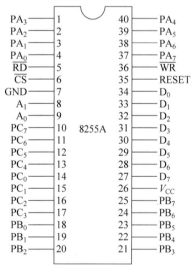

图 7.7 8255A 芯片外部引脚信号

2. 8255A 的引脚特性

8255A 为 40 脚的双列直插芯片,其外部引脚信号如图 7.7 所示。

$PA_7 \sim PA_0$:端口 A 的数据输入输出引脚,和外设相连。

$PB_7 \sim PB_0$:端口 B 的数据输入输出引脚,和外设相连。

$PC_7 \sim PC_0$:端口 C 的数据输入输出引脚,和外设相连。

$D_7 \sim D_0$:双向三态数据线,和系统数据总线相连。

$\overline{CS}$:片选信号。当其为低电平有效时,才能对该片 8255A 进行操作。

$\overline{RD}$:读信号。当其为低电平有效时,可以从 8255A 的三个端口中读取数据。

$\overline{WR}$:写信号。当其为低电平有效时,可以向 8255A 的端口送出数据。

RESET:复位信号。当其为高电平有效时,清除 8255A 内部的所有寄存器,并将三个数据端口自动设置为输入端口。

A_1、A_0：端口选择信号。除了以上介绍的三个数据端口外，8255A 还有一个控制端口，用来接收控制字，从而决定 8255A 的工作方式。8255A 用 A_1、A_0 来分别选择这 4 个端口中的一个，可对选中的端口进行读写操作，其中控制端口只能进行写操作。当 $A_1 A_0 = 00$ 时，选中端口 A；当 $A_1 A_0 = 01$ 时，选中端口 B；当 $A_1 A_0 = 10$ 时，选中端口 C；当 $A_1 A_0 = 11$ 时，选中控制端口。

对 8088 CPU 来讲，其外部数据总线为 8 条，不论其选中奇地址还是偶地址读写，在一个总线周期内都能完成。此时可将 8255A 的 A_1、A_0 对应连接到 8088 系统总线的 A_1、A_0 上，则 8255A 的各个端口地址为相邻地址。例如，如果端口 A 地址为 0080H，则端口 B、端口 C 和控制口的地址分别为 0081H、0082H 和 0083H。

对 8086 CPU 来讲，其外部数据总线为 16 条，其中数据总线的低 8 位总对应一个偶地址，高 8 位总对应一个奇地址。在 8255A 和 8086 CPU 相连时，若将 8255A 的数据线 $D_7 \sim D_0$ 接到 8086 CPU 数据总线低 8 位上时，从 CPU 角度看，要求 8255A 的端口地址应为偶地址，这样才能保证对 8255A 的端口读写能在一个总线周期内完成。故将 8255A 的 A_1 和 A_0 分别和 8086 系统总线的 A_2 和 A_1 对应相连，而将 8086 地址总线的 A_0 总设为 0，即 8255A 的端口地址为 4 个相邻的偶地址。例如，如果端口 A 地址为 0080H，则端口 B、端口 C 和控制口的地址分别为 0082H、0084H 和 0086H。

7.2.2 8255A 的控制字

8255A 的控制字有两种，分别称为方式选择控制字和端口 C 置 1/置 0 控制字。这两个控制字均写入 8255A 的控制口。

1. 方式选择控制字

方式选择控制字用来决定 8255A 三个数据端口各自的工作方式，其格式如图 7.8 所示。8255A 有 3 种基本工作方式可供选择，它们分别为：方式 0，基本输入输出工作方式；方式 1，选通的输入输出工作方式；方式 2，双向传输方式。

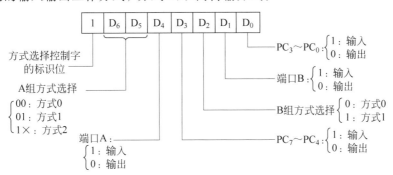

图 7.8　8255A 的方式选择控制字

在图 7.8 所示的 8255A 方式选择控制字中，D_7 位总为 1，作为方式选择控制字的标志位，以便和后面所述的端口 C 置 1/置 0 控制字区分开来。D_6 位和 D_5 位的组合用来决定 A 组方式：若 $D_6 D_5 = 00$，则 A 组工作在方式 0；若 $D_6 D_5 = 01$，则 A 组工作在方式 1；若 $D_6 D_5 = 1\times$，则 A 组工作在方式 2。D_4 位用来决定端口 A 是作输入口还是作输出口：若 $D_4 =$

0,则端口 A 为输出;若 D_4＝1,则端口 A 为输入。D_3 位用来决定端口 C 的高 4 位是作输入口还是作输出口:若 D_3＝1,则 $PC_7 \sim PC_4$ 为输入;若 D_3＝0,则 $PC_7 \sim PC_4$ 为输出。D_2 位用来决定 B 组方式:若 D_2＝0,则 B 组工作在方式 0;若 D_2＝1,则 B 组工作在方式 1。D_1 位用来决定端口 B 是作输入口还是作输出口:若 D_1＝0,则端口 B 为输出;若 D_1＝1,则端口 B 为输入。D_0 位用来决定端口 C 的低 4 位是作输入口还是作输出口:若 D_0＝1,则 $PC_3 \sim PC_0$ 为输入;若 D_0＝0,则 $PC_3 \sim PC_0$ 为输出。

例如,在一个 8086 系统中,若 8255A 的控制端口地址为 0046H,要求将该 8255A 的端口 A 工作在方式 0,作输出口;端口 B 工作在方式 1,作输入口;端口 C 的高 4 位作输出,低 4 位配合端口 B 工作,设置为输出。如图 7.9 所示,方式选择控制字为 86H。

D_7	D_6	D_5	D_4	D_3	D_2	D_1	D_0
1	0	0	0	0	1	1	0

图 7.9　方式选择控制字设置举例

可以用下列指令设置 8255A 的方式选择控制字。

```
MOV   AL,86H
OUT   46H,AL
```

2. 端口 C 置 1/置 0 控制字

在用 8255A 的三个数据端口传送信息的过程中,经常将端口 C 的某一个数位或几个数位作为控制信号使用,以配合端口 A 或端口 B 工作。端口 C 置 1/置 0 控制字可以设置端口 C 的某个数位为 1 或为 0,从而完成信息传输过程中的信号设置要求,其格式如图 7.10 所示。

在端口 C 置 1/置 0 控制字中,D_7 位总为 0,作为端口 C 置 1/置 0 控制字的标志位,以便和方式选择控制字区分开来。D_6、D_5 和 D_4 位未用,可以为任意值。D_3、D_2 和 D_1 位用来决定对端口 C 的哪一位进行置 0 或置 1 操作。若 D_0＝0,则为置 0 操作;若 D_0＝1,则为置 1 操作。

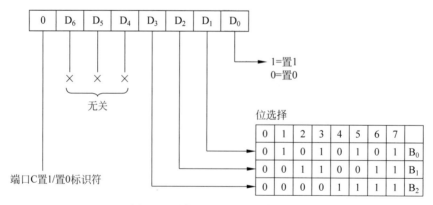

图 7.10　端口 C 置 1/置 0 控制字

例如,要求将端口 C 的 PC_6 置 0,PC_3 置 1,则端口 C 置 1/置 0 控制字分别为 0CH 和 07H,若 8255A 的控制端口地址为 B0F6H,则将该 8255A 的端口 C 的 PC_6 置 0,PC_3 置 1 的程序段如下:

```
MOV   DX,0B0F6H
```

```
MOV   AL,0CH
OUT   DX,AL
MOV   AL,07H
OUT   DX,AL
```

7.2.3 8255A 的工作方式

8255A 的工作方式有三种,分别为方式 0、方式 1 和方式 2,其中端口 A 可以工作在这三种方式的任何一种,而端口 B 只能工作在方式 0 或方式 1。端口 C 除作为一般输入输出口之外,常用作配合端口 A 和端口 B 工作的控制联络口。这些工作方式可以通过向控制口写入方式控制字来设置。

1. 方式 0——基本的输入输出方式

在此工作方式下,各端口工作的输入或输出状态可以由方式控制字任意定义。端口 A、B 可以被定义为简单的并行输入或输出端口,端口 C 的高 4 位和低 4 位也可以定义为两个独立的 4 位输入或输出端口。程序通过 IN 和 OUT 指令对各个端口进行读写。

在使用无条件传送或查询方式时,常使用方式 0。若工作在无条件传送方式下,可以对8255A 的三个 8 位并行数据口直接进行读写操作。若工作在查询式传送方式下,可以用端口 C 的某些数位作为状态信号的输入和控制信号的输出。这只需将端口 C 的低 4 位和高 4 位分别定义为输入和输出即可。

方式 0 的输入时序和输出时序分别如图 7.11 和图 7.12 所示。

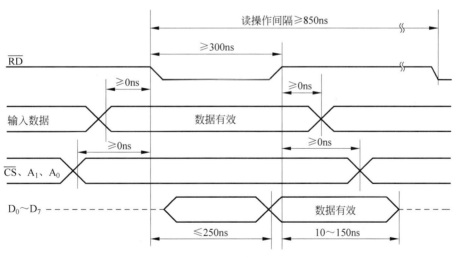

图 7.11 方式 0 的输入时序

2. 方式 1——选通的输入输出方式

当 8255A 的端口 A 或端口 B 有一个工作在方式 1,而另一个工作在方式 0 时,端口 C 的 3 位固定地作为数据传送的控制联络信号。若端口 A 和端口 B 都工作在方式 1,则端口 C 的 6 位被占用作为数据传送的控制信号。正是由于工作在方式 1 时,端口 C 的某些数位自动地转为数据传送的选通和应答信号,故称该方式为选通的输入输出方式。

下面分别讨论与输入和输出情况有关的信号规定及时序图。

方式 1 输入情况下对应的控制信号如图 7.13 所示。

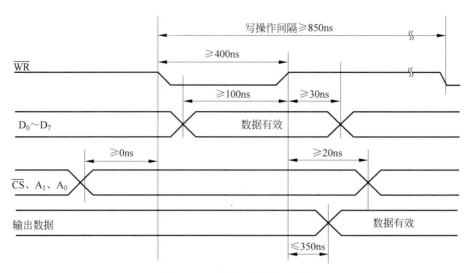

图 7.12 方式 0 的输出时序

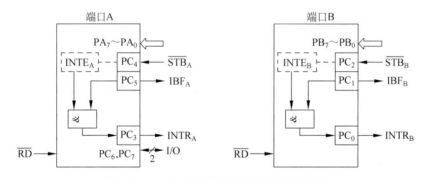

图 7.13 方式 1 输入情况下对应的控制信号

$\overline{\text{STB}}$：选通信号，低电平有效。A 组中，对应 PC_4；B 组中，对应 PC_2。当外设端送给 8255A 的 $\overline{\text{STB}}$ 低电平时，8255A 的输入缓冲器中得到一个由外设送来的 8 位数据。

IBF：输入缓冲器满信号，高电平有效。A 组中，对应 PC_5；B 组中，对应 PC_1。当 8255A 的输入缓冲器中有一个新数据后，输出此信号供 CPU 查询。

INTR：中断请求信号，高电平有效。A 组中，对应 PC_3，B 组中，对应 PC_0。当 $\overline{\text{STB}}$ 信号有效低电平结束并且 IBF 信号为有效高电平后，8255A 向 CPU 发出该信号，作为请求 CPU 读取数据的中断请求信号。CPU 发出的读信号 $\overline{\text{RD}}$ 有效后，INTR 端降为低电平。

INTE：中断允许信号。该信号为高时，允许中断请求；为低时，则屏蔽中断请求。INTE 的状态是由端口 C 置 1/置 0 控制字来控制的，在 A 组中，对应 PC_4；在 B 组中，对应 PC_2。方式 1 输入情况下的时序如图 7.14 所示。

方式 1 输出情况下对应的控制信号如图 7.15 所示。

$\overline{\text{OBF}}$：输出缓冲器满信号，低电平有效。A 组中，对应 PC_7；B 组中，对应 PC_1。当 CPU 已经向 8255A 的端口中传送了数据后，8255A 向外设端发出 $\overline{\text{OBF}}$ 有效低电平，以通知外设将数据取走。

$\overline{\text{ACK}}$：数据接收应答信号，低电平有效。A 组中，对应 PC_6；B 组中，对应 PC_2。当 8255A 的输出的数据到达外设后，外设向 8255A 传送有效的 $\overline{\text{ACK}}$ 信号。

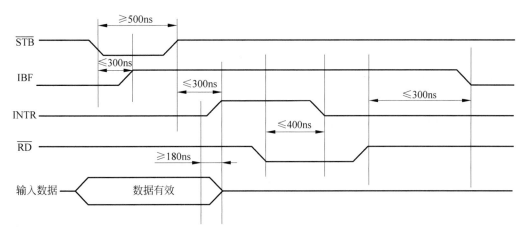

图 7.14 方式 1 输入情况下的时序

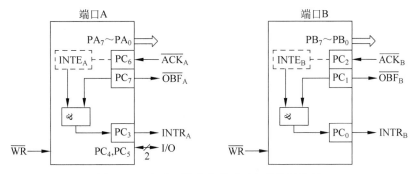

图 7.15 方式 1 输出情况下对应的控制信号

INTR：中断请求信号，高电平有效。A 组中，对应 PC_3，B 组中，对应 PC_0。当外设已经接收到 8255A 输出的数据，从而 $\overline{ACK}$ 恢复高电平，且 $\overline{OBF}$ 也为高电平，INTR 端置为高电平，作为请求 CPU 进行下一次数据输出的中断请求信号。

INTE：中断允许信号。该信号为高时，允许中断请求；为低时，则屏蔽中断请求。INTE 的状态是由端口 C 置 1/置 0 控制字来控制的，A 组中，对应 PC_6；B 组中，对应 PC_2。

方式 1 输出情况下的时序如图 7.16 所示。

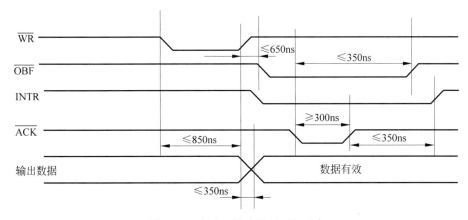

图 7.16 方式 1 输出情况下的时序

基于以上分析,若 8255A 的某一个端口工作在方式 1 的输入或输出情况下,端口 C 中自动提供了相应的数位作为控制信号,尤其是提供了中断请求信号。若外设能给 8255A 提供选通信号和数据接收应答信号,那么,在此场合下,利用端口 C 提供的 INTR 信号和 CPU 联络而形成数据的中断传送方式,会比采用方式 0 的无条件传送和查询式传送要方便有效。

3. 方式 2——双向传输方式

8255A 的数据端口中,只有端口 A 可以工作在此种方式下。当端口 A 工作在方式 2 时,CPU 通过 8255A 既可以向外设发送数据,又可以从外设接收数据,故称为双向传输方式。

在方式 2 下,端口 C 中的 $PC_3 \sim PC_7$ 共 5 个数位作为控制信号使用,具体定义如图 7.17 所示。其中控制信号说明如下:

INTR:中断请求信号,高电平有效,对应 PC_3。

$\overline{STB}$:选通信号,低电平有效,对应 PC_4。

IBF:输入缓冲器满信号,高电平有效,对应 PC_5。

$\overline{OBF}$:输出缓冲器满信号,低电平有效,对应 PC_7。

$\overline{ACK}$:数据接收应答信号,低电平有效,对应 PC_6。

$INTE_1$:输出中断允许信号。该信号对应 PC_6,当用端口 C 置 1/置 0 控制字将 PC_6 置 1 时,则 $INTE_1 = 1$,允许 8255A 向 CPU 发出由端口 A 输出数据的中断请求信号,若 $PC_6 = 0$,则 $INTE_1 = 0$,从而屏蔽中断请求。

$INTE_2$:输入中断允许信号。该信号对应 PC_4,若 $PC_4 = 1$,则 $INTE_2 = 1$,允许向 CPU 发出中断请求,可以通过端口 A 输入数据;若 $PC_4 = 0$,则 $INTE_2 = 0$,此时,禁止向 CPU 发出中断请求。

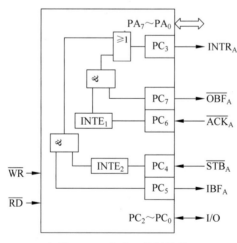

图 7.17 方式 2 控制信号

方式 2 的时序如图 7.18 所示。

由于方式 2 既可以工作在输入方式,又可以工作在输出方式,所以,若一个并行外设可以输入数据,又可以输出数据,当它和 8255A 的端口 A 连接时,可令 8255A 的端口 A 工作在方式 2。

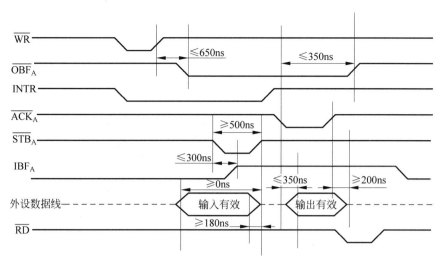

图 7.18 方式 2 时序

7.2.4 8255A 的编程及应用

例 7.3 8255A 作为连接打印机的接口,工作于方式 0,如图 7.19 所示。

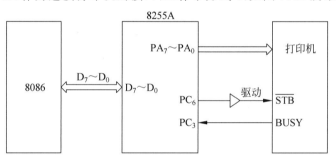

图 7.19 8255A 作为连接打印机的接口

工作过程为:当主机要往打印机输出字符时,先查询打印机忙信号。如果打印机正在处理一个字符或正在打印一行字符,则忙信号为 1;反之,则忙信号为 0。因此,当查询到忙信号为 0 时,则可通过 8255A 往打印机输出一个字符。此时,要将选通信号 $\overline{STB}$ 置为低电平,然后再使 $\overline{STB}$ 为高电平,这相当于在 $\overline{STB}$ 端输出一个负脉冲(初始状态, $\overline{STB}$ 是高电平)。

现将端口 A 作为传送字符的通道,工作于方式 0,输出方式;B 端口未用;端口 C 也工作于方式 0,PC_3 作为 BUSY 信号输入端,故 $PC_3 \sim PC_0$ 为输入方式,PC_6 作为 $\overline{STB}$ 信号输出,故 $PC_7 \sim PC_4$ 为输出方式。

设需打印的字符已放在 CL 寄存器中,8255A 的端口地址为:

A 端口:C000H   C 端口:C004H

B 端口:C002H   控制口:C006H

具体程序段如下:

```
PRINT: MOV    DX,0C006H
       MOV    AL,81H            ;控制字,A、B 和 C 端口工作于方式 0,A 口输出
```

```
                                       ;PC₇~PC₄ 输出,PC₃~PC₀ 输入
        OUT   DX,AL
        MOV   AL,0DH

        OUT   DX,AL                    ;STB 端送高电平
LP:     MOV   DX,0C004H
        IN    AL,DX                    ;检测 BUSY
        AND   AL,08H
        JNZ   LP                       ;若打印机忙,则等待
        MOV   AL,CL
        MOV   DX,0C000H
        OUT   DX,AL                    ;若打印机不忙,将 AL 中字符送端口 A
        MOV   DX,0C006H
        MOV   AL,0CH
        OUT   DX,AL                    ;使 STB 为低电平
        MOV   AL,0DH
        OUT   DX,AL                    ;使 STB 为高电平
        …                              ;后续程序段
```

例 7.4 8255A 工作于方式 1,作为用中断方式工作的 Centronic360 字符打印机的接口,如图 7.20 所示。

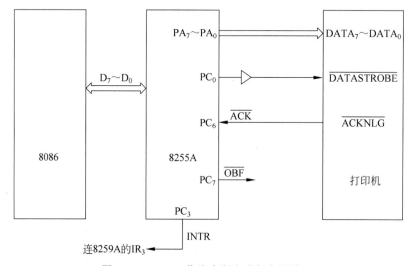

图 7.20 8255A 作为中断方式打印机接口

8255A 的端口 A 作为数据通道,工作于方式 1。此时 PC₇ 自动作为 $\overline{OBF}$ 信号输出端,PC₆ 自动作为 $\overline{ACK}$ 信号输入端,而 PC₃ 自动作为 INTR 信号输出端。

在 Centronic360 字符打印机标准定义的信号线中,最主要的是 8 位并行数据线、2 条联络信号线、选通信号 $\overline{STB}$、响应信号 $\overline{ACKNLG}$ 和一条忙信号线 BUSY。所需的数据选通脉冲信号 $\overline{STB}$ 由 CPU 控制 PC₀ 产生。$\overline{OBF}$ 在这里没有用到,可将它悬空,8255A 的 $\overline{ACK}$ 连接到打印机的 $\overline{ACKNLG}$ 端。

PC₃ 连接 8259A 的中断请求输入端 IR₃。对应于中断类型号 0BH,此中断对应的中断向量放在 2CH、2DH、2EH 和 2FH 4 个内存单元中,假设 8259A 在系统程序中已经完成初始化,这部分电路连接图未画出。

设 8255A 的端口地址为:

A 端口：00C0H   B 端口：00C2H

C 端口：00C4H   控制口：00C6H

方式控制字为 A0H，其中 $D_3 \sim D_1$ 位为任选，现取为 0，其他各位的值使 A 组工作于方式 1，A 端口为输出，PC_0 作为输出。

实际使用时，在此系统中由中断处理程序完成字符输出，而主程序仅仅完成 8255A 的方式控制字的设置和开放中断。需要指出的是，这里开放中断不仅要用 STI 开放 CPU 的中断，而且要使 8255A 的 INTE 为 1。

在中断处理程序中，设字符已放在主机的字符输出缓冲区，往 A 端口输出字符后，CPU 用对 C 端口的置 1/置 0 命令使选通信号为 0，从而将数据送到打印机。当打印机接收并打印字符后，发出回答信号 $\overline{ACK}$，由此清除了 8255A 的"缓冲器满"指示，并使 8255A 产生新的中断请求。如果中断是开放的，则 CPU 便响应中断，进入中断处理程序。

以下为具体程序段：

```
MAIN:   MOV   AL,0A0H              ;主程序段
        OUT   0C6H,AL
        MOV   AL,01H               ;使 PC₀ 为 1，让选通无效
        OUT   0C6H,AL
        XOR   AX,AX
        MOV   DS,AX
        MOV   AX,2000H
        MOV   WORD PTR [002CH],AX
        MOV   AX,1000H
        MOV   WORD PTR [002EH],AX
        MOV   AL,0DH               ;使 PC₆ 为 1，允许 8255A 中断
        OUT   0C6H,AL
        STI                        ;开放中断
```

参照以上主程序的初始化部分，中断处理子程序必须装配在 1000H:2000H 处。

中断处理子程序的主要程序段如下：

```
ROUTINTR:MOV   AL,[DI]            ;DI 为缓冲区指针，字符送端口 A
         OUT   0C0H,AL
         MOV   AL,00H             ;使 PC₀ 为 0，产生选通信号
         OUT   0C6H,AL
         INC   AL                 ;使 PC₀ 为 1，撤销选通信号
         OUT   0C6H,AL
         ...
         IRET
```

7.3 键盘接口

7.3.1 键盘的工作原理

键盘是微型计算机不可缺少的输入设备，人们通过它往计算机传递信息。

简单键盘结构如图 7.21 所示，其中，每个键对应 I/O 端口的 1 位，在没有任何键闭合时，各位均处在高电平。当有一个键按下时，就使对应位接地而成低电平，而其他位仍处高电平。这样，CPU 只要检测到某 1 位为 0，便可以判别出对应键被按下。

但是,用图 7.21 的结构来设计键盘有一个很大的缺点,就是当键盘上的键较多时,引线太多,占用的 I/O 端口也太多。例如,一个有 64 个键的键盘,采用这种设计方法,就需要 64 条连线和 8 个 8 位并行口。所以,这样简单的结构只能用在仅有几个键的小键盘中。

通常使用的键盘结构是矩阵式的。设有 $m \times n$ 个键,那么采用矩阵式结构以后,便只要 $m+n$ 条引线就行了。例如,有 $8 \times 8 = 64$ 个键,那么用两个 8 位并行端口和 16 条引线便可以完成键盘的连接。图 7.22 所示的是 3×3 矩阵式结构键盘。

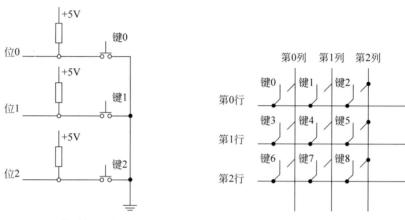

图 7.21 简单键盘结构   图 7.22 3×3 矩阵式键盘结构

图 7.22 的键盘矩阵有 3 行 3 列,如果第 4 号键被按下,则第 1 行线和第 1 列线接通而形成通路。如果第 1 行线接为低电平,则由于键 4 的闭合,会使第 1 列线也输出低电平。矩阵式键盘工作时,就是按照行线和列线上的电平来识别闭合键的。

7.3.2 键的识别

为了识别矩阵式键盘上的闭合键,通常采用行扫描法。这时矩阵式键盘的行线、列线分别接并行输出口和并行输入口,如图 7.23 所示。

行扫描法识别闭合键的原理如下:先使第 0 行接地,其余行为高电平,然后通过检查列线电位看第 0 行是否有键闭合,如果有某条列线变为低电平,则表示第 0 行和此列线相交位置上的键被按下;如果列线全为高电平,则说明第 0 行上没有键被按下。此后,再将第 1 行接地,然后检测列线中是否有变为低电平的线。如此往下逐行扫描,直到最后一行。在扫描过程中,当发现某行有键闭合时,也就是列线中有 1 位为 0 时,根据行线位置和列线位置,便能识别此刻闭合的到底是哪一个键。

实际上,一般先快速检查键盘是否有键按下,然后确定具体按下了哪一个键。为此,可以先使所有行同时为低电平,再检查是否有列线也处在低电平。这时,如果列线上有 1 位为 0,则说明有键被按下,不过,还不能确定所闭合的键处在哪一行上,于是再用扫描法确定具体位置。

如图 7.23 所示的 $8 \times 8 = 64$ 键的键盘,行线和一个并行输出端口相接,CPU 每次使并行输出端口的某 1 位为 0,便相当于将某一行线接地,而其他位为 1,则相当于使其他行线处于高电平。为了检查列线上的电位,列线和一个并行输入端口相接,CPU 只要读取输入端口的数据,就可以设法判断出第几号键被按下。

下面,对键盘扫描程序做具体说明。

从上面的识别闭合键的原理中知道,基本的键盘扫描程序中第一步应该判断是否有键被按下。为此,使输出端口各位均输出为 0,即相当于将所有各行都接地。然后,从输入端口读入数据,如果读得的数据不是 FFH,则说明必有列线处于低电平,从而可断定必有键被按下。此时,为了消除键的抖动,可以调用延迟程序,然后再判别具体按下的是哪个键。如果读得的数据是 FFH,则程序在循环中等待。

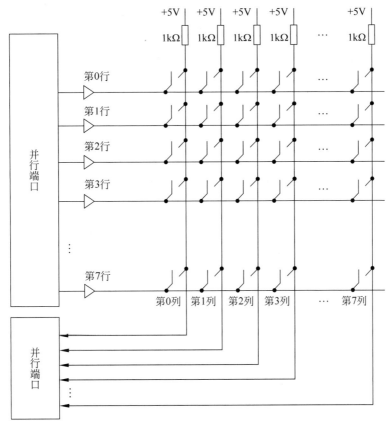

图 7.23　行线和列线分别接两个并行端口的示意

这段程序如下:

```
WAIT:   MOV   AL,00H
        MOV   DX,ROWPORT        ;ROWPORT 为行输出端口地址
        OUT   DX,AL
        MOV   DX,COLPORT        ;COLPORT 为列输入端口地址
        IN    AL,DX
        CMP   AL,0FFH
        JZ    WAIT
DONE:   CALL  DELAY             ;若是,则延迟 20ms 去抖动
```

键盘扫描程序的第二步是判断哪一个键被按下了。这段程序的流程如图 7.24 所示。

从流程图中可以看到,开始时,程序先将键号寄存器清 0,将计数器设置为键盘行的数目,然后设置扫描初值。扫描初值 11111110 使第 0 行为低电平,而其他行为高电平。输出扫描初值以后,马上读取列线的值,看是否有列线处于低电平。若无,则将扫描初值循环左移1位,变为11111101,这样,使第1行为低电平,而使其他行为高电平。同时使键号为8,即从第2行上第1个键开始检查。此外,计数值减1……如此下去,一直查到计数值为0。

如果在此过程中,查到某一列线的状态为低电平。如果此低电平对应值0,则相当于第0列线的0号键(第二次循环中为8号键等)闭合;否则,继续循环右移。由于已经确定了此行上有一键闭合,因此,一定可以在列线中检查出某列处于低电平。

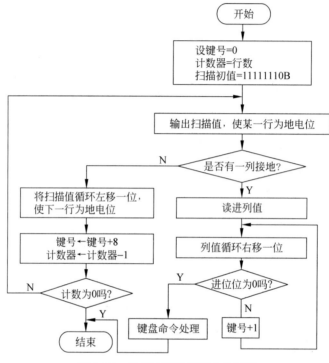

图 7.24 扫描法判断键闭合的流程

根据上面流程编写的程序如下:

```
PROG:   MOV  BL,0
        MOV  CL,0FEH
        MOV  DL,8              ;计数值为行数
FROW:   MOV  AL,CL
        MOV  DX,ROWPORT
        OUT  DX,AL
        ROL  AL,1
        MOV  CL,AL
        MOV  DX,COLPORT
        IN   AL,DX
        CMP  AL,0FFH
        JNZ  FCOL
        MOV  AL,BL
        ADD  AL,08H
        MOV  BL,AL
        DEC  DL
        JNZ  FROW
        JMP  DONE
FCOL:   RCR  AL,1
        JNC  PROCE
```

```
        INC  BL
        JMP  FCOL
PROCE:      ...                              ;键命令处理程序

DONE:       ...                              ;后续处理程序
```

7.4 LED 显示器接口

7.4.1 LED 显示器的工作原理

发光二极管称为 LED,由七段发光二极管组成的笔画显示器称为七段 LED 显示器,简称 LED 显示器。许多微型机控制系统及数字化仪器中都用 LED 显示器作为输出显示。

LED 显示器的主要部分是七段发光管,如图 7.25 所示。这七段发光段分别称为 a、b、c、d、e、f、g,有的产品还附带有一个小数点 DP。通过 7 个发光段的组合,可以显示 0~9 和 A~F 共 16 个字母数字,从而实现十六进制数的显示。

图 7.25 七段 LED 器件

LED 显示器可以分为共阳和共阴两种结构,如图 7.26 所示。

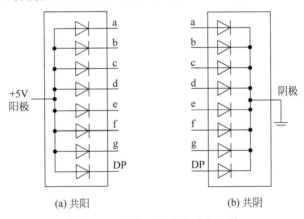

(a) 共阳   (b) 共阴

图 7.26 七段 LED 器件内部电路

如果为共阳极结构,则数码显示端输入低电平有效,当某一段得到低电平时,则发光,例如 a、b、d、e、g 为低电平,而其他段为高电平时,则显示数字 2。如果为共阴极结构,则数码显示端输入高电平有效,当某段处于高电平时便发光。

图 7.27 是 LED 显示器和 8255A 之间的连接电路。

CPU 通过 8255A 往 LED 显示器传输七段代码,8255A 的端口本身是 8 位的,因此,有 1 位悬空未用。由于 LED 显示器的一个段发光时,通过的平均电流为 10mA 左右,因此,采用共阴极 LED 显示器时,阴极接地,而阳极要加驱动电路。用共阴极 LED 显示器时,如果驱动器输出为 1,则对应的段发光。

为了将一个二进制数在一个 LED 显示器上显示出来,就需要将 4 位二进制数转换为 LED 显示器的 7 位显示代码。要完成译码功能,可以采用两种方法。

一种方法是采用专用芯片,例如 7447,即采用专用带驱动器的 LED 段译码器,可以实现对 BCD 码的译码,但不能对大于 9 的二进制数译码。7447 有 4 位输入,7 位输出。使用

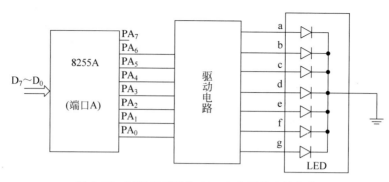

图 7.27 LED 显示器和 8255A 之间的连接电路

时,只要将 7447 的输入端与主机系统输出端口的某 4 位相连,而 7447 的 7 位输出直接与 LED 显示器的 a～g 相接,便可以实现对 1 位 BCD 码的显示。具体电路如图 7.28 所示。

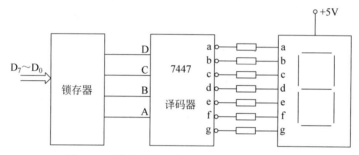

图 7.28 采用专用芯片进行 LED 段译码示意

另一种常用的方法是软件译码法。在软件设计时,将 0～F 共 16 个数字对应的显示代码组成一个表。例如,用共阳极 LED 显示器来显示 7 时,a、b、c 三段发光,故应为低电平,而其他段不发光,即为高电平。硬件连接,输出端口的 D_7 为悬空,数据传输时使它恒为 0,g 段对应 D_6,f 段对应 D_5,等等,于是,数字 7 的显示代码为 01111000,即 78H。显示代码表就放在存储器中,设 LEDADD 为 LED 显示代码表的首地址,那么,要显示数字的显示代码地址正好为起始地址＋数字值。例如,要显示 7,则它对应的显示代码在 LEDADD＋7 单元中,利用 8086 的换码指令 XLAT,便可方便地实现数字到显示代码的译码。

下面这个简单的程序用来实现 1 位数字的 LED 显示。设要显示数字放在 DATA 单元中,而 LEDADD 为代码表首址。

```
DISP:    MOV   BX,OFFSET DATA
         MOV   AL,[BX]
         MOV   BX,OFFSET LEDADD
         XLAT
         OUT   DX,AL
LEDADD   DB    40H              ;0 的显示代码
         DB    79H              ;1 的显示代码
         DB    24H              ;2 的显示代码
         …                      …
         DB    0EH              ;F 的显示代码
```

7.4.2 静态显示与动态显示

所谓静态显示,就是当显示器显示某一个字符时,相应的发光二极管恒定地导通或截止,例如 LED 的 a、b、c、d、e、f 导通,g、DP 截止时显示 0。这种显示方式的每个七段显示器都需要一个 8 位输出口控制。

静态显示的优点是显示稳定,在发光二极管导通电流一定的情况下显示器的亮度大,系统在运行过程中,仅仅在需要更新显示内容时,CPU 才执行一次显示更新子程序,这样大大节省了 CPU 时间,提高了 CPU 的工作效率;其缺点是位数较多时显示口随之增加。

为了节省 I/O 口,常采用另外一种显示方式——动态显示方式。所谓动态显示方式就是一位一位地轮流点亮各位显示器,对于每一位显示器来说,每隔一段时间点亮一次。若显示器的位数不大于 8,则控制显示器公共极的电位只需要一个 8 位口(扫描口,又称位口)。控制各位显示器所显示的字形也需要一个 8 位口(称为段口)。

8 位共阴极显示器和 8255A 的连接电路如图 7.29 所示。这里以 8255A 的 A 端口做位口,B 端口做段口,经同相驱动器 7407 接显示器的各个极。

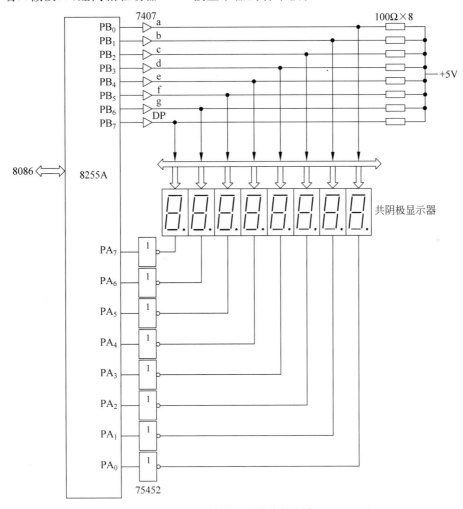

图 7.29　动态显示的连接电路

对于图 7.29 的 8 位显示器,在内存中开辟 8 个字节的显示缓冲器单元,分别存放 8 位显示器的显示数据,8255A 的 A 端口总只有一位为高电平,即 8 位显示器中仅有一位公共阴极为低电平,其他位为高电平,8255A 的 B 端口输出相应位显示数据的段数据,使某一位显示一个字符,其他位为暗,依次改变端口 A 输出高电平的位,8 位显示器就显示出缓冲器中显示数据所确定的字符。

下面给出动态显示预存在显示缓冲区中的 01234567 的程序段。

设 8255A 的端口地址为:

A 端口:00C0H   B 端口:00C2H

C 端口:00C4H   控 制 口:00C6H

方式控制字为 80H,A 组和 B 组均工作于方式 0,A、B 端口为输出,C 端口未用。

主要程序段如下:

```
DISINT:   MOV   DX,00C6H
          MOV   AL,80H                ;控制字,A、B 端口工作于方式 0,A、B 端口输出
          OUT   DX,AL
    DIS:  MOV   BH,80H
          MOV   BL,8
          MOV   SI,OFFSET  DISBUF
DISLOP:   MOV   AL,BH
          MOV   DX,00C0H
          OUT   DX,AL                 ;向 A 端口送位码
          MOV   DX,00C2H
          MOV   AL,[SI]               ;向 B 端口送段码
          OUT   DX,AL
          SHR   BH,1
          INC   SI
          CALL  DL1MS
          DEC   BL
          JNZ   DISLOP
          JMP   DIS
DL1MS:    MOV   CX,022BH
    WAT:  LOOP  WAT
          RET
```

显示缓冲器可预先定义如下:

```
DISBUF   DB   3FH,06H,5BH,4FH,66H,6DH,7DH,07H
```

7.5   LCD 接口

7.5.1   LCD 的分类

LCD(Liquid Crystal Display,液晶显示器)是一种非发光性的显示器件,是通过对环境光的反射或对外加光源加以控制的方式来显示图像。

目前,市场上 LCD 主要有两类:STN(Super Twisted Nematic,超扭曲向列型)和 TFT(Thin Film Transistor,薄膜晶体管型)。这两类显示器的主要区别在于:STN 主要是通过增大液晶分子的扭曲角控制像素,而 TFT 为每个像素设置一个开关电路,做到完全独立控制每个像素点。从品质上看,STN 的亮度较暗,画面的显示质量较差,颜色显示也不够丰富,但功耗小,价格便宜,可用在显示要求不高的产品中。TFT 型显示器在亮度、画面的显示质量、显示颜色数量以及刷新速度等方面都优于 STN 显示器,但价格相对较高,主要用于显示质量要求高的产品中。

按商品形式分为液晶显示器件和液晶显示模块。液晶显示器件是包括前后偏振片在内的液晶显示器件,简称 LCD。液晶显示模块包括组装好的线路板、IC 驱动及控制电路和其他附件,简称 LCM。常见 LCM 有 LCD1206、LCD12864、AMPIRE12864 LCD 等。

7.5.2 AMPIRE12864 LCD 接口及编程

1. AMPIRE12864 接口信号

AMPIRE12864 是一种 128×64 点阵的 LCM 显示模块,其接口信号如表 7.2 所示。

表 7.2 LCM 显示模块的引脚功能

引脚名称	电平	引脚功能描述
V_{SS}	0	电源地
V_{DD}	+5V	电源电压
V_0	—	液晶显示器驱动电压
RS	H/L	RS=H,表示 $DB_7 \sim DB_0$ 为显示数据
		RS=L,表示 $DB_7 \sim DB_0$ 为命令与状态
R/W	H/L	R/W=H,E=H,数据读到 $DB_7 \sim DB_0$
		R/W=L,E=H→L,数据写到 IR 或 DR
E	H/L	R/W=L,E 信号下降沿锁存 $DB_7 \sim DB_0$
		R/W=H,E=H,DDRAM 数据读到 $DB_7 \sim DB_0$
$DB_0 \sim DB_7$	H/L	数据线
CS_1	H/L	H:选择芯片(右半屏)信号
CS_2	H/L	H:选择芯片(左半屏)信号
RET	H/L	复位信号,低电平复位
V_{OUT}	−10V	LCD 驱动负电压

AMPIRE12864 由两个相同的左右半屏拼成,两个半屏的显示通过 CS_1 和 CS_2 来选择,当 $CS_1=0,CS_2=1$ 时选择左半屏显示;当 $CS_1=1,CS_2=0$ 时选择右半屏显示。

AMPIRE12864 与 8255 接口电路如图 7.30 所示。

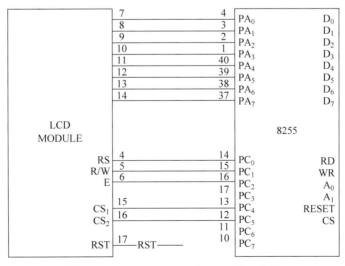

图 7.30 AMPIRE12864 与 8255 接口电路

2. AMPIRE12864 的显示控制命令

该类液晶显示模块(即 KS0108B 及其兼容控制驱动器)显示控制命令比较简单,总共只有 7 种,如表 7.3 所示。

表 7.3 显示控制命令

指令名称	控制信号		控 制 代 码							
	R/W	RS	DB_7	DB_6	DB_5	DB_4	DB_3	DB_2	DB_1	DB_0
显示开关	0	0	0	0	1	1	1	1	1	1/0
显示起始行设置	0	0	1	1	×	×	×	×	×	×
页设置	0	0	1	0	1	1	1	×	×	×
列地址设置	0	0	0	1	×	×	×	×	×	×
读状态	1	0	BUSY	0	ON/OFF	RST	0	0	0	0
写数据	0	1	数据							
读数据	1	1	数据							

3. 编程举例

1) 选择显示屏(左/右屏)

```
MOV   DX, PCTL          ;8255 控制口
MOV   AL, 08H           ;选择左屏 CS₁ = 0
OUT   DX, AL
MOV   AL, 0BH           ;CS₂ = 1
OUT   DX, AL
```

2) 开显示屏(显示开关)

```
MOV   AL, 00H           ;RS = 0,命令与状态
OUT   DX, AL
MOV   DX, PA            ;8255 A 端口地址
MOV   AL, 3FH           ;开显示命令 3FH,关显示命令 3EH
OUT   DX, AL
MOV   DX, PCTL          ;8255 控制口
MOV   AL, 02H           ;/RW = 0,写有效
OUT   DX, AL
MOV   AL, 04H           ;E = 0
OUT   DX, AL
MOV   AL, 05H           ;E = 1
OUT   DX, AL
CALL  DELAY2MS          ;延时 2ms
MOV   AL,04H            ;E = 0
OUT   DX,AL
```

3) 设置显示起始行、显示页、显示列

与 2)类似,区别:命令分别为首行 0C0H(0C0H～0FFH,共 64 行)、首页 0B8H(0B8H～0BFH,共 8 页)和首列 40H(40H～7FH,共 64 列)。

4) 写数据

与 2)类似,区别:RS=1;数据取自点阵。汉字点阵可通过取模软件获取,"微机"(纵向逆序)取模结果如下:

```
; -- 文字:微  --
; -- 宋体12,此字体下对应的点阵为:宽×高 = 16×16    --
```

```
DB    010H,088H,0F7H,022H,05CH,050H,05FH,050H
DB    05CH,020H,0F8H,017H,012H,0F0H,010H,000H;
DB    001H,000H,0FFH,040H,020H,01FH,001H,001H
DB    0BFH,050H,021H,016H,008H,0F7H,040H,000H;
;--   文字:机   --
;--   宋体12,此字体下对应的点阵为:宽×高 = 16×16   --
DB    008H,008H,0C8H,0FFH,048H,088H,008H,000H
DB    0FEH,002H,002H,002H,0FEH,000H,000H,000H;
DB    004H,003H,000H,0FFH,000H,041H,030H,00CH
DB    003H,000H,000H,000H,03FH,040H,078H,000H;
```

第8章　串行接口

8.1　串行接口概述

8.1.1　串行通信的基本概念

计算机与外界的信息交换称为通信。通信的基本方式可分为串行通信和并行通信两种。串行通信是指一个数据是逐位顺序传送的通信方式。它的优势是用于通信的线路少，因而在远距离通信时可以极大地降低成本。另外，它还可以利用现有的通信信道（如电话线路等），使数据通信系统遍布千千万万个家庭和办公室。相对并行通信方式，串行通信速度较慢，但更适合于远距离数据传送。PC上一般都有两个串行异步通信接口COM1和COM2，键盘、鼠标与主机之间也常采用串行数据传送方式。

8.1.2　串行数据传输方式

串行通信有三种数据传送方式：单工（simplex）方式、半双工（half duplex）方式和全双工（full duplex）方式。

1. 单工方式

这种方式只允许数据按照一个固定的方向传送。采用该方式时，已经确定了通信双方的其中一方为接收端，另一方为发送端，而且这种确定是不可以更改的，如图8.1(a)所示。

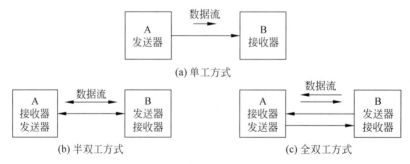

图8.1　串行通信的三种数据传送方式

2. 半双工方式

通信双方A、B两端均具备接收或发送数据的能力，但A、B两端是由同一条信道相连，故在某一特定的时刻，只能是A传送到B，或是B传送到A，A、B不能同时发送，如图8.1(b)所示。

3. 全双工方式

如图 8.1(c)所示,A、B 两端是由两条信道相连的,双方可以同时发送和接收数据。这就像人们平时打电话一样,说话的同时也能够听到对方的声音。为实现全双工传输的功能,A 端和 B 端必须分别具备一套完全独立的接收器和发送器。

目前,在微机通信系统中,单工方式很少采用,多数采用半双工或全双工方式。

计算机的通信是一种用 0、1 组成的数字信号的通信,它要求传输线的频带很宽,而在长距离通信时,通常是利用电话线进行信息传递的,电话线不可能有这样宽的频带。使用数字信号直接通信,经过传输线,信号会发生畸变,所以模拟信号的传输比数字信号传输更为有效。当微机系统通过电话线路进行数据传送时,常需要调制解调器(modem)。为了通过电话线路发送数字信号,必须先把数字信号转换为适合在电话线路上传送的模拟信号,这就是调制(modulating);经过电话线路传输后,在接收端再将模拟信号转换为数字信号,这就是解调(demodulating),如图 8.2 所示。多数情况下,通信是双向的,即半双工或全双工方式,具有调制和解调功能的器件合制在一个装置中,就是调制解调器。

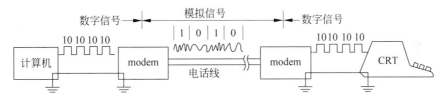

图 8.2 调制和解调示意

8.1.3 串行通信的类型

串行通信时,数据、控制和状态信息都使用同一根信号线传送。为使通信能顺利进行,收发双方必须遵守共同的通信协议(通信规程),才能解决传送速率、信息格式、同步方式、数据校验等问题。根据同步方式的不同,将串行通信分为两类:异步通信和同步通信。

1. 异步通信

串行异步通信(asynchronous data communication)以字符为单位进行传输,采用起止式异步通信协议,传输的字符格式如图 8.3 所示。

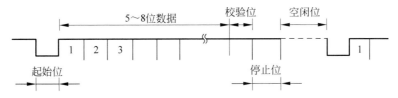

图 8.3 起止式异步通信传输的字符格式

异步通信所采用的字符格式由一组可变"位数"数据组成。第一位为起始位(start bit),它的宽度为 1 位,低电平,用于实现"字符同步"。接着传送数据位(data bit),数据可以由 5～8 个二进制位组成,按照先低位后高位的顺序逐位传送。数据位传送完成后可以选择一个奇偶校验位(parity bit),用于校验是否正确传送了数据,可以选择奇校验,也可以选择偶校验,还可以不传送校验位。字符最后是停止位(stop bit),以表示这个字符的传送结束,宽度可以是 1 位、1.5 位或 2 位,停止位采用高电平。

一个字符传输结束后,可以接着传输下一个字符,也可以停一段空闲时间再传输下一个字符,空闲位为高电平。

异步通信的工作原理是:传送开始后,接收设备不断检测传输线是否有起始位到来,当接收到一系列的1(空闲位或停止位)之后,检测到第一个0,说明起始位出现,就开始接收所规定的数据位、奇偶校验位及停止位。经过接收器处理,将停止位去掉,把数据位拼装为一字节数据,经校验无误,则接收完毕。当一个字符接收完毕后,接收设备又继续测试传输线,监视0电平的到来和下一个字符的开始,直到全部数据接收完毕。

异步通信时,由于接收方通过检测每个字符的起始位达到字符传送同步的目的,因此收发双方设备较简单,实现起来方便,对各字符间的间隔长度没有限制;缺点是每个数据要加上起始位、停止位等信息,至少要有 20% 的冗余时间,这样就降低了数据的传送速率,故此方式适用于低速通信场合。

2. 同步通信

在串行同步通信(synchronous data communication)时所使用的数据格式根据控制规程可分为面向字符型及面向比特型两种。

1) 面向字符型的数据格式

面向字符型的数据格式可采用单同步、双同步以及外同步三种数据格式,如图 8.4 所示。

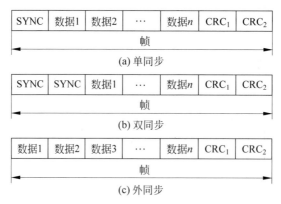

图 8.4 面向字符型同步通信的数据格式

由图 8.4 可看出,同步通信在每个数据中并不加起始和停止位,而是将数据顺序连接起来,以一个数据块(称为"帧")为传输单位。从同步通信数据格式中可以看出,传送的数据信息越长,数据传输效率越高,故同步通信运用于要求快速、连续传输大量数据的场合。

同步字符作为数据块的起始标志,在通信时起联络作用,当对方接收到同步字符后,就可以开始接收数据。同步字符通常占用一字节宽度,可以采用一个同步字符 SYNC(单同步方式),也可以采用两个同步字符 SYNC(双同步方式)。在通信协议中,通信双方约定同步字符的编码格式和同步字符的个数。在传送过程中,接收设备首先搜索同步字符,与事先约定的同步字符进行比较,如果比较结果相同,则说明同步字符已经到来,接收方就开始接收数据,并按规定的数据长度拼成一个个数据字节,直至整个数据块接收完毕,经两个字节的循环冗余校验(CRC)码校验无传送错误时,结束一帧信息的传送。

外同步时发送的信息帧中没有同步字符,收发双方的同步控制是由专用传输线传送的由发送方产生的同步时钟信号 SYNC。当接收方收到 SYNC 时，表明数据块开始传送，并连续接收数据信息和 CRC 码。

在进行串行同步通信时，为保持发送设备和接收设备的完全同步，要求接收设备和发送设备必须使用同一时钟。在近距离通信时，收发双方可以使用同一时钟发生器，在通信线路中增加一条时钟信号线；在远距离通信时，可采用锁相技术，通过调制解调器从数据流中提取同步信号，使接收方得到和发送方时钟频率完全相同的接收时钟信号。

2）面向比特型的数据格式

面向比特型的数据以帧为单位传输，每帧由 6 部分组成：第一部分是开始标志 7EH；第二部分是一字节的地址场；第三部分是一字节的控制场；第四部分是需要传送的数据，数据都是位的集合；第五部分是两字节的循环校验码；最后部分又是 7EH，作为结束标志。面向比特型的数据格式如图 8.5 所示。

图 8.5　面向比特型的数据格式

串行通信的传输速率也称波特率（baud rate），即每秒传输的二进制位数。标准波特率系列为 110、300、600、1200、1800、2400、4800、9600 和 19 200。现在，数据传输速率可以达到 115 200b/s 或更高。

例如，数据传输速率为 1200b/s，则一位的时间长度为 0.833ms（＝1/1200s）；对于采用 1 个停止位、不用校验的 8 位数据传送来说，一个字符共有 10 位，每秒能传送 120（＝1200/10）个字符。

例如，在异步传输过程中，设每个字符对应 1 个起始位、7 个信息位、1 个奇偶校验位和 1 个停止位，如果波特率为 1200b/s，则每秒能传输的最大字符数为 1200/10＝120 个。

作为比较，再来看一个同步传输的例子。假如也用 1200b/s 的波特率工作，用 2 个同步字符和 2 个 CRC 码，那么传输 100 个字符所用的时间为 7×(100＋4)s/1200＝0.6067s，这就是说，每秒能传输的字符数可达到 100/0.6067＝165 个。

可见，在同样的传输速率下，同步传输时实际字符传输速率要比异步传输时高。

8.1.4　串行接口和串行接口标准

1. 串行接口概述

串行通信实际上把数据一位一位地发送和接收，而计算机处理数据是并行的，它要传输的数据也是并行的，因此，就需要一个部件把并行数据与串行数据进行转换。对于发送数据端来说，这个部件就是并行输入串行输出的移位寄存器，CPU 通过对相应端口的写数操作，把要传输的数据写入这个并入串出移位寄存器中，然后移位寄存器在同步时钟的作用下，把数据逐位移出，发送给接收端。对于接收端来说，相应的部件是串行输入并行输出移位寄存器，在同步时钟的作用下，发送端送来的数据逐位移入这个串入并出移位寄存器，然后 CPU 对相应端口进行读数操作，把串入并出移位寄存器的数据读入 CPU 中。

在硬件上，串行通信系统的核心部件是移位寄存器，其中在发送端要有一个并入串出移位寄存器，在接收端要有一个串入并出移位寄存器。

串行通信接口电路是微型计算机系统另一个重要的外围 I/O 接口电路,它可以方便地实现 CPU 与 I/O 设备的串行数据的通信。例如,可以将 CRT 显示终端、打印机或调制解调器连接到微机上。

2. 串行接口标准 RS-232C

RS-232C 是由美国电子工业协会(Electronics Industries Association,EIA)于 1962 年公布,并于 1969 年修订的一种国际通用的串行接口标准。它最初是为远程通信连接数据终端设备(Data Terminal Equipment,DTE)(例如计算机)和数据通信设备(Data Communication Equipment,DCE)(例如调制解调器)制定的标准,目前已广泛用作计算机与终端或外设的串行通信接口标准。RS-232C 标准对串行通信接口的相关问题,如接口信号线、信号功能、逻辑电平、机械特性(连接器规格)等都做了统一规定。RS-232C 接口通往外部的连接器(插针和插座)是标准的 D 型 25 针插头(即 DB-25 型插头)。IBM 公司在开发自己的系统时将其缩减为 9 针插头,在微机中应用了 9 针 D 型连接器,各引脚的简介见表 8.1。利用 RS-232C 接口不仅可以实现远距离通信,也可以实现近距离连接两台微机或电子设备。目前,PC 上的 COM1、COM2 接口就是 RS-232C 接口。

表 8.1 9 针串口引脚定义

9 针	25 针	信号名称	信号流向	简称	信号 功能
3	2	发送数据	DTE→DCE	TxD	DTE 发送串行数据
2	3	接收数据	DTE←DCE	RxD	DTE 接收串行数据
7	4	请求发送	DTE→DCE	RTS	DTE 请求切换到发送方式
8	5	允许发送	DTE←DCE	CTS	DCE 已切换到准备接收
6	6	数据装置准备好	DTE←DCE	DSR	DCE 准备就绪可以接收
5	7	信号地		GND	公共信号地
1	8	载波检测	DTE←DCE	CD	DCE 已接收到远程载波
4	20	数据终端准备好	DTE→DCE	DTR	DTE 准备就绪可以接收
9	22	振铃指示	DTE←DCE	RI	通信线路已接通

RS-232C 接口标准采用 EIA 电平。它规定:高电平为 +5～+15V,低电平为 -15～-5V。实际应用常采用 ±12V 或 ±15V。RS-232C 可承受 ±25V 的信号电压。另外,要注意 RS-232C 的数据线 TxD 和 RxD 使用负逻辑,即高电平表示逻辑 0,低电平表示逻辑 1。联络信号线为正逻辑,高电平有效,低电平无效。

由于 RS-232C 的 EIA 电平与计算机的逻辑电平(TTL 电平或 CMOS 电平)不兼容,因此,两者间需要进行电平转换。传统的转换器件有 MC1488(完成 TTL 电平到 EIA 电平的转换)和 MC1489(完成 EIA 电平到 TTL 电平的转换)等芯片。图 8.6 为 TTL 和 RS-232C 之间的电平转换电路。

通过 MC1488 和 MC1489 的变换,在 RS-232C 线路上传送的信号电平达到 -12～+12V,因此具有比 TTL 电平更强的抗干扰能力。但由于 RS-232C 的发送端和接收端之间有公共信号地,不能使用双端信号,限制了 RS-232C 的传输距离,采用 RS-232C 标准数据传输最大距离仅为 15m,信号传输速率最高不能超过 20kb/s。若距离较远,则可附加调制解调器。

随着大规模数字集成电路的发展,目前有许多厂家已经将 MC1488 和 MC1489 集成到一块芯片上,如美国美信(MAXIM)公司的产品 MAX220、MAX232 和 MAX232A。

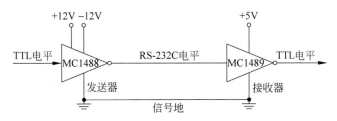

图 8.6　TTL 和 RS-232C 之间的电平转换电路

图 8.7 是数字终端设备（例如微机）利用 RS-232C 接口连接调制解调器的示意图，用于实现通过电话线路的远距离通信。

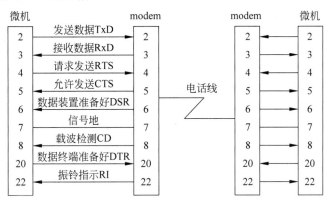

图 8.7　使用 RS-232C 接口连接调制解调器示意

图 8.8 是两台微机直接利用 RS-232C 接口进行短距离通信的连接示意图。由于这种连接不使用调制解调器，因此被称为零调制解调器（null modem）连接。

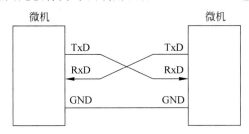

图 8.8　RS-232C 的三线连接方法

由于通信双方并未进行联络应答，因此采用图 8.8 的三线连接方式时，应注意传输的可靠性。例如，发送方无法知道接收方是否可以接收数据、是否接收到了数据。传输的可靠性需要利用软件来提高，例如先发送一个字符，等待接收方确认之后（回送一个响应字符）再发送下一个字符。

串行接口标准还有 RS-449 和 RS-422/485 等。

视频讲解

8.2　可编程串行接口 8251A

8.2.1　8251A 的基本工作原理

Intel 8251A 是一种通用的同步/异步接收/发送器（Universal Synchronous/Asynchronous

Receiver/Transmitter，USART)。

它的主要功能特点如下。

（1）可用于串行异步通信，也可用于同步通信。

（2）对于异步通信，其字符格式为1个起始位，5～8个数据位，1位、1.5位或2位停止位；对于同步通信，可设定单同步、双同步或者外同步。同步字符可由用户自行设定。

（3）异步通信的时钟频率(外部时钟)可设定为传输速率的1倍、16倍或64倍。异步通信的波特率的可选范围为0～19.2kb/s。同步通信时，速率的可选范围为0～64kb/s。

（4）能够以单工、半双工、全双工方式进行通信。

（5）提供与外设(特别是调制解调器)的联络信号，便于直接和通信线路连接。

8251A的内部结构如图8.9所示，由数据总线缓冲器、读/写控制逻辑、发送器、接收器和调制解调控制逻辑5部分组成。

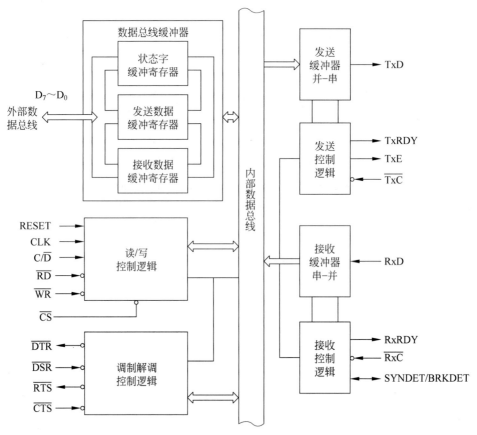

图8.9　8251A的内部结构

1. 数据总线缓冲器

数据总线缓冲器通过 $D_7 \sim D_0$ 引脚和系统的数据总线相连，包括如下三部分。

（1）接收数据缓冲寄存器：暂存接收到的准备送往 CPU 的数据。

（2）发送数据缓冲寄存器：暂存来自 CPU 的数据或控制字。8251A 写入的控制命令和发送的数据共用同一寄存器。

（3）状态字缓冲寄存器：寄存 8251A 接收或发送操作的各种工作状态。

2. 读/写控制逻辑

读/写控制逻辑用来接收 CPU 输出的一系列控制信号,由它们可确定 8251A 处于何种状态,并向 8251A 内部各功能部件发出有关的控制信号。

3. 发送器

发送器由发送缓冲器、发送移位寄存器及发送控制电路三部分组成。

CPU 需要发送的数据经数据发送缓冲寄存器并行输入,并锁存到发送缓冲器中。如果采用异步方式,则由发送控制电路在其首尾加上起始位和停止位,然后从起始位开始,经移位寄存器从数据输出线 TxD 逐位串行输出,其发送速率由 $\overline{\text{TxC}}$ 引脚上收到的发送时钟频率决定。如果采用同步方式,则在发送数据之前,发送器将自动送出 1 个(单同步)或 2 个(双同步)同步字符(SYNC),然后逐位串行输出数据。

当发送器做好发送数据准备时,由发送控制电路向 CPU 发出 TxRDY 有效信号,CPU可立即向 8251A 并行输出数据。如果 8251A 与 CPU 之间采用中断方式传输信息,则TxRDY 可作为向 CPU 发出中断请求的信号。当发送器中的所有数据发送完毕时,由发送控制电路向 CPU 发出 TxE 有效信号,表示发送器中移位寄存器已空。

4. 接收器

接收器包括接收缓冲器、接收移位寄存器和接收控制电路三部分。

从外部通过数据接收端 RxD 接收的串行数据逐位进入接收移位寄存器中。如果是异步方式,则应识别并删除起始位和停止位;如果是同步方式,则要检测到同步字符,确认已经达到同步,接收器才可开始接收串行数据,待一组数据接收完毕,便把移位寄存器中的数据并行置入接收缓冲器中,同时 RxRDY 引脚输出高电平,表示接收器中已准备好数据,等待向 CPU 传送。其接收数据的速率取决于 $\overline{\text{RxC}}$ 端输入的接收时钟频率。

5. 调制解调控制逻辑

当 8251A 实现远距离串行通信时,该电路是 8251A 将数据输出端的数字信号转换为模拟信号,或将数据接收端的模拟信号解调成数字信号的接口电路。它能使 8251A 与调制解调器直接相连。

8251A 的调制解调控制逻辑虽然提供了一些基本控制信号,但没有提供 RS-232C 标准中的全部信号,其输入输出电平可以和 TTL 电平相兼容,但如果需要和 RS-232C 的电平进行连接,则需要如图 8.6 所示的电平转换电路。

8.2.2　8251A 的引脚和外部连接

8251A 是具有 28 个引脚的双列直插式大规模集成电路,其引脚信号如图 8.10 所示。

作为 CPU 与外设或调制解调器之间的接口电路,因此它的接口信号分为两组:一组是8251A 和 CPU 之间的信号,另一组是 8251A 与外设或调制解调器之间的信号,如图 8.11所示。

1. 8251A 和 CPU 之间的信号

1) 数据信号 $D_7 \sim D_0$

8251A 有 8 根数据信号线 $D_7 \sim D_0$,8251A 通过它们与系统的数据总线相连。注意,数据总线上传输的不仅是数据信息,而且也传输 CPU 对 8251A 的编程命令和 8251A 送到CPU 的状态信息。

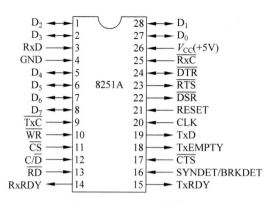

图 8.10 8251A 引脚信号

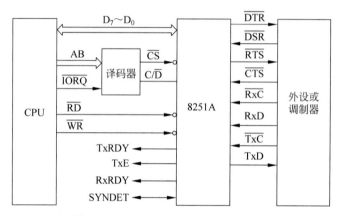

图 8.11 8251A 与 CPU 及外设的接口

2) 片选信号 $\overline{CS}$

低电平有效,输入信号。片选信号 $\overline{CS}$ 一般由 CPU 的高位地址信号和 M/$\overline{IO}$ 控制信号经译码后提供。当 $\overline{CS}$ 有效,表示 8251A 被选中。

3) 读/写控制信号 $\overline{RD}$、$\overline{WR}$

读信号 $\overline{RD}$: 低电平有效,输入信号。当 $\overline{RD}$ 有效,表示 CPU 正在从 8251A 读取数据或者状态信息。

写信号 $\overline{WR}$: 低电平有效,输入信号。当 $\overline{WR}$ 有效,表示 CPU 正在往 8251A 写入数据或者控制命令。

4) 控制/数据线信号 C/$\overline{D}$

输入信号。若此引脚为高电平,则数据信号线 $D_7 \sim D_0$ 上的信息是状态信息或控制信息;若此引脚为低电平,则数据信号线 $D_7 \sim D_0$ 上的信息是数据信息。它一般由 CPU 低位地址线提供。

读信号 $\overline{RD}$,写信号 $\overline{WR}$、控制/数据线信号 C/$\overline{D}$ 三者之间的关系如表 8.2 所示。

表 8.2 $\overline{RD}$、$\overline{WR}$、C/$\overline{D}$ 三者之间的关系

C/$\overline{D}$	$\overline{RD}$	$\overline{WR}$	功　能
0	0	1	CPU 从 8251A 读数据
1	0	1	CPU 从 8251A 读状态

C/$\overline{\text{D}}$	$\overline{\text{RD}}$	$\overline{\text{WR}}$	功　　能
0	1	0	CPU 向 8251A 写数据
1	1	0	CPU 向 8251A 写控制命令

5）时钟信号 CLK

输入信号，产生 8251A 的内部时序。在同步方式工作时 CLK 的频率必须大于接收器和发送器输入时钟频率的 30 倍；在异步方式工作时，必须大于输入时钟频率的 4.5 倍。同时规定 CLK 的周期要为 $0.42\sim1.35\mu s$。

6）复位信号 RESET

高电平有效，输入信号。若复位信号有效，则 8251A 回到空闲状态。

7）接收器准备好信号 RxRDY

高电平有效，输出信号。当 8251A 已从它的串行输入端 RxD 接收了一个字符，可以传送到 CPU 时，此信号有效。当 CPU 与 8251A 之间用查询方式交换信息时，此信号可作为一个状态信号；当 CPU 与 8251A 之间用中断方式交换信息时，此信号可作为 8251A 的一个中断请求信号。当 CPU 读了一个字符后，此信号复位。

8）同步检测信号 SYNDET/断点检测信号 BRKDET

复用功能引脚，高电平有效。

对于异步方式，SYNDET/BRKDET 功能为断点检测端 BRKDET。若在起始位之后，从 RxD 端上连续收到 8 个 0 信号，则输出端 BRKDET 为高电平，表示当前处于断点状态，无数据可接收。若从 RxD 端上接收到 1 信号，则 BRKDET 由高电平变为低电平。

对于同步方式，SYNDET/BRKDET 功能为同步检测端 SYNDET。如果采用内同步，则 SYNDET 为输出端，高电平有效。当从 RxD 端上检测到一个（单同步）或 2 个（双同步）同步字符时，SYNDET 输出高电平有效信号，表示接收数据已处于同步状态，后面接收到的是有效数据。如果采用外同步，则 SYNDET 为输入端，外同步字符从该端输入，SYNDET 为高电平有效信号时，表示已达到同步，接收器可开始串行接收数据。

9）发送器准备好信号 TxRDY

高电平有效，输出信号。用来通知 CPU，8251A 已准备接收一个数据。当 CPU 与 8251A 之间用查询方式交换信息时，此信号可作为一个状态信号；当 CPU 与 8251A 之间用中断方式交换信息时，此信号可作为 8251A 的一个中断请求信号；当 8251A 从 CPU 接收了一个字符时，此信号复位。

10）发送器空信号 TxE

高电平有效，输出信号。当它有效时，表示发送器中的并行到串行转换器空。

TxRDY 和 TxE 的区别在于，TxRDY 有效表示发送缓冲器已空，而 TxE 有效表示发送移位寄存器已空。

2. 8251A 与外设或调制解调器之间的信号

1）数据终端准备好信号 $\overline{\text{DTR}}$

低电平有效，输出信号。用以表示 CPU 准备就绪。

2）数据装置准备好信号 $\overline{\text{DSR}}$

低电平有效，输入信号。表示调制解调器或外设已准备好。该信号实际上是对 $\overline{\text{DTR}}$

的回答。

$\overline{DTR}$ 和 $\overline{DSR}$ 是一组信号,通常用于接收器。

3) 请求发送信号 $\overline{RTS}$

低电平有效,输出信号。等效于 $\overline{DTR}$,用于通知 CPU 准备就绪。

4) 允许发送信号 $\overline{CTS}$

低电平有效,输入信号。它是调制解调器或外设对 8251A 的 $\overline{RTS}$ 信号的回答。

5) 接收器时钟信号 $\overline{RxC}$

输入信号。用于控制接收器接收字符的速度。在同步方式时,$\overline{RxC}$ 等于波特率,由调制解调器提供;在异步方式时,$\overline{RxC}$ 是波特率的 1、16 或 64 倍,即波特率系数的倍数,由方式控制字确定,这有利于在位信号的中间对每位数据进行多次采样,以减少读数错误。在 $\overline{RxC}$ 的上升沿采样 RxD。

6) 接收器数据信号 RxD

字符在这条线上串行地被接收,在接收器中转换为并行格式的字符。

7) 发送时钟信号 $\overline{TxC}$

输入信号。控制发送器发送字符的速度。时钟速度与波特率之间的关系同 $\overline{RxC}$。数据是在 $\overline{TxC}$ 的下降沿由 TxD 逐位发出。

8) 发送器数据信号 TxD

由 CPU 送来的并行格式字符在这条线上被串行地发送。

8.2.3 8251A 的编程

8251A 是可编程的多功能通信接口,在用它传送数据之前必须对它进行初始化,确定它的工作方式。例如,规定它工作于同步还是异步方式、传送的波特率、字符格式等。改变 8251A 的工作方式,也必须要对其再次进行初始化编程。

1. 工作方式控制字

工作方式控制字在复位后写入,它规定了 8251A 的工作方式,如图 8.12 所示。

$D_1 D_0$ 用以确定 8251A 是工作于同步方式还是异步方式。$D_1 D_0 = 00$ 为同步方式;$D_1 D_0 \neq 00$ 为异步方式,且有 3 种组合来选择波特率系数。接收和发送的波特率系数必须相同。

$D_3 D_2$ 用以确定字符的长度(即位数)。

$D_5 D_4$ 用以确定奇偶校验的性质。

$D_7 D_6$ 在同步和异步方式时的意义是不同的。异步方式($D_1 D_0 \neq 00$)时用来确定停止位个数。同步方式时 D_6 用来确定是内同步(SYNDET 引脚为输出),还是外同步(SYNDET 引脚为输入),D_7 用来确定同步字符的个数。

注意,在同步方式时,紧跟在方式控制字后面的必须是由程序输入同步字符,它是用与方式控制字类似的方法由 CPU 写给 8251A 的。

在输入同步字符后,或在异步方式时,在方式控制字后应由 CPU 输出命令控制字。

2. 命令控制字

命令控制字格式如图 8.13 所示。只有写入命令控制字后,8251A 才能处于相应的运行状态,接收或发送数据。

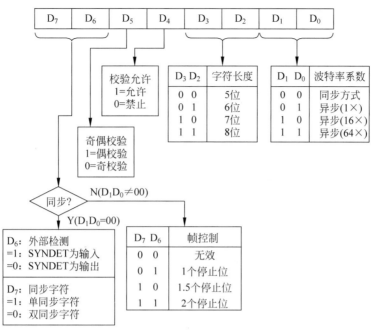

图 8.12　8251A 工作方式控制字

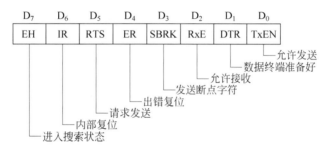

图 8.13　8251A 命令控制字格式

D_0 为 1 允许 8251A 开始发送操作,引脚 TxRDY 才可能有效(为 1)。

D_1 为 1 强制引脚 $\overline{DTR}$ 有效,通知调制解调器 8251A 已准备好。

D_2 为 1 允许 8251A 开始接收数据。引脚 RxRDY 才可能有效(为 1)。

D_3 为 1 强制引脚 TxD 发送低电平,以此作为断点字符。

D_4 为 1 则对状态字中的所有操作出错标志(FE、OE、PE)复位。

D_5 为 1 强制 $\overline{RTS}$ 引脚有效,向调制解调器提出发送请求。

D_6 为 1 强制 8251A 内部复位,使它回到准备接收方式控制字的状态。

D_7 只用于同步方式。该位为 1,表示开始搜索同步字符,将输入的信息和同步字符做比较,若相同,则使 SYNDET 引脚有效,开始对数据的接收操作。

3. 状态字

8251A 的状态字格式如图 8.14 所示。

D_0 为 1 反映当前发送缓冲器已空,它仅表示 8251A 此时的一种工作状态。而引脚 TxRDY 只有当数据缓冲器空、$\overline{CTS}$ 引脚为低电平且 TxEN 为 1 同时成立时才置位。在数

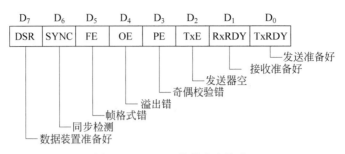

图 8.14　8251A 的状态字格式

据发送过程中,TxRDY 状态和 TxRDY 引脚信号总是相同的,这就可以由 TxRDY 状态供 CPU 查询。

D_1 为接收准备好标志,其状态与 RxRDY 引脚相同。

D_2 为发送器空,其状态与 TxE 引脚相同。

D_3 为奇偶校验错,当检测出校验错误时,该位置 1。它不禁止 8251A 操作,可以由命令控制字中的 ER 位复位。

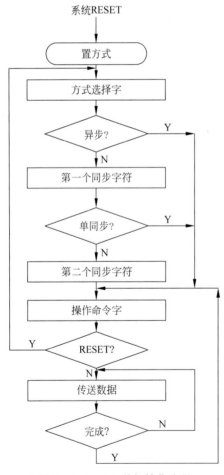

图 8.15　8251A 的初始化流程

D_4 为溢出错,当该位为 1 时,表示接收器准备好一个字符,但 CPU 未及时读取前一个字符,因此造成字符丢失。它不禁止 8251A 操作,只是丢失字符而已,可以由命令控制字中的 ER 位复位。

D_5 为帧格式错,仅对异步通信时有用。当该位为 1,表示接收器不能检测到有效的停止位。它不禁止 8251A 操作,可以由命令控制字中的 ER 位复位。

D_6 为同步检测标志,其状态与引脚 SYNDET/ BRKDET 状态相同。

D_7 为数据装置准备好标志,其状态与引脚 $\overline{DSR}$ 状态相反。

如上所述,工作方式控制字、同步字符、命令控制字都是 CPU 写入 8251A 的,以控制 8251A 工作方式和操作。但 8251A 在实际的发送或接收数据过程中的状态如何? CPU 可通过 I/O 读操作把 8251A 的状态字读入加以分析,以便控制 CPU 与 8251A 的数据交换。

4. 初始化编程

8251A 的初始化流程如图 8.15 所示。

例如,8251A 工作于异步方式,波特率系数为 64,7 位数据位,2 位停止位,采用偶校验,则方式选择控制字为 11111011B,即 FBH。

操作命令使接收允许、发送允许、出错复位,则操作命令控制字为00010101B,即15H。

设8251A端口号为FEH,则初始化程序如下:

```
MOV   AL,0FBH          ;送方式选择控制字
OUT   0FEH,AL
MOV   AL,15H           ;送操作命令控制字
OUT   0FEH,AL
```

8.3   8251A 的应用

利用PC的RS-232C接口,可以方便地与另一台PC或单片机系统(如MCS-51系统)之间相互传输数据。

1. RS-232C 串口通信接线方法与软件编程

虽然标准串口的信号线很多,但由于RS-232C是全双工通信,在实际应用时,PC与其他系统相连,可采用三线制连接。三线制就是指发送数据线TxD、接收数据线RxD及信号地线GND。连接时,双方的地线直接相连,收发数据线交叉相连。

图8.16是一个双机通信的原理图。设8251A工作于异步方式,波特率系数为64,8位数据位,1位停止位,采用偶校验。查询传送的工作原理:发送方8086每查询到本机8251A的TxRDY状态位为1,就向8251A并行输出一个数据,再由本机8251A向对方串行发送;接收方8086每查询到本机8251A的RxRDY状态位为1,就将本机8251A接收到的串行数据已经变换后的并行数据输入8086。设发送方(1)的数据口地址为FFF0H,控制口地址为FFF2H;接收方(2)的数据口地址为FFF8H,控制口地址为FFFAH。设发送数据块首地址为2000H,接收缓冲区首地址为6000H,共传送100字节。

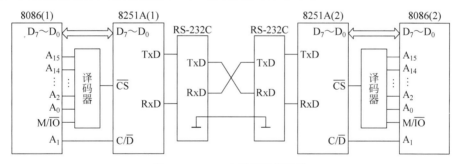

图 8.16   8251A 用于双机通信

发送方初始化程序和发送控制程序如下:

```
        MOV   DX,0FFF2H       ;送方式选择控制字
        MOV   AL,7FH
        OUT   DX,AL
        MOV   AL,11H          ;送操作命令控制字,允许发送,出错复位
        OUT   DX,AL
        MOV   SI,2000H
        MOV   CX,100
TRANS:  MOV   DX,0FFF2H       ;读状态字
        IN    AL,DX
        TEST  AL,01H          ;查询是否 TxRDY = 1
```

```
            JZ    TRANS
            MOV   DX,0FFF0H          ;发送一个数据
            MOV   AL,[SI]
            OUT   DX,AL
            INC   SI
            LOOP  TRANS
            HLT
```

接收方初始化程序和接收控制程序如下：

```
            MOV   DX,0FFFAH          ;送方式选择控制字
            MOV   AL,7FH
            OUT   DX,AL
            MOV   AL,14H             ;送操作命令控制字,允许接收,出错复位
            OUT   DX,AL
            MOV   SI,6000H
            MOV   CX,100
RECEI:      MOV   DX,0FFFAH          ;读状态字
            IN    AL,DX
            TEST  AL,02H             ;查询是否 RxRDY = 1
            JZ    RECEI
            TEST  AL,38H             ;判断帧格式错,溢出错,奇偶校验错
            JNZ   ERR               ;有错则转出错处理
            MOV   DX,0FFF8H          ;接收一个数据
            IN    AL,DX
            MOV   [SI],AL            ;存入接收缓冲区
            INC   SI
            LOOP  RECEI
            HLT
```

2. BIOS 串行通信口功能

这里只讨论 PC 方的数据传输问题,至于另一方的数据传输,如果系统不是 PC 而是单片机等,读者可查阅有关参考书。

IBM PC 及其兼容机提供比较灵活的关于串行口的 BIOS 中断调用方法,即通过 INT 14H 调用 ROM BIOS 串行通信口例行程序。该例行程序包括将串行口初始化为指定的字节结构和传输速率,检查控制器的状态、读写字符等功能。下面介绍 INT 14H 中断调用功能。

1)初始化串行通信口(AH＝0)

调用参数：AL＝初始化参数

　　　　　DX＝通信口号,0：COM1,1：COM2

返回参数：AH＝通信口状态

　　　　　AL＝调制解调器状态

初始化参数字格式如图 8.17 所示。

通信口状态字格式如图 8.18 所示。

在接收和发送过程中,错误状态位(D_1、D_2、D_3、D_4 位)一旦被置为 1,则读入的接收数据已不是有效数据,所以在串行通信应用程序中,应检测数据传输是否出错。

调制解调器状态字格式如图 8.19 所示。

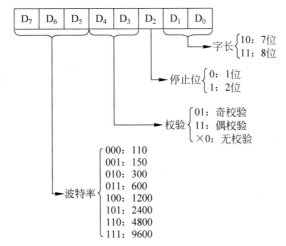

图 8.17　初始化参数字格式

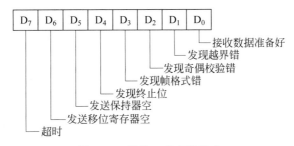

图 8.18　通信口状态字格式

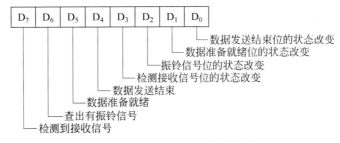

图 8.19　调制解调器状态字格式

2）向串行通信口写字符（AH＝1）

输入参数：AL＝所写字符

　　　　　DX＝通信口号，0：COM1，1：COM2

输出参数：写字符成功：AH.7＝0，AL＝已写入的字符

　　　　　写字符失败：AH.7＝1，AH.0～6＝通信口状态

3）从串行通信口读字符（AH＝2）

输入参数：DX＝通信口号，0：COM1，1：COM2

输出参数：读字符成功：AH.7＝0，AL＝读入的字符

　　　　　读字符失败：AH.7＝1，AH.0～6＝通信口状态

4）读通信口状态（AH＝3）

输入参数：DX＝通信口号，0：COM1，1：COM2

输出参数：AH＝通信口状态，AL＝调制解调器状态

3. 利用 BIOS 串行通信功能的软件编程

设通信双方有一台 PC,使用 COM1 端口。在串行通信中,必须首先设定通信双方所使用字符串的数据结构,才能进行软件编程。这里设数据在接收和发送的字符串中,序号为 0 的字节为数据长度,其后的字节为所接收的数据。

另外,设 COM1 口的传输速率为 2400 波特(baud),字符长度为 8 位,1 位停止位,无奇偶校验。

对于接收过程,程序首先用 INT 14H,AH＝3 来获得 COM1 端口的状态,如果检测到"数据准备好"位有效,表明 COM1 口接收到一个数据,则用 INT 14H,AH＝2 功能,将字符从 COM1 口读到 AL 寄存器。程序分主程序和子程序两部分。

主程序如下：

```
BUFFER      DB      100 DUP (?)          ;定义字符串缓冲区
            ...
            MOV     AH,0                 ;设置 COM1 口
            MOV     AL,0A3H
            MOV     DX,0
            INT     14H
            ...
            CALL    RECEIVE              ;接收第 0 号数据
            TEST    AH,80H               ;测试读是否成功
            JNZ     REC_ERROR            ;不成功,转出错处理
            MOV     CH,0
            MOV     CL,AL                ;CL 为接收字符串长度
            LEA     BX,BUFFER            ;建立指针
            MOV     [BX],AL              ;保存数据长度
REC_LOP1:   INC     BX
            CALL    RECEIVE              ;接收数据
            TEST    AH,80H
            JNZ     REC_ERROR
            MOV     [BX],AL              ;存入数据
            LOOP    REC_LOP1             ;循环
            ...
REC_ERROR:  ...                          ;接收出错处理
```

子程序如下：

```
RECEIVE     PROC    FAR                  ;接收数据子程序,出口 AL,AH
REC_CHECK:  MOV     AH,3                 ;读通信口状态字
            MOV     DX,0                 ;COM1 口
            INT     14H
            TEST    AH,1                 ;"测试接收数据准备好"位
            JZ      REC_CHECK            ;数据未准备好,再读状态字
            MOV     AH,2                 ;数据准备好,读通信口数据到 AL,通信口状态到 AH
            MOV     DX,0                 ;COM1 口
            INT     14H
            RET
RECEIVE     ENDP
```

发送程序与接收程序相似,程序首先用 INT 14H,AH＝3 来获得 COM1 端口的状态,如果检测到"发送保存寄存器空"位有效,表明可以写入一个数据到 COM1,就用 INT 14H,

AH=1 功能,将字符写到 COM1 的发送保存寄存器中。程序也分主程序和子程序两部分:

主程序如下:

```
            LEA     BX, BUFFER          ;建立指针
            MOV     AL, [BX]            ;取数据长度
            MOV     CL, AL
            MOV     CH, 0               ;CH 为发送数据长度
            CALL    SEND                ;发送数据长度
            TEST    AH, 80H             ;测试发送是否成功
            JNZ     SEND_ERROR          ;不成功,转出错处理
SEND_LOP1:  INC     BX
            MOV     AL, [BX]            ;取数据
            CALL    SEND                ;发送数据
            TEST    AH, 80H             ;测试发送是否成功
            JNZ     SEND_ERROR          ;不成功,转出错处理
            LOOP    SEND_LOP1
            …
SEND_ERROR: …                          ;接收出错处理
```

子程序如下:

```
SEND        PROC    FAR
            PUSH    AX
SEND_CHECK: MOV     AH, 3              ;读通信口状态字
            MOV     DX, 0              ;COM1 口
            INT     14H
            TEST    AH, 20H            ;测试"发送保存寄存器空"位
            JZ      SEND_CHECK         ;发送保存寄存器满,再读状态字
            POP     AX
            MOV     AH, 1              ;发送数据
            MOV     DX, 0              ;COM1 口
            INT     14H
            RET
SEND        ENDP
```

第9章　计数器/定时器

9.1　计数器/定时器概述

在计算机系统中经常要用到定时信号。在许多微机系统中,动态存储器的刷新定时、系统日历时钟的计时以及喇叭的声源,都是用定时信号来产生的。在计算机实时监测、控制处理系统中,计算机主机需要每隔一定的时间就对处理对象进行信号采样,再对获得的信号数据进行处理,这也要用到定时信号。

要实现定时或延时控制,主要有软件定时、不可编程的硬件定时以及可编程的硬件定时三种方法。

软件定时具体过程是让计算机执行一个延迟程序段,由于执行每条指令都需要时间,因此执行一个程序段就需要一定的时间。通过正确地挑选指令和安排循环次数很容易实现软件定时。这种方法的优点是节省硬件,但主要缺点是由于不同计算机指令周期不一样,因此,同一延时程序段在不同计算机上执行,得到的延时时间不同,所以,软件定时方法不具有通用性。另外,执行延迟程序期间,CPU 一直被占用,降低了系统的效率。

不可编程的硬件定时可以采用小规模集成电路器件来实现,例如采用 555 定时器外接电阻和电容构成,这样的定时电路简单,而且可以通过改变电阻和电容的大小,使定时时间在一定的范围内改变。但是,这种定时电路在硬件连接好以后,定时值及定时范围不能由程序软件来控制和改变。

可编程定时器电路的定时值及定时范围可以很容易地由软件程序来确定和改变,功能较强,使用灵活。这种方法最突出的优点是计数/定时不占用 CPU 的时间,并且如果利用定时器产生中断信号,就可以建立多作业的环境。所以,可以大大提高 CPU 的效率。同时,计数器/定时器硬件本身的开销并不很大。因此,可编程定时器电路得到了广泛应用。本章着重介绍这种定时器电路。

Intel 系列的计数器/定时器电路为可编程间隔定时器(Programmable Interval Timer, PIT),芯片主要型号为 8253。

9.2　可编程计数器/定时器 8253

Intel 8253 是采用 NMOS 工艺制成的可编程计数器/定时器,有几种芯片型号,外形引脚及功能都是兼容的,只是工作的最高计数速率有所差异,例如 8253 为 2.6MHz,8253-5 为 5MHz。本书以 8253 芯片介绍为主。8253 的基本组成与功能如下。

(1) 有 3 个独立的、功能相同的 16 位减法计数器。

（2）每个计数器都可以按照二进制或 BCD 码进行计数。

（3）每个计数器的计数速率可高达 2MHz。

（4）每个计数器有 6 种工作方式，可由程序设置和改变。

（5）所有的输入输出引脚电平都与 TTL 电平兼容。

9.2.1 8253 的内部结构和引脚特性

1. 8253 的内部结构和组成

8253 的内部结构如图 9.1 所示。

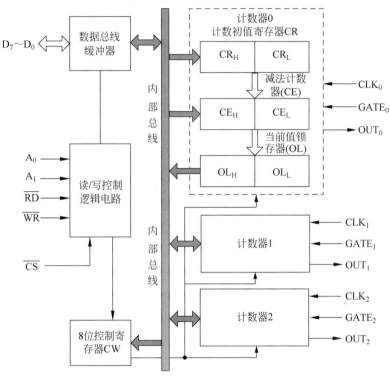

图 9.1 8253 的内部结构

1）数据总线缓冲器

它是 8253 与 CPU 数据总线连接的 8 位双向三态缓冲器。数据总线缓冲器有三方面的功能：

（1）往计数器设置计数初值；

（2）从计数器读取计数值；

（3）往控制寄存器设置控制字。

2）读/写控制逻辑电路

它主要接收来自 CPU 送来的读/写信号（$\overline{RD}/\overline{WR}$）、片选信号（$\overline{CS}$）、端口选择信号（$A_1 A_0$），以决定 3 个计数器与控制寄存器中的哪一个进行工作，以及数据传送的方向。

3）控制寄存器

8253 的 3 个计数器通道都有各自的控制字寄存器，存放各自的控制字，初始化编程时，这 3 个计数器的控制字分 3 次共用一个控制端口地址写入各自的通道。8253 是利用控制字最高两位来选择不同计数器进行区分的,这个控制字主要用来选择计数器及其相应的工作方式等。需要注意的是,控制寄存器只能写入不能读出。

4)计数器 0～2

从图 9.1 中看到,8253 内部有 3 个计数器,分别称为计数器 0、计数器 1 和计数器 2,简记为 CNT0、CNT1 和 CNT2,它们的结构完全相同。每个计数器的输入和输出都决定于本身所带的控制寄存器的控制字进行设定,3 个计数器互相之间工作完全独立。每个计数器通过 3 个引脚和外部联系,一个为计数脉冲输入端 CLK,一个为门控信号输入端 GATE,另一个为计数结束信号输出端 OUT。每个计数器内部有一个 16 位计数初值寄存器 CR、一个 16 位减法计数执行部件 CE 和一个 16 位输出锁存器 OL。其基本工作原理如图 9.2 所示。

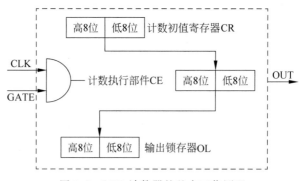

图 9.2　8253 计数器的基本工作原理

每个计数器的工作过程如下:由程序首先写控制字给控制寄存器,再写计数初值给相应计数器,初值在 CR 中保存,并送入 CE 中,在 GATE 门控信号允许或触发下,CE 便开始对 CLK 输入脉冲进行减计数,直到计数值被减到 0 时,计数结束或本周期计数结束,输出信号 OUT 端产生相应波形。输出信号的波形由事先规定的工作方式决定并受控于 GATE 信号。

在减计数过程中,CE 中当前的计数值同时送给 OL。因此,若想要知道计数过程中的当前实时计数值,则必须用指令将当前计数值锁存,然后从 OL 中读出,同时又不影响 CE 的连续计数。注意,当前计数值不能直接从 CE 中读出。

注:8253 计数器/定时器内部实际上是计数器,只要计数脉冲 CLK 是具有固定频率的脉冲,计数器就可以实现定时功能。

2. 8253 的引脚信号和功能

8253 是 24 个引脚的双列直插式器件,使用单一 5V 电源进行供电,其引脚定义如图 9.3 所示。

1)$D_7 \sim D_0$ 数据线

双向三态输入输出数据线,与系统数据总线相连,供 8253 与 CPU 之间传送数据、命令信息用。

2)$\overline{CS}$ 片选信号

输入,低电平有效。只有在 $\overline{CS}$ 保持低电平的情况下,8253 才能被选中,才能对它进行读/写操作。

3)$\overline{RD}$ 读信号

输入,低电平有效。当 $\overline{RD}$ 有效时,表示 CPU 正在对 8253 的一个计数器进行读操作。

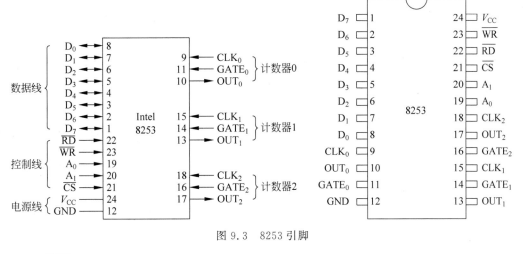

图 9.3　8253 引脚

4) $\overline{\text{WR}}$ 写信号

输入,低电平有效。当 $\overline{\text{WR}}$ 有效时,表示 CPU 正在对 8253 的一个计数器写入计数初值或者对其控制寄存器写入控制字。

5) $A_1 A_0$ 地址线

3 个独立的计数器各有一个端口地址,另外对应的 3 个控制寄存器共用一个端口地址,所以 8253 共有 4 个端口地址。当 $A_1 A_0 = 00$、01、10 时,分别为计数器 0、计数器 1 以及计数器 2 的端口,只有选中相应的计数器端口,才能对它进行读写操作。当 $A_1 A_0 = 11$ 时,为控制寄存器端口,控制寄存器只能进行写操作。

上述各输入信号($\overline{\text{CS}}$、$A_1 A_0$、$\overline{\text{RD}}$、$\overline{\text{WR}}$)的组合决定了 CPU 对 8253 的端口选择以及对该端口的具体读/写操作,具体组合情况如表 9.1 所示。

表 9.1　8253 输入信号与各功能的对应关系

$\overline{\text{CS}}$	$\overline{\text{RD}}$	$\overline{\text{WR}}$	A_1	A_0	功　能
0	1	0	0	0	对计数器 0 设置计数初值
0	1	0	0	1	对计数器 1 设置计数初值
0	1	0	1	0	对计数器 2 设置计数初值
0	1	0	1	1	设置写入控制字
0	0	1	0	0	从计数器 0 读出计数值
0	0	1	0	1	从计数器 1 读出计数值
0	0	1	1	0	从计数器 2 读出计数值

8253 的 $A_1 A_0$ 和系统地址线的接法与 8255A 芯片的 $A_1 A_0$ 接法类似。

6) $\text{CLK}_0 \sim \text{CLK}_2$(时钟)脉冲信号

计数器 0、1、2 的(时钟)脉冲输入端,它们各自独立。8253 进行计数工作时,每输入一个 CLK 脉冲,计数值就减少。

7) $\text{GATE}_0 \sim \text{GATE}_2$ 门控信号

计数器 0、1、2 的门控信号输入端,它们各自独立,用来禁止、暂停、停止、允许、启动计数器的计数控制,在 6 种不同的工作方式中,GATE 门控信号不同,控制作用也不同。

8) OUT$_0$～OUT$_2$ 计数器输出信号

计数器 0、1、2 的计数结束输出信号端,它们各自独立。当定时或计数值减为 0 时,在 OUT 端输出信号,该信号的波形取决于工作方式。该信号可供 CPU 或者其他设备检测、查询,或作为中断请求信号使用,也可作为控制信号或信号源使用。

视频讲解

9.2.2 8253 的控制字

在使用 8253 前,必须对它进行初始化编程,8253 的工作方式、计数方式、操作方式的确定以及计数器的选择都是由控制字来确定的。具体由 CPU 向 8253 的控制寄存器写入一个控制字,就可以规定 8253 的工作方式、计数值的长度以及计数所用的数制等。需要说明的是,不同计数器的控制字必须分别设置。也就是说,8253 的一个方式控制字只决定一个计数器的工作模式,如果使用 3 个计数器,需要分别对其控制字进行设置,3 个计数器的控制字均写入同一个控制寄存器端口。

1. 8253 控制字

控制字的格式如图 9.4 所示。

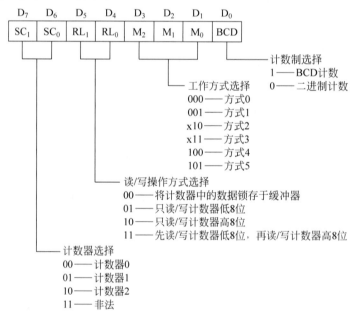

图 9.4　8253 控制字的格式

1) SC$_1$、SC$_0$

计数器选择位。因为每个计数器的控制寄存器都使用同一个口地址,在控制字中用这两个特征位来具体表明控制字是对哪一个计数器进行设置的。

2) RL$_1$、RL$_0$

读/写操作方式选择位。00 用于对所选定的计数器进行当前计数值锁存操作,使当前计数值在输出锁存器 OL 中锁定,以便 CPU 随后读取它,同时又不影响 CE 的计数进行。01、10、11 用于定义写计数初值或读输出锁存值的单/双字节操作及顺序。

3) M$_2$、M$_1$、M$_0$

工作方式选择位,不同的组合可以选择 6 种工作方式。具体如图 9.4 所示。

4) BCD

计数制选择位。它定义计数器按二进制计数还是按 BCD 码计数,所以在写计数初值时要注意数制类型的选择与实际使用要求一致。

2. 8253 的初始化编程

对 8253 编程常有两种操作:初始化操作和读当前计数值操作。初始化操作是必需的,而读当前计数值操作可根据实际使用需求进行使用。

1) 写操作——8253 的初始化编程

刚加电时,8253 处于一种未定义状态,工作方式是不确定的,需要对它进行初始化编程。因为 8253 的控制寄存器和 3 个计数器分别具有独立的编程地址,并且控制字本身的高 2 位又确定了计数器的序号。所以,对 8253 的编程没有太多严格的顺序规定,可以说使用非常灵活。但是,编程有两条原则必须严格遵守:

(1) 首先设置控制字。需要用几个计数器,就要写几次控制字,不过控制寄存器端口地址都相同。写入控制字,还起到复位作用:使该计数器清 0 以及使输出 OUT 端变为规定的初始状态。

(2) 向已选定的计数器写入计数初值。写初值时需要注意:①编程写入时必须按相应控制字中的高低 8 位要求顺序写入;②正确选定初值是二进制数还是 BCD 码数。实际使用时,一般计数初值小于或等于 10000 时可采用 BCD 码计数,初值大于 10000 时,只能采用二进制计数。

由于 3 个计数器完全独立,有各自的端口地址,因此对这 3 个计数器分别初始化编程并没有先后次序要求。但是,对任一计数器初始化时必须先写控制字,再写计数初值。

2) 读当前计数值——先锁存,再读操作

在实际应用中,常需要读出某计数器某时刻当前实时计数值,8253 的 OL 寄存器就是为此功能而设计的。在计数过程中,OL 实时跟随 CE 的值变化,并不锁存其实时值;只有接到锁存指令时,OL 立即锁存当前值,不再跟随 CE 变化,而同时 CE 仍照常继续减计数;然后 CPU 将锁存值用输入指令读出后,锁存器自动失锁,又跟随 CE 实时变化。这样就保证了在读出当前实时计数值的过程中不影响 CE 计数的执行。

读当前计数值编程过程:①先写锁存命令控制字(即设置控制字的 RL_1、RL_0 为 00),该锁存命令控制字仅起锁存作用,不影响计数器其他当前工作和状态;②再读该计数器端口,读出当前 OL 锁存的实时计数值。

9.2.3 8253 的工作方式

8253 作为可编程的计数器/定时器,可以使用 6 种方式工作。不论用哪种方式工作,都会遵守下面几条基本规则。

(1) 控制字写入计数器时,所有的控制逻辑电路立即复位,输出端 OUT 进入初始状态(高电平或者低电平)。

(2) 初始值写入以后,要经过时钟的一个上升沿和一个下降沿,计数执行部件才开始进行计数。

(3) 通常情况下,在时钟脉冲 CLK 的上升沿,门控信号 GATE 被采样。

(4) 在时钟脉冲的下降沿,计数器做减计数。

（5）0 是计数器所能容纳的最大初始值,当选用二进制计数时,0 相当于 2^{16}；用 BCD 码计数时,0 相当于 10^4。

下面分别讨论不同工作方式的特点和工作时序。

1. 方式 0——可编程阶跃信号发生器

该工作方式下能使 OUT 端产生正阶跃信号,常常被用来作为一次性中断请求信号。方式 0 的时序波形如图 9.5 所示,说明如下。

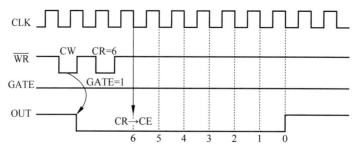

图 9.5　方式 0 的时序波形

（1）写入控制字,$\overline{\text{WR}}$ 信号的上升沿使 OUT 端输出低电平作为初始状态。

（2）再写入计数初值 n,$\overline{\text{WR}}$ 信号的上升沿将这个计数初值先送到 CR 中,在 $\overline{\text{WR}}$ 信号上升沿之后的第一个 CLK 脉冲的下降沿时才将初值从 CR 送到 CE 中。此时如果 GATE＝0,那么 CE 不能减 1 计数,只有 GATE＝1 条件下,CE 立即开始对 CLK 脉冲下降沿做减 1 计数。在计数过程中,OUT 端仍输出低电平,直到减 1 计数到 0,OUT 端才变为高电平。此高电平一直保持到 CPU 又写入控制字或又重新写入新的计数初值时,OUT 端才变为低电平,重新开始一个新的计数周期。

在计数过程中,可由门控制信号 GATE 控制计数暂停。若 GATE 由 1 变为 0,则 CE 立即暂停计数,并保持当前计数值,一旦 GATE 变为 1,CE 继续计数。在暂停过程中,OUT 端仍输出低电平,也就是说 GATE 信号的变化不影响输出端状态。利用这一功能,可以延长定时时间。

在计数过程中可改变计数初值。若 CPU 重新写入新的计数初值,则 CE 停止原计数,直到 $\overline{\text{WR}}$ 信号上升沿后的第一个 CLK 脉冲的下降沿时将按新的初值 n 重新开始计数。

2. 方式 1——可编程单稳态输出方式

该工作方式下能使 OUT 端产生单脉冲波形信号,单脉冲宽度可由程序设定。方式 1 的时序波形如图 9.6 所示,说明如下。

（1）写入控制字后,$\overline{\text{WR}}$ 信号的上升沿使 OUT 端输出高电平作为初始状态(若原为低电平,则由低电平变为高电平)。

（2）再写入计数初值 n,$\overline{\text{WR}}$ 信号上升沿将这个计数初值先送到 CR 中,在 $\overline{\text{WR}}$ 信号上升沿之后的第一个 CLK 脉冲的下降沿时才将初值从 CR 送到 CE 中。然后,只有当 GATE 信号出现上升沿并在上升后的第一个 CLK 脉冲下降沿时才启动计数并使 OUT 端变为低电平,直到计数值减到 0 时,使 OUT 端再变为高电平,由此 OUT 端上产生一个负单稳态脉冲波形,脉冲宽度为 n 个 CLK 时钟脉冲宽度。

在计数过程中,如果 CPU 又写入新的计数初值,当前计数值将不受影响,仍继续计数直到结束。计数结束后,只有再次出现 GATE 上升沿脉冲,才按新初值启动计数。

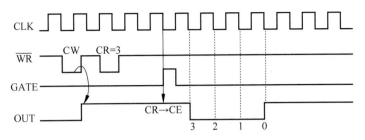

图 9.6　方式 1 的时序波形

在计数过程中,如果 GATE 又出现上升沿脉冲,则计数器将立即从初值开始重新计数,直到计数结束,OUT 端才变为高电平。利用这一功能,可延长 OUT 输出的单脉冲宽度。

3. 方式 2——可编程频率发生器/分频器

该工作方式下使 OUT 端输出固定频率的脉冲,输出脉冲周期等于 n 个 CLK 脉冲的宽度,相当于对 CLK 信号 n 分频。这种方式可以给自动控制系统中的实时检测、实时控制提供实时时钟,也可以作为一个可编程脉冲信号发生器。方式 2 的时序波形如图 9.7 所示,说明如下。

(1) 写入控制字后,OUT 端输出高电平作为初始状态。

(2) 写入计数初值 n 后的第一个 CLK 脉冲下降沿,初值才送入 CE。在 GATE=1 时,开始减 1 计数,当计数减到 1(注意不是减到 0)时,OUT 端变为低电平;再减 1,即计数减到 0,OUT 端又变为高电平;同时计数器自动重装计数初值,从计数初值开始新的减 1 计数过程,如此重复进行,输出固定频率的脉冲。

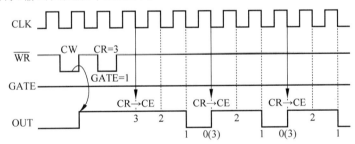

图 9.7　方式 2 的时序波形

在计数过程中,CPU 写入新的初值并不影响当前计数,而是影响后面的计数。

在计数过程中,若 GATE 变为低电平,则停止计数,直到 GATE 恢复高电平后,计数器则从计数初值开始重新计数。由此可见,这种方式下,门控信号既可用高电平触发,也可用上升沿触发。

从上述分析来看,工作方式 2 具有计数初值重装能力,可实现连续不间断计数。

4. 方式 3——可编程方波发生器

方式 3 与方式 2 工作原理相似,但输出波形则为占空比 1∶1 或近似 1∶1 的连续方波或矩形波。方式 3 的时序波形如图 9.8 所示,说明如下。

(1) 写入控制字后,OUT 端输出高电平作为初始状态。

(2) 写入计数初值 n 后的第一个 CLK 脉冲下降沿,初值才送入 CE。在 GATE=1 时,开始计数。

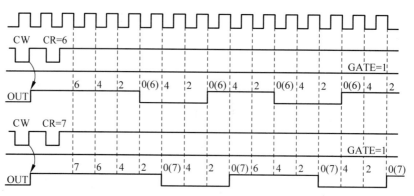

图 9.8　方式 3 的时序波形

当计数初值 n 为偶数时,每经过一个 CLK 信号,计数值减 2,直至减到 0,OUT 输出反转为低电平;同时重装计数初值,再每经一个 CLK,计数值减 2,直至减到 0,OUT 输出转为高电平。然后自动重装计数初值,重复上述计数过程。

由此可见,当计数初值 n 为偶数时,OUT 正半周宽度与负半周相等,为 $T_{CLK} * n/2$。

若计数初值 n 为奇数时,第一个 CLK 到来时,OUT 正半周计数值减 1;随后每一个 CLK,计数值减 2,直至减到 0,OUT 输出反转为低电平;同时重装计数初值,在后续的第一个 CLK 使计数值减 3,随后每一个 CLK,计数值减 2,直至减到 0,OUT 输出转为高电平。然后自动重装计数初值,重复上述计数过程。

由此可见,当计数初值 n 为奇数时,OUT 的正半周宽度为 $T_{CLK} * (n+1)/2$,OUT 的负半周宽度为 $T_{CLK} * (n-1)/2$,即 OUT 输出为高电平的宽度比其为低电平的宽度多一个 CLK 周期。

例如,若计数初值 $n=7$,开始计数时,OUT 初始为高电平;当第一个计数脉冲到来时,计数值 $=7-1=6$,第二个计数脉冲到来时,计数值 $=6-2=4$,随着后续的计数脉冲 CLK 到来,计数值 $=4-2=2$、计数值 $=2-2=0$,计数值减到 0,此时 OUT 输出低电平;随后计数初值 $n=7$ 重新装入计数器,当后续第一个计数脉冲 CLK 到来后,计数值 $=7-3=4$,随着后续的计数脉冲 CLK 到来,计数值 $=4-2=2$、计数值 $=2-2=0$,计数值减到 0,此时 OUT 输出高电平;然后计数初值 $n=7$ 自动重新装入计数器,以此往复进行计数。

在计数过程中,CPU 写入新的初值并不影响当前计数,而是影响后面的计数。

在计数过程中,GATE 变为低电平,则停止计数,直到 GATE 恢复高电平后,计数器则从计数初值开始重新计数。由此可见,这种方式下,门控信号既可用高电平触发,也可用上升沿触发。

与工作方式 2 一样,工作方式 3 也具有计数初值自动重装能力,可实现连续不间断计数。

5. 方式 4——可编程软件触发的选通信号发生器

方式 4 与方式 0 工作原理相似,但 OUT 端输出波形为单脉冲选通信号,方式 4 的时序波形如图 9.9 所示,说明如下。

(1) 写入控制字后,OUT 端输出高电平作为初始状态。

(2) 写计数初值 n,该 $\overline{WR}$ 信号上升沿将这个计数初值先送到 CR 中,在 $\overline{WR}$ 信号上升沿之后的第一个 CLK 脉冲的下降沿时才送入 CE 中。此时,若 GATE=1,CE 就启动减 1

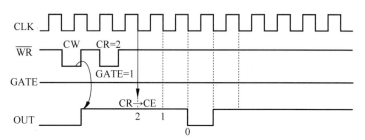

图 9.9　方式 4 的时序波形

计数,直到计数值减到 0 时,OUT 端才由高电平变为低电平,并且仅保持一个时钟周期的低电平后,就自动变为高电平,也就是在 OUT 端产生一个负脉冲信号波形。

在计数过程中,若 CPU 又写入新的计数初值,则 $\overline{WR}$ 信号下降沿使计数器停止计数,然后在 $\overline{WR}$ 的上升沿后的第一个 CLK 脉冲下降沿开始按新计数初值做 1 计数。

注意,若该初值为双字节数,则写第一个字节时,不影响原计数,写第二个字节时 $\overline{WR}$ 信号才起作用。

在计数过程中,若 GATE 由高电平变为低电平,计数器立即停止计数,但 OUT 端输出仍保持高电平,直到 GATE 恢复到高电平时,计数器将从初值开始重新减 1 计数。

由程序置入的计数初值一次有效,减 1 计数到 0 输出一个负单脉冲信号后,计数结束,不再计数。若要继续进行计数,必须重新写计数初值,在 GATE=1 条件下,启动计数。

方式 4 时,计数器主要靠写入新的计数初值来触发计数器工作,所以常称它为软件触发。OUT 端输出的负单脉冲信号常常作为选通信号使用;另外还可用作定时功能,定时时间为 n 个 CLK 周期。

6. 方式 5——可编程硬件触发的选通信号发生器

方式 5 与方式 1 工作原理相似,由门控信号 GATE 的上升沿触发计数器计数,但 OUT 端输出波形为单脉冲选通信号如同方式 4。方式 5 的时序波形如图 9.10 所示,说明如下。

(1) 写入控制字后,OUT 端输出高电平作为初始状态。

(2) 写计数初值 n,在 $\overline{WR}$ 信号上升沿将这初值先送到 CR 中,在 GATE 信号出现上升沿后的第一个 CLK 脉冲的下降沿时将初值送入 CE,并开始减 1 计数,直到减到 0 时,OUT端由高电平变为低电平,并仅保持一个 CLK 脉冲周期的低电平后就自动变为高电平,也就是在 OUT 端产生一个负单脉冲信号波形。

在计数过程中或计数结束后,若 GATE 信号再次出现上升沿,则计数器将自动重装初值并开始新的计数周期。

在计数过程中,若 CPU 又写入新的计数初值,只要 GATE 不出现上升沿,就不影响当前计数。如果在这以后,GATE 出现上升沿,则在其后的第一个 CLK 脉冲下降沿启动计数器,并按新初值开始计数。

7. 8253 工作方式小结

8253 有 6 种不同的工作方式,它们的特点不同,因而应用的场合也就不同。下面进一步比较和小结。

(1) 8253 没有复位 RESET 输入,开机加电后,其工作方式和 OUT 端输出都是不确定的,必须对其进行初始化编程,初始化编程包括写控制字和写计数初值。先写控制字,使

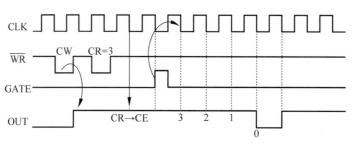

图 9.10　方式 5 的时序波形

OUT 端输出初始状态电平,其中只有方式 0 的初始状态为 OUT 端输出低电平,其他方式的初始状态都是 OUT 端输出高电平。

(2) OUT 端输出波形都是在 CLK 脉冲下降沿时产生电平的变化。

(3) 门控信号的触发方式有两种:高电平触发和上升沿触发。方式 0、4 中 GATE 为高电平触发;方式 1、5 中 GATE 为上升沿触发;方式 2、3 中 GATE 既可用高电平触发也可用上升沿触发。

(4) 方式 0 与方式 1 的 OUT 端输出波形类似,在计数过程中都保持低电平,计数结束立即变为高电平,这种正阶跃信号输出常可用作中断请求信号。但它们的 OUT 端初始状态不一样,方式 0 的 OUT 端输出正阶跃信号,方式 1 的 OUT 端输出负单稳态脉冲波。

(5) 方式 2 与方式 3 有一个共同的特点,都具有计数值减到 0 后计数初值自动再重装功能,所以 OUT 端都可以输出连续的波形。它们主要的区别在于占空比不同,方式 2 输出连续的负脉冲波,其中负脉冲宽仅为一个 CLK 脉冲,而周期为 n 个 CLK 脉冲;方式 3 输出连续的方波或矩形波,占空比为 1∶1 或近似 1∶1。

(6) 方式 4 与方式 5 的输出波形相同,它们的主要区别是计数启动的触发信号不同,方式 4 由写计数初值指令的 $\overline{WR}$ 上升沿启动计数,方式 5 由 GATE 上升沿启动计数。

(7) 6 种工作方式都受 GATE 门控信号的控制。

(8) 在使用计数器前,必须先写入计数初值 n。在某些工作方式下初值只能用一次,如下次要用,必须重新写入初值 n;而在另外一些方式下,能自动重新装入初值 n 实现循环计数。

方式 0:写入的初值 n 一次有效。

方式 1:写入的初值 n 一次有效,但可触发重装。

方式 2:写入的初值 n 能自动重装。

方式 3:写入的初值 n 能自动重装。

方式 4:写入的初值 n 一次有效。

方式 5:写入的初值 n 一次有效,但可触发重装。

(9) 6 种工作方式在计数过程中都可写入新计数初值,但是在不同工作方式时对当前计数及 OUT 输出的影响各不相同。

9.2.4　8253 的编程

1. 8253 的初始化编程

要使用 8253 必须首先进行初始化编程,初始化编程的内容为:必须先写入每个计数器的控制字,然后写入计数器的计数初值。如前所述,在有些方式下,写入计数值后此计数器就开始工作了,而有的方式需要外界门控信号的触发启动。

在初始化编程时,某一计数器的控制字和计数值是通过两个不同的端口地址写入的。任一计数器的控制字都是写到控制寄存器(地址总线低两位 $A_1 A_0 = 11$),由控制字中的 $D_7 D_6$ 来确定是哪一个计数器的控制字;而计数初值是由各个计数器的地址端口写入的。

初始化编程的步骤为:

(1) 按照使用场合要求,选择计数器,并计算满足条件的计数初值 n。

(2) 写控制字,规定计数器的工作方式。

(3) 写计数初值。

① 若规定只写低 8 位,则写入的为计数初值的低 8 位,高 8 位自动置 0。

② 若规定只写高 8 位,则写入的为计数初值的高 8 位,低 8 位自动置 0。

③ 若是 16 位计数初值,则分两次写入,先写入低 8 位,再写入高 8 位;如果 16 位的初值转换为十六进制数或者 BCD 码数的最低 2 位(二进制低 8 位)数是 0,则可以只写计数器初值的高 8 位,因为其低 8 位自动置 0。

例 9.1 若要使计数器 2 工作在方式 1,按 BCD 码计数,计数初值为 5080,若端口地址分别为 F8H～FBH,则初始化程序为:

```
MOV   AL,0B3H        ;控制字为10110011B
OUT   0FBH,AL        ;向计数器2写控制字
MOV   AL,80H         ;按照BCD码计数,其十进制数值后加H
OUT   0FAH,AL        ;向计数器2写计数初值的低8位
MOV   AL,50H         ;按照BCD码计数,其十进制数值后加H
OUT   0FAH,AL        ;向计数器2写计数初值的高8位
```

注意:采用 BCD 码计数时,计数初值为十进制数,但在初始化写初值时,一定要在十进制数值后加十六进制后缀 H。

2. 8253 计数值的读取编程

CPU 可以用输入指令读取 8253 任一计数器的当前实时计数值,此时 CPU 读到的是执行输入指令瞬间计数器的实时值。如果 8253 的计数初值超过 8 位,要分两次读至 CPU,在读入过程中,计数值可能发生变化。因此,在读取计数值之前,需对现行计数值进行锁存。

具体实现方法:可通过向 8253 输送一个控制字,令 8253 计数器中的输出锁存器锁存现行计数值。8253 的每个计数器都有一个输出锁存器 OL(16 位),它的值随计数器的值变化,当向计数器写入锁存的控制字时,它把计数器的现行值锁存,而 CE 继续计数,这样 CPU 读取的就是输出锁存器中的值(计数器的实时值)。当 CPU 读取了 OL 寄存器中的实时计数值后,系统会自动解除 OL 寄存器的锁存状态,OL 寄存器的值又随着 CE 同步变化。

例 9.2 在例 9.1 的计数过程中,若要读取计数器 2 的当前 16 位计数值,并且读取的数值存入 CX 寄存器中,其程序为:

```
MOV   AL,83H         ;锁存控制字为10000011B
OUT   0FBH,AL        ;向计数器2写锁存OL寄存器控制字,实现锁存
IN    AL,0FAH        ;读取计数器2的OL锁存器低8位计数值
MOV   CL,AL          ;保存至CL
IN    AL,0FAH        ;再读一次计数器2的OL锁存器,读取高8位计数值
MOV   CH,AL          ;保存至CH,CX中即为计数器2的当前实时计数值
```

9.3 8253 的应用

例 9.3 利用 8253 和 8255 实现对扬声器控制,如图 9.11 所示。试设计一个程序,使扬声器发出 262Hz 频率的声音,按下任意键声音停止。已知 8253 计数器 2 与控制口地址为 42H 与 43H,8255 PB 口的地址为 61H,并且 8255 已经完成了初始化工作。

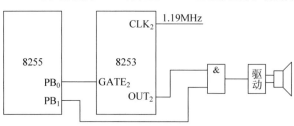

图 9.11 8253 扬声器控制

在 PC/XT 计算机系统中,PC 的发声系统以计数器 2 为核心,CLK_2 的输入频率为 1.19MHz,改变计数器初值可以由 OUT_2 得到不同频率的方波输出。因此,计数器 2 可以定义为工作方式 3,按照二进制计数,其控制字为 10110110B。对于要求 OUT_2 输出 262Hz 的声音驱动信号,可以得出计数初值 1.19MHz/262Hz=4542。

另外,PC/XT 计算机的发声系统受 8255 芯片 PB 口的两个输出端线 PB_0、PB_1 的控制,PB_0 为 1,使 $GATE_2$ 为 1,计数器 2 能正常计数,可以控制扬声器何时可以发声;PB_1 为 1,打开输出控制门,可以控制扬声器发声的启动和停止。

程序如下:

```
MOV   AL,10110110B    ;对8253计数器2初始化,二进制计数
OUT   43H,AL
MOV   AX, 4542        ;设置计数初值,4542后不加H,编译后自动转换为二进制
OUT   42H, AL         ;向计数器2写计数初值的低8位
MOV   AL,AH
OUT   42H,AL          ;向计数器2写计数初值的高8位
IN    AL, 61H         ;读8255 PB口当前值
OR    AL, 03H         ;使PB1与PB0置1,其余位不变
OUT   61H, AL         ;打开GATE2并且允许发声
MOV   AH, 01H
INT   21H             ;调用中断21H的读取键盘功能(01H),等待按任意键
IN    AL,61H
AND   AL,0FCH         ;清PB1与PB0,使GATE2为1,并关闭输出控制门
OUT   61H,AL          ;停止发声
```

注:实际上,262Hz 频率的声音是 C 调中音音符 1。一个音符对应一个频率,音符的时长可以通过软件延迟来实现。这样,根据不同音符与其频率的对应关系表,就可以利用 8253 控制扬声器发声实现简单的音乐演奏或播放功能。

例 9.4 如图 9.12 所示,要求利用 8253 控制 LED 的点亮或熄灭。要求循环点亮 10s 后再让它熄灭 10s(周期为 20s),设计接口电路并编程实现。已知 8253 的各端口地址为 81H、83H、85H 和 87H,提供的时钟信号频率为 2MHz。

分析:对 8253 编程,使其输出周期为 20s 的方波信号,就能使 LED 交替亮灭。

（1）初值计算。

已知输出周期为20s，则输出频率为1/20Hz。

时钟频率为2MHz，初值为$2 \times 10^6/(1/20) = 40 \times 10^6$。

（2）接口设计。

我们知道一个计数器的计数初值为0时，并且按照二进制计数，其计数次数最多为65 536，而前述计算出的计数初值为40×10^6，远远超过计数器的最大计数次数。所以，单纯地使用单个计数器不能满足要求。因此，可考虑采用多个计数器级联的方法实现。让计数器0和计数器1都工作在方式3，使计数器0的OUT_0输出脉冲信号作为计数器1的CLK_1时钟输入信号，即计数器1的CLK_1端接计数器0的OUT_0端。其接口结构如图9.12所示。

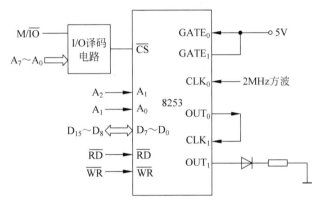

图9.12　8253计数器多通道级联示意

（3）初始化编程。

计数器0和计数器1都工作在方式3，其控制字分别为00100111B和01100111B。在两个计数器的初值设置上只要满足两个计数初值的乘积为$n_0 \times n_1 = 40 \times 10^6$即可。可以取计数器0的计数初值$n_0 = 5000$，则计数器1的计数初值$n_1 = 8000$。其初始化程序为：

```
MOV   AL,00100111B    ;计数器0工作在方式3，BCD码计数
OUT   87H,AL
MOV   AL,50H          ;只写计数器0的初值高8位，低8位自动置0
OUT   81H,AL
MOV   AL,01100111B    ;计数器1工作在方式3，BCD码计数
OUT   87H,AL
MOV   AL,80H          ;只写计数器1的初值高8位，低8位自动置0
OUT   83H,AL
```

例9.5　图9.13是用8253监视一条生产流水线，要求每通过50个工件，扬声器响5s，声响频率为2kHz。设计数器0、计数器1、控制寄存器的地址为40H、41H、43H，8255A的PA端口地址为80H，系统提供5s延时子程序DL5S供调用。

从图9.13中可以看出，计数器0作为工件计数使用，每计满50个工件，需要发出中断请求，使连接到计数器1的OUT_1输出端的扬声器发出频率为2kHz声响，时长为5s。因此，计数器0可以设置为工作方式2分频器方式，每计满50个工件，发出一次中断请求。其计数初值$n_0 = 50$。

在中断服务程序中，用8253的计数器1输出2kHz的方波，驱动扬声器发声，持续5s

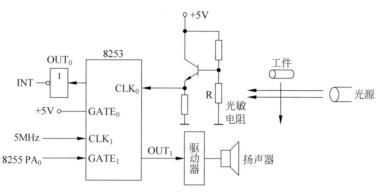

图 9.13 8253 监测生产流水线示意图

后停止。因此,计数器 1 可以设定为工作方式 3(方波发生器),使扬声器发声。因为 CLK_1 接 5MHz 时钟,计数器 1 的计数初值 $n_1 = 5\,000\,000/2000 = 2500$,采用 BCD 码计数,使用 16 位数据。用 8255A 的 PA 端口的 PA_0 位控制计数器 1 的启动和停止。

主程序为:

```
        MOV  AL,15H      ;计数器 0 初始化,只读写低 8 位,工作方式 2,BCD 码计数
        OUT  43H,AL
        MOV  AL,50H      ;写计数器 0 的计数初值
        OUT  40H,AL
        STI              ;开中断
LOP:    HLT              ;等待中断,当计满 50 个工件后,
                         ;OUT0 发出中断请求,执行下列中断服务程序
        JMP  LOP
```

中断服务程序为:

```
MOV  AL,01H      ;使 8255 的 PA0 = 1,计数器 1 的 GATE1 = 1,启动计数
OUT  80H,AL
MOV  AL,77H      ;计数器 1 初始化,高低 8 位均读写,工作方式 3,BCD 码计数
OUT  43H,AL
MOV  AL,00H      ;写入计数器 1 的计数初值低 8 位
OUT  41H,AL
MOV  AL,25H
OUT  41H,AL      ;写入计数器 1 的计数初值高 8 位,OUT1 输出 2kHz 的方波驱动扬声器发声
CALL DL5S        ;扬声器发声延时 5s
MOV  AL,00H      ;使 8255 的 PA0 = 0,计数器 1 的 GATE1 = 0,停止计数
OUT  80H,AL
IRET             ;中断返回,等待下一次计满 50 个工件后发生中断
```

第 10 章   数模和模数转换

10.1   数模和模数转换概述

随着计算机技术的飞速发展,其应用范围也越来越广泛,已由过去的单纯的计算工具发展成为现在复杂控制系统的核心部分。人们通过计算机能对生产过程、科学实验以及军事控制系统等实现更加有效的自动控制,这也是微型计算机应用的一个非常重要的领域。

在测控系统中,参与测量和控制的物理量往往是连续变化的模拟量,例如温度、压力、流量、速度、电压、电流等,而计算机只能处理数字量的信息。外界的模拟量要输入计算机,首先要经过模数转换器(Analog-Digital Converter,ADC),将其转换为计算机所能接受的数字量,才能进行运算、加工处理。若计算机的控制对象是模拟量,也必须先把计算机输出的数字量经过数模转换器(Digital-Analog Converter,DAC),将其转换为模拟量形式的控制信号,才能去驱动有关的控制对象。本章将主要介绍 D/A(数模)和 A/D(模数)转换器的基本工作原理、典型的 D/A 和 A/D 转换器芯片以及微处理器与 D/A 和 A/D 转换器芯片的接口。

10.2   D/A 转换器

D/A 转换器是计算机或其他数字系统与模拟量控制对象之间联系的桥梁,它的任务是将离散的数字信号转换为连续变化的模拟信号。

10.2.1   D/A 转换器原理

数字量是由二进制代码按数位组合起来的,每位代码都有一定的权。为了实现数字量到模拟量的转换,必须将每位代码按其权值的大小转换为相应的模拟量,然后将各模拟分量相加,其总和就是与数字量对应的模拟量,这就是 D/A 转换的基本原理。例如:

$$1101B = 1 \times 2^3 + 1 \times 2^2 + 0 \times 2^1 + 1 \times 2^0 = 13$$

按这个 D/A 转换原理构成的转换器,主要由电阻网络、电子开关、基准电压及运算放大器组成。DAC 集成电路大多采用 T 形电阻网络型,图 10.1 为 4 位 DAC 的原理图。在这种电阻网络中,只需要 R 和 $2R$ 两种电阻。

输入的二进制数字量通过逻辑电路控制电子开关。当输入的数字量不同时,通过电子开关使电阻网络中的不同电阻和基准电压 V_{REF} 接通,在运算放大器的输入端产生和二进制数各位的权成比例的电流,再经放大器将电流转换为与输入二进制数成正比的输出电压。

基准电压是提供给转换电路的稳定的电压源,也称为参考电压。

图 10.1 所示的整个电路由若干相同的电路环节组成。每个环节有两个电阻和一个开

关,开关 S 是按二进制位进行控制的。该位为 1 时,开关将加权电阻与 I_{OUT1} 输出端接通产生电流;该位为 0 时,开关与 I_{OUT2} 端接通。

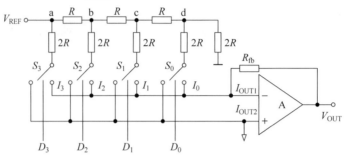

图 10.1　T 形电阻网络型 D/A 转换器原理

根据线性电路的叠加原理,输出电流 I_{OUT1} 为

$$I_{OUT1} = I_0 + I_1 + I_2 + I_3 = (V_{REF}/2R) \times (1/8 + 1/4 + 1/2 + 1)$$

通过运算放大器的反相输出,$R_{fb} = R$ 得到输出电压为

$$V_{OUT} = -(V_{REF}/2R) \times (1/8 + 1/4 + 1/2 + 1) \times R = -V_{REF} \times [(2^0 + 2^1 + 2^2 + 2^3)/2^4]$$

将上式推广为 n 位转换器,则

$$V_{OUT} = -[(2^0 \times D_0 + 2^1 \times D_1 + 2^2 \times D_2 + \cdots + 2^{n-1} \times D_{n-1})/2^n] \times V_{REF}$$

$$= -(D/2^n) \times V_{REF}$$

其中,$D_{n-1} \sim D_0$ 表示相应二进制位,D 则表示二进制数对应的十进制数。这样,输出电压 V_{OUT} 大小与输入的数字量具有对应关系。

10.2.2　D/A 转换器的主要技术参数

衡量 D/A 转换器的性能有很多参数表示,下面介绍一些主要的技术参数。

1. 分辨率

分辨率(resolution)是指 D/A 转换器所能产生的最小模拟量增量,通常用输入数字量的最低有效位(LSB)对应的输出模拟电压值来表示。D/A 转换器位数越多,输出模拟电压的阶跃变化越小,分辨率越高。通常用二进制数的位数表示,如分辨率为 8 位的 DAC 能给出满量程电压的 $1/2^8$ 的分辨能力。

2. 精度

精度(accuracy)用于衡量 D/A 转换器在将数字量转换为模拟量时所得模拟量的精确程度。它表明模拟输出实际值与理想值之间的偏差,可分为绝对精度(absolute accuracy)与相对精度(relative accuracy)。

1) 绝对精度

绝对精度指在数字输入端加有给定的代码时,在输出端实际测出的模拟输出值(电压或电流)与应有的理想输出值之差。它是由 D/A 的增益误差、零点误差、线性误差和噪声等综合引起的。因此,在有的数据图表上往往是以单独给出的各种误差形式来说明绝对误差。

2) 相对精度

相对精度指在满量程值校准以后,任一数字输入的模拟输出值与它的理论值之差,实际上就是 D/A 转换的线性度。

在 D/A 数据图表中,精度特性一般是以满量程电压(满度值)V_{FS} 的百分数或以最低有效位(LSB)的分数形式给出。

精度为 $\pm 0.1\%$ 是指最大误差为 V_{FS} 的 $\pm 0.1\%$。如果满度值为 10V,则最大误差为 $V_{E} = \pm 10\text{mV}$。

n 位 D/A 的精度为 $\pm 1/2$LSB,指最大可能误差为

$$V_{E} = \pm \frac{1}{2} \times \frac{1}{2^n} V_{FS} = \pm \frac{1}{2^{n+1}} V_{FS}$$

值得注意的是,精度和分辨率是两个容易混淆的参数。分辨率取决于转换器的位数,而精度则取决于构成转换器和各个部件的精度和稳定性。

10.2.3 DAC0832 及接口电路

1. DAC0832 的逻辑结构和引脚

DAC0832 是美国国家半导体公司生产的 8 位 D/A 转换芯片,采用 T 形电阻网络,其内部结构框图如图 10.2 所示。

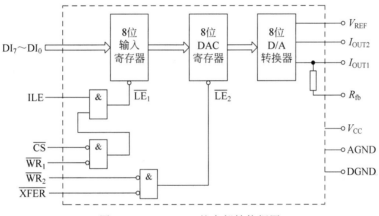

图 10.2 DAC0832 的内部结构框图

DAC0832 内部有两个数据缓冲寄存器:8 位输入寄存器和 8 位 DAC 寄存器。其转换结果以一组差动电流 I_{OUT1} 和 I_{OUT2} 输出。8 位输入寄存器的输入端可直接与 CPU 的数据线相连接。两个数据缓冲寄存器的工作状态分别受 $\overline{LE}_1$ 和 $\overline{LE}_2$ 控制。当 $\overline{LE}_1 = 1$ 时,8 位输入寄存器的输出随输入而变化;当 $\overline{LE}_1 = 0$ 时,输入数据被锁存。同理,8 位 DAC 寄存器的工作状态受 $\overline{LE}_2$ 的控制。

DAC0832 共有 20 个引脚,如图 10.3 所示。各引脚定义如下。

$DI_7 \sim DI_0$:8 位数字量输入信号,其中 DI_0 为最低位,DI_7 为最高位。

$\overline{CS}$:片选输入信号,低电平有效。

$\overline{WR}_1$:数据写入信号 1,低电平有效。

ILE:输入寄存器的允许信号,高电平有效。ILE 信号

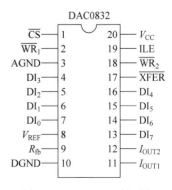

图 10.3 DAC0832 的引脚

第 10 章

数模和模数转换

和 $\overline{\text{CS}}$、$\overline{\text{WR}_1}$ 共同控制选通输入寄存器。当 ILE 为高电平、$\overline{\text{CS}}$ 和 $\overline{\text{WR}_1}$ 为低电平时,$\overline{\text{LE}_1}$ 为高电平,输入寄存器处于直通状态,数字输出随数字输入变化;否则,$\overline{\text{LE}_1}$ 为低电平,输入数据被锁存在输入寄存器中,输出端呈保持状态。

$\overline{\text{XFER}}$:传送控制信号,低电平有效。

$\overline{\text{WR}_2}$:数据写入信号 2,低电平有效。当 $\overline{\text{XFER}}$ 和 $\overline{\text{WR}_2}$ 为低电平时,使 $\overline{\text{LE}_2}$ 为高电平,DAC 寄存器处于直通状态,输出随输入变化;否则,将输入数据锁存在 DAC 寄存器中。

I_{OUT1}:模拟电流输出 1,它是逻辑电平为 1 的各位输出电流之和。当输入数字为全 1 时,其值最大,为 $(255/256)(V_{\text{REF}}/R_{\text{fb}})$;当输入数字为全 0 时,其值最小,为 0。

I_{OUT2}:模拟电流输出 2。$I_{\text{OUT1}}+I_{\text{OUT2}}=$ 常量。

R_{fb}:反馈电阻引出端。反馈电阻被制作在芯片内,可以直接接到外部运算放大器的输出端,用作外部运算放大器的反馈电阻。

V_{REF}:参考电压输入端。可接正电压,也可接负电压,范围为 $-10\sim+10$V。

V_{CC}:芯片电源电压,范围为 $+5\sim+15$V。

AGND:模拟地。

DGND:数字地。

2. DAC0832 的工作方式

改变 DAC0832 的有关控制信号的电平,可使 DAC0832 处于三种不同的工作方式。

1) 直通方式

当 $\overline{\text{CS}}$、$\overline{\text{WR}_1}$、$\overline{\text{WR}_2}$ 和 $\overline{\text{XFER}}$ 都接数字地,ILE 接高电平时,芯片即处于直通状态。此时,8 位数字量一旦到达 DI$_7\sim$DI$_0$ 输入端,就立即进行 D/A 转换而输出。在此种方式下,DAC0832 不能直接和数据总线相连接。

2) 单缓冲方式

此方式是使两个寄存器中任一个处于直通状态,另一个工作于受控锁存器状态或两个寄存器同步受控。一般的做法是将 $\overline{\text{WR}_2}$ 和 $\overline{\text{XFER}}$ 接数字地,使 DAC 寄存器处于直通状态。另外把 ILE 接高电平,$\overline{\text{CS}}$ 接端口地址译码信号,$\overline{\text{WR}_1}$ 接 CPU 系统总线的 $\overline{\text{IOW}}$ 信号,这样便可通过执行一条输出指令,选中该端口,使 $\overline{\text{CS}}$ 和 $\overline{\text{WR}_1}$ 有效,启动 D/A 转换。

3) 双缓冲方式

双缓冲方式的用途是数据接收和启动转换可以异步进行,即在对某数据转换的同时,能进行下一数据的接收,以提高转换速率。这时,可将 ILE 接高电平,$\overline{\text{WR}_1}$ 和 $\overline{\text{WR}_2}$ 接 CPU 的 $\overline{\text{IOW}}$,$\overline{\text{CS}}$ 和 $\overline{\text{XFER}}$ 分别接两个不同的 I/O 地址译码信号。执行输出指令时,$\overline{\text{WR}_1}$ 和 $\overline{\text{WR}_2}$ 均为低电平。这样,执行第一条输出指令,选中 $\overline{\text{CS}}$ 端口,把数据写入输入寄存器;再执行第二条输出指令,选中 $\overline{\text{XFER}}$ 端口,把输入寄存器的内容写入 DAC 寄存器,实现 D/A 转换。

双缓冲方式的另一个用途是可实现多个模拟输出通道同时进行 D/A 转换,即在不同的时刻把要转换的数据分别存入各 D/A 芯片的输入寄存器,然后由一个转换命令同时启动多个 D/A 的转换。

3. DAC0832 的输出方式

1) 单极性电压输出

所谓单极性电压输出,是指 CPU 输出到 8 位 DAC 的代码为 00H$\sim$FFH,经 D/A 转换后输出的模拟电压全为负值,或者全为正值。图 10.4 是 DAC0832 实现单极性电压输出的连接示意图。

因为内部反馈电阻 R_{fb} 等于梯形电阻网络的 R 值,则电压输出为

$$V_{OUT} = -I_{OUT1}R_{fb} = -(V_{REF}/R)(D/2^n)R_{fb}$$
$$= -(D/2^8)V_{REF}$$

2) 双极性电压输出

双极性电压输出是在单极性电压输出的基础上再加一级运放,由 V_{REF} 为第二级运放提供一个偏移电压,如图 10.5 所示。

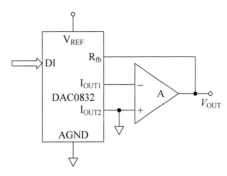

图 10.4　DAC0832 单极性电压输出

在图 10.5 中,选择 $R_2 = R_3 = 2R_1$,可以得到

$$V_{OUT2} = -(2V_{OUT1} + V_{REF}) = -[(-D/256)V_{REF} \times 2 + V_{REF}] = [(D-128)/128]V_{REF}$$

注意,上述两个计算公式中,D 代入的值都是其对应的十进制值。

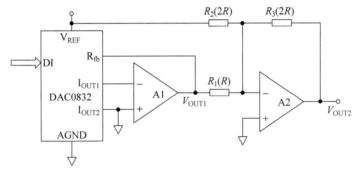

图 10.5　DAC0832 双极性电压输出

4. DAC0832 与 CPU 的接口

D/A 转换器与 CPU 间的信号连接包括三部分:数据线、地址线和控制线。

CPU 的输出数据要传送给 D/A 转换器,首先要把数据总线上的输出信号连接到 D/A 转换芯片的数据输入端。若 D/A 芯片内带有锁存器,CPU 就把 D/A 芯片当作一个并行输出端口;若 D/A 芯片内无锁存器,CPU 就把 D/A 芯片当作一个并行输出的外设,二者之间还需增加并行输出的接口。这是因为 CPU 要处理各种信息,其数据总线上的数据总是不断变化的,使得送给 D/A 转换器的数据在数据总线上停留时间很短,因而在一般情况下需要锁存器来保存 CPU 送给 D/A 转换器的数据。

1) 单缓冲方式

DAC0832 工作在单缓冲方式下的一种连接电路如图 10.6 所示,$\overline{WR_2}$ 和 $\overline{XFER}$ 直接接地,所以 DAC 寄存器不受控制。只要 CPU 执行一条输出指令,使得 $\overline{WR_1}$ 有效,有效地址译码使得 $\overline{CS}$ 有效,输入寄存器和 DAC 寄存器均处于直通状态,立即开始 D/A 转换。

对应于图 10.6,下面的程序段在执行时,可以实现一次 D/A 转换。程序中假设要转换的数据存于 BUF 单元。

```
MOV   AL,BUF        ;取数字量
MOV   DX,PORTD      ;PORTD 为 DAC 端口地址
OUT   DX,AL         ;输出,进行 D/A 转换
```

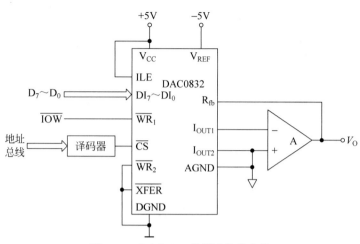

图 10.6　DAC0832 单缓冲连接电路

2）双缓冲方式

DAC0832 工作在双缓冲方式下的一种连接电路如图 10.7 所示。

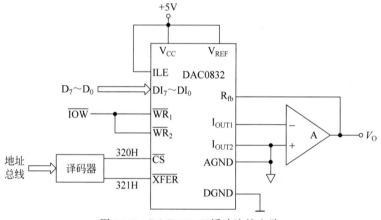

图 10.7　DAC0832 双缓冲连接电路

设 $\overline{\text{CS}}$ 的端口地址为 320H，$\overline{\text{XFER}}$ 的端口地址为 321H。CPU 执行第一条输出指令，将待转换的数据存入输入寄存器；再执行第二条输出指令，把输入寄存器的内容写入 DAC 寄存器，并启动 D/A 转换。执行第二条输出指令时，AL 中的数据为多少是无关紧要的，主要目的是使 $\overline{\text{XFER}}$ 有效。

一个数据通过 DAC0832 输出的典型程序如下：

```
MOV   DX,320H
MOV   AL,DATA        ;DATA 为被转换的数据
OUT   DX,AL          ;将数据存入输入寄存器
INC   DX
OUT   DX,AL          ;选通 DAC 寄存器,启动 D/A 转换
```

10.2.4　DAC1210 及接口电路

1. DAC1210 的逻辑结构和引脚

DAC1210 是美国国家半导体公司生产的 12 位 D/A 转换器芯片，是智能化仪表中常用

的一种高性能的 D/A 转换器。DAC1210 的逻辑结构框图如图 10.8 所示。

由图 10.8 可见,DAC1210 的逻辑结构与 DAC0832 类似,所不同的是 DAC1210 具有 12 位的数据输入端,且其 12 位数据输入寄存器由一个 8 位的输入寄存器和一个 4 位的输入寄存器组成。两个输入寄存器的输入允许控制都要求 $\overline{CS}$ 和 $\overline{WR_1}$ 为低电平,但 8 位输入寄存器的数据输入还要求 $B_1/\overline{B_2}$ 为高电平。

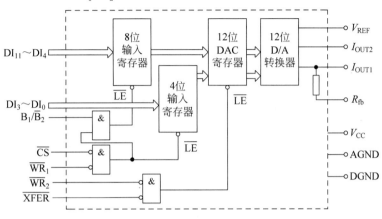

图 10.8 DAC1210 的内部结构框图

DAC1210 共有 24 个引脚,如图 10.9 所示。各引脚定义如下。

$DI_{11}\sim DI_0$:12 位数字量输入信号,其中 DI_0 为最低位,DI_{11} 为最高位。

$\overline{CS}$:片选输入信号,低电平有效。

$\overline{WR_1}$:数据写入信号 1,低电平有效。当此信号有效时,与 $B_1/\overline{B_2}$ 配合起控制作用。

$B_1/\overline{B_2}$:字节控制信号。此引脚为高电平时,12 位数字量同时送入输入寄存器;为低电平时,只将 12 位数字量的低 4 位送到 4 位输入寄存器。

$\overline{XFER}$:传送控制信号,低电平有效,与 $\overline{WR_2}$ 配合使用。

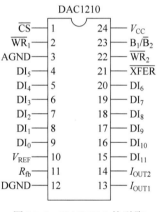

图 10.9 DAC1210 的引脚

$\overline{WR_2}$:数据写入信号 2,低电平有效。此信号有效时,$\overline{XFER}$ 信号才起作用。

I_{OUT1}:模拟电流输出 1。

I_{OUT2}:模拟电流输出 2。

R_{fb}:内部反馈电阻引脚。

V_{REF}:参考电压。

V_{CC}:芯片电源。

AGND:模拟地。

DGND:数字地。

2. DAC1210 与 CPU 的接口

DAC1210 与 8 位微处理器的连接如图 10.10 所示。DAC1210 输入数据线的高 8 位

$DI_{11} \sim DI_4$ 与数据总线 $D_7 \sim D_0$ 相连；而其低 4 位 $DI_3 \sim DI_0$ 也接至数据总线的 $D_7 \sim D_4$ 上，12 位数据输入应由两次写入操作完成。设 DAC1210 占用了 220H~222H 三个端口地址，为使两次数据输入端口地址是先偶(220H)后奇(221H)，将 A_0 地址线经反相驱动器接至 $B_1/\overline{B_2}$ 端。

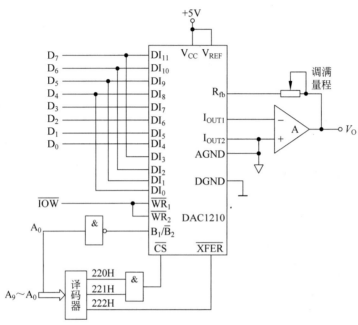

图 10.10　DAC1210 与 8 位微处理器的连接

由于 DAC1210 中的 4 位输入寄存器的 $\overline{LE}$ 端只受 $\overline{CS}$ 和 $\overline{WR_1}$ 的控制，而 8 位输入寄存器的 $\overline{LE}$ 端也受 $\overline{CS}$ 和 $\overline{WR_1}$ 的控制，故两次写入操作均使 4 位输入寄存器的内容更新。因此正确的操作步骤是：先使 $B_1/\overline{B_2}$ 端为高电平，将高 8 位数据写入 8 位输入寄存器；再使 $B_1/\overline{B_2}$ 端为低电平，以保护 8 位输入寄存器中已写入的内容，同时进行第二次写入操作。虽然第一次写入操作时，4 位输入寄存器中也写入了某个值，但第二次写入操作后，其中的内容便被更改为正确的数据了。

下面的程序段为图 10.10 中完成一次转换输出的程序。设 BX 寄存器中低 12 位为待转换的数字量。

```
START:MOV  DX,220H     ;DAC1210 的端口地址
      MOV  CL,4
      SHL  BX,CL       ;BX 中的数左移 4 位
      MOV  AL,BH       ;高 8 位数→AL
      OUT  DX,AL       ;写入高 8 位,进入 DAC1210 的 8 位输入寄存器
      INC  DX          ;修改 DAC1210 的端口地址
      MOV  AL,BL       ;低 4 位数→AL
      OUT  DX,AL       ;写入低 4 位,进入 DAC1210 的 4 位输入寄存器
      INC  DX          ;修改 DAC1210 的端口地址
      OUT  DX,AL       ;12 位数据同时进入 12 位 DAC 寄存器,启动 D/A 转换
      HLT
```

10.3 A/D 转换器

10.3.1 A/D 转换器原理

A/D 转换器是模拟信号源与计算机或其他数字系统之间联系的桥梁,它的任务是将连续变化的模拟信号转换为数字信号,以便计算机或数字系统进行处理、存储、控制和显示。

实现 A/D 转换的方法比较多,常见的有计数器式、逐次逼近式、双积分式和并行式等。由于应用特点和要求的不同,需要采用不同工作原理的 A/D 转换器,其中应用最为广泛的是逐次逼近式的 A/D 转换器。

逐次逼近式 A/D 转换器原理框图如图 10.11 所示,主要由 D/A 转换器、逐次逼近寄存器(Successive Approximation Register,SAR)、比较器以及控制逻辑电路等部分组成。

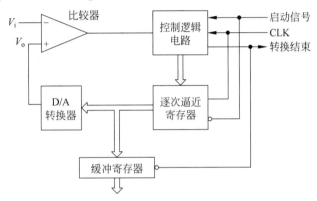

图 10.11 逐次逼近式 A/D 转换器原理框图

初始化时,将逐次逼近寄存器各位清 0。转换开始时,先将逐次逼近寄存器最高位置 1,送入 D/A 转换器,经 D/A 转换后生成的模拟量 V_o 送入比较器与送入比较器的待转换的模拟量 V_i 进行比较,若 $V_o<V_i$,该位 1 被保留,否则被清除。然后再置逐次逼近寄存器次高位为 1,将寄存器中新的数字量送 D/A 转换器,输出的 V_o 再与 V_i 比较,若 $V_o<V_i$,该位 1 被保留,否则被清除。重复此过程,直至逼近寄存器最低位确定完毕。转换结束后,将逐次逼近寄存器中的数字量送入缓冲寄存器,得到数字量的输出。转换结果能否准确逼近模拟信号,主要取决于逐次逼近寄存器和 D/A 转换器的位数。位数越多,越能准确逼近模拟量,但转换所需的时间也越长。

逐次逼近式属于反馈比较型 A/D 转换器,采用的是从最高位开始的逐位试探法。对 n 位 ADC,逐次逼近式只要 n 次比较就可完成转换。

10.3.2 A/D 转换器的主要技术参数

1. 分辨率

分辨率是指 A/D 转换器响应输入电压微小变化的能力。通常用数字输出的最低位 (LSB)所对应的模拟输入的电压值表示。若输入电压的满量程为 V_{FS},转换器的位数为 n,则分辨率为 $\dfrac{1}{2^n}V_{FS}$。当输入电压的满量程为 $V_{FS}=10V$ 时,10 位 A/D 转换器的分辨率为

$10V/1024 \approx 0.01V$。由于分辨率与转换器的位数 n 直接有关,因此常用位数来表示分辨率。

2. 精度

精度可分为绝对精度和相对精度。

1) 绝对精度

绝对精度是指输出端产生给定的数字代码,实际需要的模拟输入值与理论上要求的模拟输入值之差的最大值。通常用数字量的最小有效值(LSB)的分数值来表示绝对精度。例如 $\pm 1LSB$、$\pm \frac{1}{2}LSB$、$\pm \frac{1}{4}LSB$ 等。

2) 相对精度

相对精度是指在零点满量程校准后,任意数字输出所对应模拟输入量的实际值与理论值之差,用模拟电压满量程百分比表示。

3. 转换时间

转换时间是指 A/D 转换器完成一次转换所需的时间,即从启动信号开始到转换结束并得到稳定的数字输出量所需的时间。它反映 ADC 的转换速度,不同的 ADC 转换时间差别很大,通常为微秒级。

视频讲解

10.3.3 8 位 A/D 转换器芯片 ADC0809 及接口电路

1. ADC0809 的逻辑结构和引脚

ADC0809 是美国国家半导体公司生产的逐次逼近式 8 位 A/D 转换器芯片,其内部结构框图如图 10.12 所示。

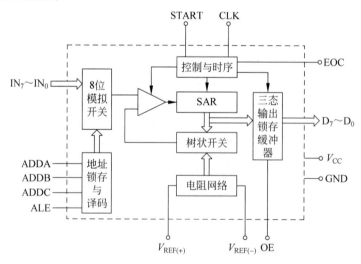

图 10.12 ADC0809 的内部结构框图

ADC0809 有 8 路模拟开关,可选通 8 个模拟通道,允许 8 路模拟量分时输入,共用一个 A/D 转换器进行转换。单极性,量程为 $0 \sim +5V$。典型的转换时间为 $100\mu s$。片内带有三态输出缓冲器,数据输出端可直接与 CPU 数据总线相连。

ADC0809 共有 28 个引脚,如图 10.13 所示,各引脚定义如下。

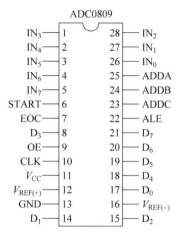

图 10.13　ADC0809 的引脚

$IN_7 \sim IN_0$：8 路模拟量输入通道。

ADDA、ADDB 和 ADDC：3 个地址输入端，用以选择 8 个模拟量之一，如表 10.1 所示。

表 10.1　模拟通道选择

ADDC	ADDB	ADDA	选中模拟通道
0	0	0	IN_0
0	0	1	IN_1
0	1	0	IN_2
0	1	1	IN_3
1	0	0	IN_4
1	0	1	IN_5
1	1	0	IN_6
1	1	1	IN_7

ALE：地址锁存允许信号。对应 ALE 上升沿，ADDA、ADDB 和 ADDC 地址状态送入地址锁存器中，然后由译码器选中一个模拟输入端进行 A/D 转换。

START：转换启动信号。START 上升沿时，复位 ADC0809；START 下降沿时，启动芯片开始进行 A/D 转换；在 A/D 转换期间，START 应保持低电平。

CLK：时钟信号输入端。它的频率范围为 10kHz～1280kHz，典型值为 640kHz。

EOC(End Of Conversion)：转换结束信号。EOC=0，表示正在进行转换；EOC=1，表示转换结束。使用中，该状态信号既可作为查询的状态标志，又可作为中断请求信号使用。

$D_7 \sim D_0$：8 位数字量输出端。为三态缓冲输出形式，可以和 CPU 的数据线直接相连。D_0 为最低位，D_7 为最高位。

OE(Output Enable)：输出允许信号。用于控制三态输出锁存缓冲器向 CPU 输出转换得到的数据。OE=0，输出数据线呈高阻；OE=1，输出转换得到的数据。

V_{CC}：电源电压，+5V。

GND：数字地。

$V_{REF(+)}$ 和 $V_{REF(-)}$：$V_{REF(+)}$ 接参考电压的正极，$V_{REF(-)}$ 接负极。$V_{REF(-)}$ 接地时作为 ADC 的模拟地。

2. ADC0809 的转换时序

ADC0809 进行 A/D 转换的时序如图 10.14 所示。转换过程由 START 信号启动,它要求正脉冲有效,高电平脉冲宽度应不小于 200ns。START 信号的上升沿将内部逐次逼近寄存器复位,下降沿启动 A/D 转换。如果在转换过程中 START 再次有效,则终止正在进行的转换过程,开始新的转换。

转换完成由结束信号 EOC 指示。该信号平时为高电平,在 START 信号的上升沿之后的 $2\mu s$ 加 8 个时钟周期之内(不定)变为低电平。转换结束,EOC 又变为高电平。

通道的选择可以在进行转换前独立地进行。然而通常是把通道选择和启动转换结合起来完成,这样可以用一条输出指令既用于选择模拟通道又用于启动转换。图 10.14 就是通道选择和转换启动同时实现的 A/D 转换时序图。

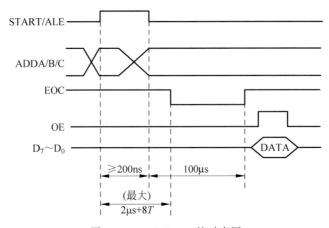

图 10.14　ADC0809 的时序图

3. ADC0809 的数据输出

ADC0809 内部对转换后的数字量具有锁存能力,数字量输出端 $D_7 \sim D_0$ 具有三态功能,只有当输出允许信号为高电平有效时,才将三态锁存缓冲器的数字量从 $D_7 \sim D_0$ 输出。

对于 8 位 A/D 转换器,从输入模拟量 V_{in} 转换为数字输出量 N 的公式为

$$N = \frac{V_{in} - V_{REF(-)}}{V_{REF(+)} - V_{REF(-)}} \times 2^8$$

例如,参考电压 $V_{REF(+)} = 5V$,$V_{REF(-)} = 0V$,输入模拟电压 $V_{in} = 1.5V$,则

$$N = \frac{1.5 - 0}{5 - 0} \times 2^8 = 76.8 \approx 77 = 4DH$$

实际上,上述 A/D 转换公式同样适合于双极性输入电压。将 2^8 换成 2^n,则是 n 位 ADC 的转换公式。

4. ADC0809 与 CPU 的接口

1) 编程启动、转换结束中断处理

ADC0809 工作于中断方式的连接示意图如图 10.15 所示。由于 ADC0809 带有三态锁存缓冲器,因此其数字输出线可与系统数据总线直接相连。只要执行输入指令,控制 OE 端为高电平即可读入转换后的数字量。A/D 转换的启动只要执行输出指令,控制 START 为正脉冲,并可与读取数字量占用同一个 I/O 地址,设为 220H。ADC0809 有 8 个输入信号

端,但此例中仅使用 IN_0 信号,所以 ALE 和 ADDA、ADDB、ADDC 均接低电平就可以只选用 IN_0 模拟通道。

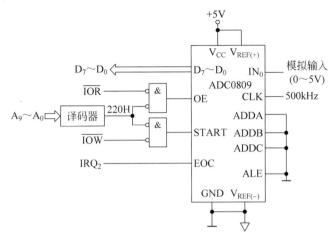

图 10.15 ADC0809 工作于中断方式的连接示意图

采用中断方式,主程序要设置中断服务的工作环境,此外就是启动 A/D 转换。

```
;数据段设置缓冲区
ADTEMP  DB  0           ;本例中仅设定一个临时变量
                        ;代码段
        …               ;设置中断向量等工作
        STI             ;开中断
        MOV  DX,220H
        OUT  DX,AL      ;启动 A/D 转换
        …
```

转换结束时,ADC0809 输出 EOC 信号,产生中断请求,例如 IRQ2。CPU 响应中断后,便转去执行中断服务程序。中断服务程序的主要任务就是读取转换结果,送入缓冲区。

```
ADINT   PROC
        STI             ;开中断
        …               ;保护现场等
        MOV  DX,220H
        IN   AL,DX      ;读取 A/D 转换后的数字量
        MOV  ADTEMP,AL  ;将转换结果送到缓冲区
        …               ;关中断、恢复现场等
        IRET            ;中断返回
ADINT   ENDP
```

2) 编程启动、转换结束查询处理

此例中,将转换结束信号 EOC 作为状态信号,经三态门接入数据总线最高位 D_7。状态端口的地址设为 238H,图 10.16 为其连接示意图。

利用 ADC0809 芯片中具有的多路开关,可以实现 8 个模拟信号的分时转换。系统地址总线的低 3 位分别连接 ADC0809 的地址线,在启动 A/D 转换的同时,选定要进行转换的模拟通道,对应 8 个模拟通道的 I/O 地址分别为 220H～227H。下面的程序段实现将 8 个模拟通道依次转换并读取转换结果的功能。

222

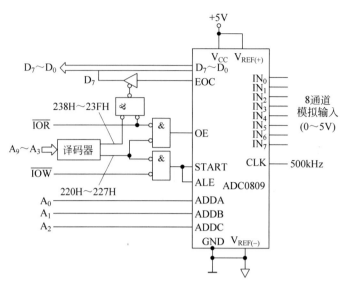

图 10.16　ADC0809 工作于查询方式的连接示意图

```
;数据段
COUNTER  EQU  8
BUF        DB   COUNTER  DUP(0)         ;设立数据缓冲区
;代码段
         LEA   BX,BUF                   ;建立数据缓冲区指针
         MOV   CX,COUNTER
         MOV   DX,220H                  ;从 IN0 开始转换
START1:  OUT   DX,AL                    ;启动 A/D 转换
         PUSH  DX
         MOV DX,238H
START2:  IN   AL,DX                     ;读入状态信息
         TEST  AL,80H                   ;判断 D7 位(即 EOC 状态)
         JZ    START2                   ;D7 = 0,转换未结束,继续查询
         POP   DX
         IN    AL,DX                    ;读取转换后的数据
         MOV   [BX],AL                  ;将数据存入缓冲区
         INC   BX
         INC   DX
         LOOP  START1                   ;转向下一个模拟通道
         ...                            ;数据处理
```

如果将上述程序中的循环查询程序段改为软件延时程序段(延时应大于 $100\mu s$),则该例就成了软件延时方式读取转换结果。当然,此时转换结束信号没有起作用,可以不连接使用。

10.3.4　12 位 A/D 转换器芯片 AD574A 及接口电路

1. AD574A 的逻辑结构和引脚

AD574A 是美国模拟器件公司的产品,是较先进的高集成度、低价格的逐次逼近式转换器。转换时间为 $25\sim35\mu s$。片内有数据输出寄存器,并有三态输出的控制逻辑。其运行方式灵活,可进行 12 位转换,也可作 8 位转换;转换结果可直接 12 位输出,也可先输出高 8 位,后输出低 4 位。可直接与 8 位或 16 位的 CPU 连接。输入可设置为单极性,也可设成双极性。片内有时钟电路,无须外部时钟。AD574A 的内部结构框图如图 10.17 所示。

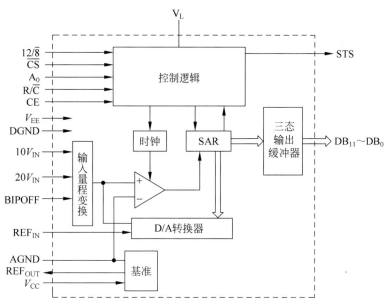

图 10.17　AD574A 的内部结构框图

AD574A 共有 28 个引脚,如图 10.18 所示。各主要引脚的含义如下。

$DB_{11} \sim DB_0$:输出数据线。DB_{11} 为最高位,DB_0 为最低位。

$\overline{CS}$:片选信号,低电平有效。

CE:芯片使能信号,高电平有效。

$R/\overline{C}$:读数据/启动转换控制信号。

$12/\overline{8}$:数据输出方式选择信号。

A_0:字节地址/短周期信号。

STS:转换状态输出信号。转换过程中为高电平,转换结束立即返回到低电平。它可作为芯片和 CPU 的联络信号。

$10V_{IN}$:此引脚的模拟量输入范围是 $0 \sim +10V$;如果接成双极性工作方式,可以是 $-5 \sim +5V$。

$20V_{IN}$:此引脚的模拟量输入范围是 $0 \sim +20V$;如果接成双极性工作方式,可以是 $-10 \sim +10V$。

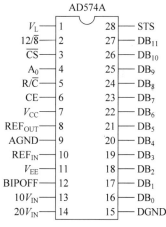

图 10.18　AD574A 的引脚

BIPOFF:补偿调整。此引脚的连接方式与模拟量是单极性还是双极性有关,以调整 A/D 输出的零电位。

REF_{IN}:参考电压输入端。

REF_{OUT}:参考电压输出端。

V_L:逻辑电路电源,$+5V$。

V_{CC}:模拟部分供电的正电源,$+12V$ 或 $+15V$。

V_{EE}:模拟部分供电的负电源,$-12V$ 或 $-15V$。

AGND:模拟公共地。

DGND：数字公共地。

2. AD574A 的控制逻辑

AD574A 片内有逻辑电路，能根据 CPU 给出的控制信号进行转换或读出等操作。只有在 CE=1 且 $\overline{CS}$=0 时才能进行一次有效的操作；当 CE 和 $\overline{CS}$ 同时有效，而 R/$\overline{C}$ 为低电平时启动转换，R/$\overline{C}$ 为高电平时读出数据。至于是 12 位数据转换还是 8 位转换，则由 A_0 来选择。若 12/$\overline{8}$ 端接+5V，则并行输出 12 位数字；若 12/$\overline{8}$ 端接数字地，则由 A_0 来控制是读出高 8 位还是低 4 位。控制信号的逻辑功能如表 10.2 所示。

表 10.2　AD574A 控制信号的逻辑功能

CE	$\overline{CS}$	R/$\overline{C}$	12/$\overline{8}$	A_0	功　能
1	0	0	×	0	启动 12 位转换
1	0	0	×	1	启动 8 位转换
1	0	1	接+5V	×	输出数据格式为并行 12 位
1	0	1	接地	0	输出数据是 8 位最高有效位
1	0	1	接地	1	输出数据是 4 位最低有效位

3. AD574A 的单极性与双极性输入方式

AD574A 的输入模拟量可为单极性和双极性，单极性的输入电压范围为 0～+10V 或 0～+20V；双极性的输入电压范围为 -5～+5V 或 -10～+10V。这些灵活的运行方式都必须按规定采用与之对应的接线方法才能实现，如图 10.19 所示，其中 RP_1 用于零电位调整，RP_2 用于满量程调整。

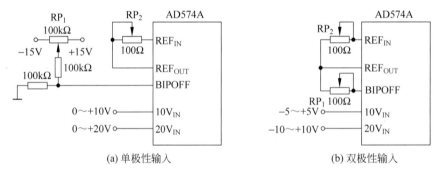

(a) 单极性输入　　　　　　　　　(b) 双极性输入

图 10.19　AD574A 单极性与双极性输入时的连接方法

转换器转换的结果是二进制移码。如果启动作为 12 位 A/D 转换，在两种不同极性的输入方式下，AD574A 的输入模拟量与输出数字量的对应关系如表 10.3 所示。

表 10.3　12 位 A/D 转换 AD574A 的输入模拟量与输出数字量的对应关系

输　入　方　式	量　　程	输入模拟量	输出数字量
单极性	0～10V	0V	000H
		5V	7FFH
		10V	FFFH
	0～20V	0V	000H
		10V	7FFH
		20V	FFFH

输 入 方 式	量 程	输入模拟量	输出数字量
双极性	5~+5V	5V	000H
		0V	7FFH
		+5V	FFFH
	10~+10V	10V	000H
		0V	7FFH
		+10V	FFFH

4. AD574A 与 CPU 的接口举例

AD574A 与 8088 CPU 的接口电路如图 10.20 所示。本例启动 A/D 转换并采用查询方式,采集数据的程序段如下:

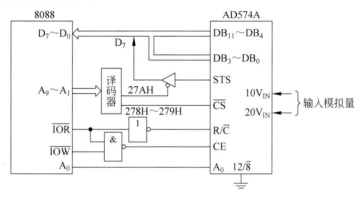

图 10.20 AD574A 与 8088 CPU 的接口电路

```
        MOV   DX,278H
        OUT   DX,AL        ;R/C̄ = 0、C̄S̄ = 0、CE = 1,A₀ = 0,启动转换
        MOV   DX,27AH       ;设置三态门地址
BEG: IN   AL,DX         ;读取 STS 状态
        TEST  AL,80H       ;测试 STS 电平
        JNE   BEG          ;STS = 1,正在转换,等待;STS = 0,转换结束,向下执行
        MOV   DX,278H
        IN    AL,DX        ;R/C̄ = 1,C̄S̄ = 0,A₀ = 0,CE = 1,读高 8 位数据
        MOV   AH,AL        ;保存高 8 位数据
        MOV   DX,279H
        IN    AL,DX        ;R/C̄ = 1,C̄S̄ = 0,A₀ = 1,CE = 1,读低 4 位数据
```

第 11 章　总线技术

11.1　总线概述

视频讲解

总线是构成计算机系统的互连机构,是在模块之间或者设备之间传送信息、相互通信的一组公用信号线的集合。在系统主控设备的控制下,总线将发送设备发出的信息准确地传送给接收设备。总线是构成微机应用系统的重要技术,总线设计的优劣会直接影响整个微机系统的性能、可靠性和可扩展性。

由于总线可扩展性的特点,它的应用广泛,但必须解决物理连接技术和信号连接技术。物理连接包括电缆选择与连接,用于缓冲的驱动器、接收器的选择与连接,传输线的屏蔽、接地和抗干扰等技术。信号连接包括基本信号相互间的时序匹配和总线握手逻辑控制问题。

总线的特点还在于它的分时性。在同一时刻,总线上只能允许一对功能部件或设备进行信息交换。当有多个功能部件或设备都要使用总线进行信息传输时,只能采用分时使用总线的方式。系统中必须设置对总线的使用权进行仲裁管理的机构,以解决谁先谁后使用总线的问题,包括总线仲裁和中断控制技术。

为了使不同厂家生产的相同功能部件可以互换使用,就需要进行系统总线的标准化工作,总线的标准化有利于系统的可扩展性。微机系统的设计和开发人员先后推出多种总线标准,而随着微机系统的更新换代,有的总线仍在发展完善,有的就逐渐衰亡甚至被淘汰。

11.1.1　总线规范

每种总线都有详细的规范,以便大家共同遵循。总线规范的基本内容如下。

(1) 机械规范。

规定模块尺寸、总线的根数、总线插头、插座形状、引脚的排列等。

(2) 功能规范。

确定引脚名称与功能,以及其相互作用的协议。功能规范是总线规范的核心,包括数据线、地址线、读写控制逻辑线、时钟线和电源线、地线以及总线主控仲裁、握手联络等。

(3) 电气规范。

规定每一根线上的传送方向、信号逻辑电平、负载能力、动态转换时间等。不同的总线上代表逻辑信号的电平可能不同。对于距离不长的总线一般采用 TTL 兼容的电平。而对于距离较长的总线,为了提高抗干扰的能力,常采用正负电平表示不同的逻辑信号。用户在扩展系统时,应考虑总线总的负载能力,以及现有的实际负载,然后确定是否允许扩展。

(4) 时间规范。

规定每一根线的信号有效时间,以及各信号线之间信号出现的先后关系。

11.1.2　总线分类与指标

计算机中各部件的功能不同,它们对总线的要求也不同。下面根据其特点对总线做分类介绍。

1. 片内总线

片内总线在集成电路芯片内部,用来连接按各功能单元的信息通路,例如 CPU 芯片的内部,用于算术逻辑单元 ALU 与各种寄存器或其他功能单元之间的连接。

2. 系统总线

主要用于各芯片之间的相互连接,是微机系统内的核心部件。外部接口与 CPU 连接时就需要使用系统总线。它一般是 CPU 芯片引脚的延伸,往往需要增加锁存、驱动等电路,以提高 CPU 引脚的驱动能力。

3. 通信总线

用于微机系统之间,是微机系统与其他微机设备之间的通信通道。这种总线数据传输方式可以是并行的(如打印机)或串行的。数据传输速率比片内总线低,不同的应用场合有不同的总线标准。

总线的性能指标包括多方面,一般来说,常用的评价指标包括如下。

(1) 总线宽度。总线能同时传送二进制数据的位数。如 16 位总线等。

(2) 总线频率。总线实际工作的频率,指每秒能够传输数据的次数。工作频率越高,速度越快。如 100MHz、133MHz、400MHz 及 800MHz 等。

(3) 总线带宽(也称传输速率)。每秒内总线上可以传送的数据总量,单位为 MB/s。总线带宽越宽,传输效率越高。

(4) 信号线数。总线中信号线的总数,包括数据总线、地址总线和控制总线。信号线数与性能不成正比,但反映了总线的复杂程度。

(5) 负载能力。总线带负载的能力。负载能力强,表明可接入的设备数目多。不同的设备对总线负载不一样,但所接设备负载的总和不应超过总线的最大负载能力。

11.1.3　总线传输方式

在利用总线实现数据传送通信时,需要有一种控制一次通信起止的办法,以保证信息传输的正确与可靠,这就是总线通信协议应解决的问题。对于只有一个总线主控设备的简单系统,对总线无须申请、分配和撤除。而对于多 CPU 或含有 DMA 的系统,就要有总线仲裁机构来受理申请和分配总线控制权。

目前,主要有以下两种方式实现总线的数据传输。

1. 同步方式

此方式用"系统时钟"作为控制数据传送的时间标准。在这种方式下,各部件的动作时间被严格限定,即一次数据传送的每一步骤的起止时刻都是以系统时钟来统一步调的(按时钟传送,每次传送用一个时钟周期)。

同步方式动作简单,可以获得较高的系统速度,但要解决各种速度的模块的时间匹配。如果将一个慢速的设备连接到快速的同步系统上,则整个系统必须降低时钟速率来迁就此慢速设备,反而降低了系统的速度。

2. 异步方式

异步方式是采用"应答式"传输技术。用"请求"(REQ)和"应答"(ACK)两条信号线来协调传输过程,而不依赖于公共时钟信号。它可以根据各部件的工作速度自动调整响应时间,因此,可与任何工作速度的设备接口,而无须考虑与主从部件的速度匹配问题。

异步方式是以一个操作完全完成后才开始下一个动作的方式,表明其应答关系完全互锁,因此保证了数据传输的可靠进行。同时数据传输的速度不是固定不变的,它可以根据设备的实际情况,自由地调节总线上的工作速度,因而同一个系统中可以容纳不同存取速度的设备,每个设备都能从其最佳可能的速度来配合数据的传输。异步传输的缺点是比较复杂,每次操作都必须经过 4 个步骤:请求、响应、撤销请求、撤销响应,影响工作效率。

11.2 系 统 总 线

系统总线是微机组成的基础,它将计算机系统的中央处理器、存储器和外围设备连接起来,成为数据传输和计算机系统组件间控制和状态信息传输的载体。系统总线架构的性能好坏直接决定了计算机体系内各组件的数据传输与处理能力。系统总线的发展历史可以粗略地划分为三代。

第一代系统总线包括 ISA、EISA 和 VESA 等。ISA 的数据宽度为 16 位,传输速率为 8Mb/s。EISA 在 ISA 的基础上发展而来,其数据宽度为 32 位,最大传输速率为 33Mb/s。而 VESA 是 PC 的第一个局部总线,连接到处理器子系统的局部总线上,数据线宽度为 32 位,最大传输速率达 132Mb/s。

第二代系统总线包括 PCI、AGP 和 PCI-X。与第一代总线不同,PCI 总线作为一种局部外围总线,通用性较强。AGP 总线是一种显卡专用的局部总线,它减轻了 PCI 总线的负担,使得显卡和 PCI 总线上的设备都可以获得充足的传输带宽。而 PCI-X 是 PCI 总线的一种扩展架构,它在 PCI 总线的基础上,进一步提高时钟频率,所有的连接装置都可以共享频宽。

第三代系统总线技术主要指 PCI-E(也即 PCI Express)总线。PCI-E 在总线结构上进行了根本性的变革,它采用串行技术实现数据传输,克服了并行技术在传输速度和系统带宽等方面的一些固有缺陷,满足了在计算机通信领域对数据传输高速度和高可靠性的要求。同时,它的引脚数大大减少,每个引脚的平均带宽大幅度提升,使得成本大大降低。

11.2.1 ISA 总线

ISA(Industry Standard Architecture,工业标准体系结构)总线是 IBM 公司为 286/AT 微机制定的一种总线标准,也称为 AT 总线标准。

ISA 总线是在 XT 总线的基础上扩展一个 36 位插槽形成的。同一槽线的插槽,分成 62 线和 36 线两段,共计 98 线。在 62 条基本信号线中,数据线 8 条,地址线 20 条,控制信号线 22 条,电源、地及其他信号线 12 条。在扩展的 36 条信号线中,数据/地址线 8 条,高位地址线 7 条,控制信号线 19 条,电源和地线 2 条。ISA 总线各信号线分布如图 11.1 所示。

从 IBM PC/AT 微机开始,系统采用 ISA 总线(也称 AT 总线),以便进行 16 位数据传输。有些文献也将 XT 总线称为 8 位 ISA 总线,ISA 总线为 16 位 ISA 总线。ISA 总线的数据传输速率最高为 8Mb/s,地址总线宽度为 24 位,可支持 16MB 内存。为了与 XT 总线兼容,在 XT 总线的基础上,ISA 总线延伸出一小段插槽。

这一小段插槽上的引线主要是扩展的地址线和高 8 位数据线及增加的中断申请线等。对于早期的 XT 总线扩展卡,若插入 ISA 总线插槽,只使用右边较长的插槽,这部分和原 XT 总线基本一样,仅两处做了改动:①原 B19 为 $\overline{\text{DACK0}}$,现因 AT 机的 DRAM 刷新不再通过 DMA 伪传输完成,故直接由系统板上刷新电路产生 $\overline{\text{REFRESH}}$ 信号代替(输出);②原 B8 为 $\overline{\text{CARD SLCTD}}$,现引入 $\overline{\text{NOWS}}$(零等待状态) 信号,它表示接口卡上的设备不需要插入任何附加等待状态即可完成当前总线周期。

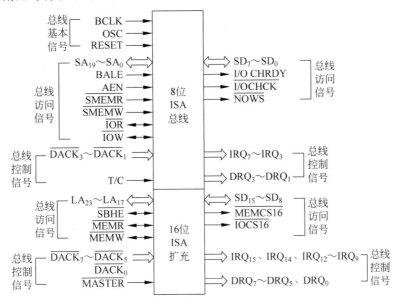

图 11.1 ISA 总线各信号线分布

ISA 总线部分引脚功能如下。

$LA_{23} \sim LA_{17}$:非锁存地址总线 $A_{23} \sim A_{17}$,它与系统地址总线 $SA_{19} \sim SA_0$ 一起为系统提供多达 16MB 的寻址空间。$LA_{19} \sim LA_{17}$ 与原来 PC 总线的地址线是重复的,因为原先的 XT 地址线是利用锁存器提供的,锁存导致了传送速度降低,故 ISA 定义了非锁存的地址线,在 BALE 高电平期间有效。

$SD_{15} \sim SD_8$:新增加的 8 位高位数据线。

$\overline{\text{SBHE}}$:高字节允许信号,低电平时表示数据总线正在传送高字节 $SD_{15} \sim SD_8$,16 位设备可以利用 $\overline{\text{SBHE}}$ 控制 $SD_{15} \sim SD_8$ 接到数据总线缓冲器上。

$\overline{\text{MEMR}}$、$\overline{\text{SMEMR}}$:存储器读信号,$\overline{\text{MEMR}}$ 在所有存储器读周期有效,$\overline{\text{SMEMR}}$ 取自 $\overline{\text{MEMR}}$ 和存储器低 1MB 的译码,所以仅当读取存储器低 1MB 时才有效。

$\overline{\text{MEMW}}$、$\overline{\text{SMEMW}}$:存储器写信号,$\overline{\text{MEMW}}$ 在所有存储器写周期有效,$\overline{\text{SMEMW}}$ 取自 $\overline{\text{MEMW}}$ 和存储器低 1MB 的译码,所以仅当写入存储器低 1MB 时才有效。

$\overline{\text{NOWS}}$:该输入信号用来告诉微处理器,不必增加附加的等待状态就可完成当前的总线周期。

$\overline{\text{MEMCS16}}$:如果总线上某一存储器需要传送 16 位数据,则必须产生一个有效的(低电平)$\overline{\text{MEMCS16}}$ 信号,该信号加到系统板上,通知主板实现 16 位数据传送。该信号需要利用三态门或集电极开路门驱动。

$\overline{\text{I/OCS16}}$:和 $\overline{\text{MEMCS16}}$ 类似,如果某一 I/O 接口需要传送 16 位数据,则必须产生一个有效的(低电平)$\overline{\text{I/OCS16}}$ 信号,该信号加到系统板上,通知主板实现 16 位数据的传送。该信号也需利用三态门或集电极开路门驱动。

MASTER:该信号与 DRQ 线一起用于获取对系统总线的控制权,使 I/O 通道上的处理器暂时控制系统总线并访问存储器和外设。

$DRQ_3 \sim DRQ_0$、$DRQ_7 \sim DRQ_5$:DMA 请求信号,优先权从高到低的顺序为 DRQ_0、DRQ_1、……、DRQ_6、DRQ_7。其中 $DRQ_3 \sim DRQ_0$ 用于 8 位 DMA 传送,$DRQ_7 \sim DRQ_5$ 用于 16 位 DMA 传送。它们的响应信号分别是 $\overline{DACK_3} \sim \overline{DACK_0}$、$\overline{DACK_7} \sim \overline{DACK_5}$。

$IRQ_7 \sim IRQ_3$、$IRQ_{12} \sim IRQ_9$、$IRQ_{15} \sim IRQ_{14}$:可屏蔽中断请求信号,优先权从高到低的顺序为 $IRQ_{12} \sim IRQ_9$、IRQ_{14}、IRQ_{15}、$IRQ_7 \sim IRQ_3$。注意,原 PC 总线的 IRQ_2 引脚,在 ISA 总线上变为 IRQ_9。

ISA 总线是 20 世纪 80 年代被广泛采用的系统总线,但由于 ISA 标准的限制,使得对系统总线上的 I/O、存储器的访问没有大的改进,它的弱点也是显而易见的,如传输速率过低、CPU 占用率高、占用硬件中断资源等,因此逐渐成为系统的性能瓶颈。

11.2.2 PCI 总线

PCI(Peripheral Component Interconnect,外设组件互连)总线是一种高性能的 32 位/64 位地址数据复用的高速外围设备接口局部总线。其总线标准最早由 Intel 公司的计算机结构实验室在 1991 年底提出;1992 年 6 月 Intel 公司又联合 IBM、Compaq、DEC 等公司组成 PCISIG(PCI Special Interest Group),其致力于 PCI 标准的推广,并公布了 V1.0 标准;在 1993 年 4 月升级到 V2.0,并扩展到 64 位,将总线带宽扩展到 264Mb/s;1995 年 1 月又升级到了 V2.1,总线时钟扩展到了 66MHz,将总线带宽扩展到了 528Mb/s。

PCI 总线的主要特点如下。

(1) 为 PCI 总线设计的设备只针对 PCI,而不针对处理器,因此设备的设计独立于处理器的升级。

(2) 每个 PCI 局部总线支持约 80 个 PCI 功能,一个典型的 PCI 支持 10 个电气负载,每个设备对于总线来说就是一个负载,因此,每个设备可包括 8 个 PCI 功能。支持多达 256 个 PCI 局部总线,其技术规范提供了对 256 个 PCI 局部总线的支持。

(3) 低功耗,PCI 技术规范的主要设计目标就是实现电流尽可能小的系统设计。

(4) 在读写传送中可实现突发(burst)传送,32 位 33MHz 的 PCI 局部总线在读写传送中可支持 132Mb/s 的峰值传送速率,对于 64 位 33MHz 的 PCI 传送支持 264Mb/s 的峰值传送速率,对于 64 位 66MHz 的 PCI 局部总线,其传送速率可达到 528Mb/s。

(5) 2.0 版规范支持的 PCI 局部总线速度达到 33MHz,2.1 以上的版本增加了对 66MHz 总线操作的支持。其支持 64 位总线扩展。当连接在 PCI 总线上的主设备操作 PCI 目标设备时,在 33MHz 总线速度下,访问时间只需要 60ns。

(6) 并行总线操作,支持完全总线并行操作,与处理器总线、PCI 局部总线和扩展总线同步使用。全面支持 PCI 局部总线主设备,允许同级 PCI 局部总线访问和通过 PCI-PCI 桥与扩展总线桥访问主存储器和扩展总线设备。

（7）PCI 局部总线仲裁能够在另一个总线主设备正在 PCI 局部总线上执行传送时发生。支持交易完整性校验，可在地址、命令、数据周期上进行奇偶校验，支持自动配置。

PCI 总线信号分为地址线、数据线、接口控制线、仲裁线、系统线、中断请求线、高速缓存支持和出错报告信号线等，如图 11.2 所示。

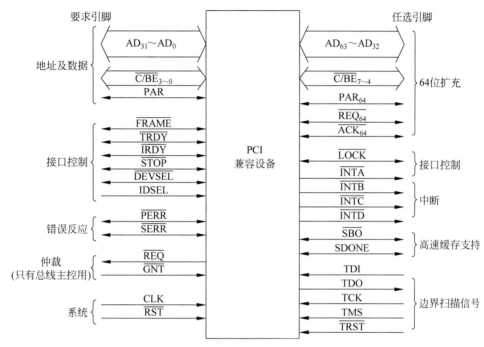

图 11.2　PCI 总线信号线分布

系统信号线有时钟信号线 CLK 和复位信号线 $\overline{RST}$。CLK 信号是 PCI 总线上所有设备的一个输入信号，为 PCI 总线上所有设备的 I/O 操作提供同步定时。$\overline{RST}$ 使各信号线的初始状态处于系统规定的初始状态或高阻态。

地址/数据总线 $AD_{31} \sim AD_0$ 是分时复用的信号线。

$\overline{C/BE_3} \sim \overline{C/BE_0}$ 称为"命令/字节使能"信号，也是复用线。在传输数据阶段，它们指明所传数据的各字节通路；在传送地址阶段，这 4 条线决定了总线操作的类型，包括 I/O 读、I/O 写、存储器读、存储器写、存储器多重写、中断响应、配置读、配置写和双地址周期等。为了实现即插即用功能，PCI 部件内都置有配置寄存器，配置读和配置写命令就是用于系统初始化时，对这些寄存器进行读/写操作。

PAR 信号为校验信号，用于对 $AD_{31} \sim AD_0$ 和 $\overline{C/BE_3} \sim \overline{C/BE_0}$ 的偶校验。

接口控制信号有成帧信号 $\overline{FRAME}$、目标设备就绪信号 $\overline{TRDY}$、始发设备就绪信号 $\overline{IRDY}$、停止传输信号 $\overline{STOP}$、初始化设备选择信号 IDSEL、资源封锁信号 LOCK 和设备选择信号 $\overline{DEVSEL}$。PCI 总线采用独立请求仲裁方式，每一个 PCI 始发设备都有一对总线仲裁线 REQ 和 GNT 直接连到 PCI 总线仲裁器，各始发设备使用总线时，分别独立地向 PCI 总线仲裁器发出总线请求信号 $\overline{REQ}$，由总线仲裁器根据系统规定的判决规则决定把总线使用权赋给某一设备。

除此以外,还有中断申请、电源、地及外部测试信号线。

11.2.3 AGP 总线

AGP(Accelerated Graphics Port,图形加速端口)是显卡的专用扩展插槽,它是在 PCI 图形接口的基础上发展而来的。随着 3D 显示越来越复杂,使用了大量的 3D 特效和纹理,原来传输速率为 133Mb/s 的 PCI 总线已无法满足需求,因此 Intel 公司于 1996 年 7 月推出了拥有高带宽的 AGP 接口。它是一种显卡专用的局部总线,将显卡同主板芯片组直接相连,进行点对点传输,大幅提高了计算机对 3D 图形的显示能力,也将原先占用的大量 PCI 带宽资源留给了其他 PCI 插卡。同时 AGP 总线在显卡内存不足的情况下,还可使用系统主内存,所以它拥有很高的传输速率。这是 PCI 等总线无法比拟的,从而很好地解决了低带宽 PCI 接口造成的系统瓶颈问题。在 AGP 插槽上的 AGP 显卡,其视频信号的传输速率可以从 PCI 总线的 133Mb/s 提高到 533Mb/s。

AGP 标准的发展经历了 AGP 1.0(AGP 1x、AGP 2x)、AGP 2.0(AGP Pro、AGP 4x)和 AGP 3.0(AGP 8x)等阶段,其传输速率也从最早的 AGP1X 的 266Mb/s 发展到 AGP 8x 的 2.1Gb/s。

AGP 有 4 种工作模式:①基频模式,以 66MHz 频率工作;②双倍频模式,以 133MHz 频率工作;③四倍频模式,以 266MHz 频率工作;④八倍频模式,以 533MHz 频率工作。不同的工作模式,传输方式也不相同,具体如表 11.1 所示。

表 11.1 AGP 工作模式比较

参　　数	工　作　模　式			
	AGP 1.0		AGP 2.0 (AGP 4x)	AGP 3.0 (AGP 8x)
	AGP 1x	AGP 2x		
工作频率	66MHz	66MHz	66MHz	66MHz
传输带宽	266Mb/s	533Mb/s	1066Mb/s	2133Mb/s
工作电压	3.3V	3.3V	1.5V	0.8V
单信号触发次数	1	2	4	4
数据传输位宽	32 位	32 位	32 位	32 位
触发信号频率	66MHz	66MHz	133MHz	266MHz

11.2.4 PCI-E 总线

早在 2001 年,Intel 公司就提出了用新技术取代 PCI 总线和多种芯片的内部连接,并称为第三代 I/O 总线技术。随后包括 Intel、AMD、DELL 和 IBM 在内的 20 多家公司开始起草新技术规范,并在 2002 年完成,将其正式命名为 PCI Express(即 PCI-E)。它采用目前业内流行的点对点串行连接,比起 PCI 以及早期的计算机总线的共享并行架构,每个设备都有自己的专用连接,而且可以显著提高数据传输速率。

在基于 PCI-E 总线的处理器系统结构中,终端设备通常被称为 EP(End Point),EP 主要通过 RC(Root Complex,根联合体)和 Switch(交换器)与处理器进行数据交换,而 PCI 设备如果要使用 PCI-E 总线,必须通过桥接设备进行转换。RC、EP、交换器和桥接设备共同组成了 PCI-E 系统体系结构,如图 11.3 所示。

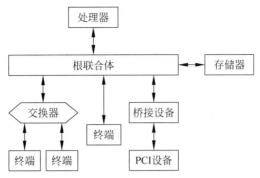

图 11.3　PCI-E 总线系统体系结构

　　PCI-E 总线使用高速差分总线,并且采用端到端的连接方式,即在每条 PCI-E 链路的两端只能各连接一个设备,这两个设备互为数据发送端和数据接收端。端到端的串行连接方式减少了设备间的信号数量,降低了互联线路的复杂性。

　　PCI-E 总线链路使用差分信号进行数据传输,与单端信号相比,差分信号的抗干扰能力更强,并且能有效抑制电磁干扰,所以能够支持更高的总线频率。最早提出的 PCI-E V1.0 标准已经支持 1.25GHz 的总线频率,远远高于 PCI 总线的 66MHz。发送设备的 TX 信号与接收设备的 RX 信号连接,发送设备的 RX 信号与接收设备 TX 信号相连。这两组差分信号称为总线的一条数据通路。PCI-E 链路可以由多条通路组成,目前的标准支持 $1\times$、$2\times$、$4\times$、$8\times$、$12\times$、$16\times$ 和 $32\times$ 宽度的 PCI-E 链路,使其峰值带宽最大达到 80Gb/s。虽然 PCI-E 链路还需要考虑编码冗余、各层之间的协议损耗和传输延时,但其传输效率依然高于 PCI 总线的传输方式。

　　PCI-E 接口标准支持三种电压,分别为 +3.3V、3.3Vaux 和 +12V。同时,PCI-E 总线支持虚通路技术,优先级不同的数据报文可以根据协议设定,分别使用不同的虚通路,每一条虚通路可以独立设置缓冲。发送缓冲可以在链路拥堵时将不同类型的数据暂存起来,而不至于丢失,当链路空闲时,再根据流量类别的不同将数据按顺序发送出去;接收缓冲可以在接收到数据之后,暂存低优先级数据,优先发送高优先级数据。

　　数据包是 PCI-E 总线两端设备间进行数据交换的载体,每个数据包都是数据、地址、选通等一系列信号按照特定的协议组合起来的。为了实现这样的传输方式,PCI-E 总线使用三层协议结构,即物理层、数据链路层和事务处理层。

1. 物理层

　　PCI-E 物理层作为总线的最底层,负责直接连接 PCI-E 设备,它为设备间的数据通信提供传送介质。物理层分为两部分:逻辑物理层和电气物理层。逻辑物理层包括对数据包进行相关处理的数字逻辑,电气物理层是连接物理层和链路的模拟接口,由各通道的差分驱动器和差分接收器组成。

2. 数据链路层

　　数据链路层连接事务处理层和物理层,其主要功能是保证在各链路上发送和接收数据包时的数据完整性。如果发送设备发送交换层数据包(Transaction Layer Packets,TLPs)到链路另一端的接收设备,但接收设备检测到校验错误,则发送设备会收到否定应答 NAK 信号并自动重发该数据。

3. 事务处理层

事务处理层是三层协议结构的最高层,数据在这一层组成事务处理层数据包 TLP。从功能上看,事务处理层可以分为发送部分、接收部分、流量控制、虚拟信道、事务排序、电源管理和配置寄存器等部分。

11.2.5 总线芯片组

从 Pentium 微机开始,微机系统通过芯片组协调和控制数据在 CPU、内存和各部件之间的传输。芯片组的型号往往决定了系统的主要性能,包括 CPU 类型、最高工作频率、内存的最大容量和扩展槽的数量等。在 Pentium 时代的早期,芯片组由 4 片组成,随着集成电路技术的发展,芯片组中的芯片缩减到 2 片,分别为北桥和南桥芯片。当前主流微机系统的组成结构如图 11.4 所示。

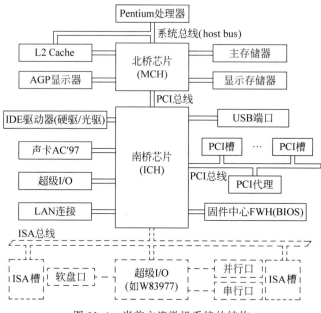

图 11.4　当前主流微机系统的结构

北桥芯片直接与处理器总线相连,主要控制主存储器(简称主存)、显示存储器(简称显存)和 AGP/PCI 显示器,所以又称为存储器控制中心(MCH)或图形存储器控制中心(GMCH)。当然,它除了提供对存储器和图形显示的控制外,还提供电源管理和 ECC 数据纠错等功能。若处理器内未含 L2 Cache,它还会提供对 L2 Cache 的控制。相对于南桥芯片,北桥芯片起着主导作用,所以被称为主桥。它主要决定主板的规格、对硬件的支持以及系统的性能。

南桥芯片不与 CPU 总线直接相连,而通过带宽为 166MHz 的 PCI 总线或带宽为 266MHz 以上的专用新型高速总线与北桥芯片相连。它控制若干 USB 接口和 PCI 槽,并通过快速 IDE 接口控制硬盘和光盘驱动器,通过超级 I/O 接口控制键盘、鼠标、打印机和软驱等外设,同时控制声卡、LAN 和 BIOS 固件等。有的芯片组的南桥芯片还支持形成 ISA 扩展总线,可见,南桥芯片主要控制主板上的各种接口、PCI 总线、IDE 以及主板上的其他芯片等,所以又称它为 I/O 控制中心(ICH)。

到目前为止，能够生产芯片组的厂家有 Intel、VIA、SiS、Uli、AMD、NVIDIA、ATI、Server Works 等几家，其中以 Intel 和 AMD 的芯片组最为常见。表 11.2 列出了目前常用的 Intel 公司的一些典型芯片组。

表 11.2 Intel 公司的典型芯片组性能比较

芯片组	北桥型号	处理器支持	前端总线（MHz）	内存类型	显示核心
915P	82915P	Pentium 4,Celeron D	533/800	DDR 333/400	PCI-E 16×
915GL	82915GL	Pentium 4,Celeron D	533/800	DDR 333/400	GMA 900
945PL	82945PL	Pentium 4,Pentium D	533/800	DDR2 400/533	PCI-E 16×
945GZ	82945GZ	Celeron D,Core 2 Duo	533/800	DDR2 400/533	GMA 950
P35	82P35	Core 2 Quad/Core 2 Duo	1066/1333	DDR3 1066/1333	PCI-E 16×
X48	82X48	Core 2 Duo/Core 2	1333/1600	DDR3 1333/1600	PCI-E 16×
P45	82P45	Core 2 Quad/Core 2 Duo	1066/1333	DDR3 1066/1333	PCI-E 16× 2.0
Q45	82Q45	Core 2 Quad/Core 2 Duo	1066/1333	DDR3 800/1066	GMA X4500

11.3 通 信 总 线

11.3.1 USB 总线

USB(Universal Serial Bus,通用串行总线)是 1995 年由 Compaq 等公司为解决传统总线的不足而推广的一种新型串行通信标准。由于 USB 具有易使用、热插拔、高性能、造价低等优点，迅速被应用于摄像采集、扫描仪、监视器、PC、人机交互设备和游戏设备等领域。USB 为 PC 与其外设之间的连接提供了一种标准化接口的可能，在具体的实现上具有以下特点。

（1）传输速度快。USB 1.1 协议规定了两种传输速率：低速 1.1Mb/s 和全速 12Mb/s。USB 2.0 的传输速率为 480Mb/s，USB 3.0 的传输速率为 5.0Gb/s。而最新定义的 USB 4.0 标准最大传输带宽已高达 40.0Gb/s。

（2）支持即插即用。USB 支持热插拔，当安装一个新的 USB 设备时，用户无须重新启动，系统即可自动检测到新设备，并分配驱动程序，省了复杂的配置过程。

（3）易于扩展。USB 接口支持多个不同设备，通过菊花链式的连接，一个 USB 控制器可以连接多达 127 个外设，而每个外设间距离（线缆长度）可达 5m。USB 能自动识别 USB 链上外设的插入或拆卸，为外设扩充提供了一个很好的解决方案。

（4）优秀的电源管理。普通的使用串口/并口的设备都需要单独的供电系统，而 USB 采用总线供电方式，可提供最大 500mA 的电流。当外设处于待机状态，USB 自动启动省电功能来降低耗电量。

（5）抗干扰性强。由于 USB 外设置于计算机箱外，不受机箱内的板间电磁干扰。若电磁干扰比较严重，其屏蔽方案设计更为简便。

（6）兼容性良好。USB 规范具有良好的向下兼容性，USB 2.0 的主控制器能很好地兼容 USB 1.1 接口的产品，而其他高速 USB 设备仍可以继续使用 480Mb/s 的速率进行数据传输。

USB 系统的基本架构以阶梯式的三级星形拓扑结构组成,可以分为三个主要的部分:USB 主机/根集线器、USB 集线器和 USB 设备。其中 USB 主机/根集线器负责 USB 系统的处理,同时提供 USB 连接端口给 USB 设备或 USB 集线器使用。集线器主要是提供扩展的 USB 连接端口供用户串接设备。USB 设备提供具体功能,可分为低速设备(如键盘、鼠标等)、全速设备(如扫描仪等)、高速设备(如摄像头、移动硬盘等)。

USB 总线使用一组 4 根电缆作为物理介质。其中两根用于提供 USB 设备工作所需的电源和地,称为 VBUS 和 GND,供电电压 5V;另两根用于差分传输数据,称为差动数据信号线 D+ 和 D−。USB 协议规定,D+ 和 D− 两条信号线在根集线器或集线器端同时接上 15kΩ 的下拉电阻并连接至接地端。当设备未连接至根集线器,信号线因下拉电阻被视为接地,若有设备连接,则由于下拉电阻形成分压,数据信号线电位提升。

为了屏蔽 USB 传输过程中复杂的硬件结构,USB 采用逻辑层形式描述通信关系,并将 USB 通信中的两个实体命名为主机(host)和设备(device)。USB 数据的传输通过管道实现。USB 系统软件通过默认管道(与端点 0 相对应)操控设备,设备驱动程序通过其他管道来管理设备的功能接口,实现普通数据的交互。单次数据传输被称为事务,每个事务都是由包(bulk)组成。在 USB 总线上执行的事务处理,都是基于一系列的信息包的传输。

11.3.2　IEEE 1394 总线

IEEE 1394 是 Apple 公司在 1986 年开始组织开发的高速传输接口,并在 1995 年被制定为串行总线标准。IEEE 为其制定了三种不同的数据传输速率,分别是 100Mb/s、200Mb/s 和 400Mb/s。随着日益递增的高速数据传输需求,2001 年负责 IEEE 1394 标准化进程的团体发布了符合多媒体标准的改进版本 1394b。IEEE 1394b 在 IEEE 1394—1995 基础上对带宽、距离和传输效率等方面进行了改进。一般来说,IEEE 1394 总线具备如下特点。

(1) 接口兼容性好。IEEE 1394 总线使用通用 I/O 连接,整合了各种 PC 的连接方式,可兼容 SCSI 并口、RS232 标准串口、IEEE 1284 标准并口、Centronics 接口等。

(2) 安装使用方便。IEEE 1394 的连接电缆使用 6 条导线,其中 2 条为电源线,可向被连接的设备提供电源;其他 4 条分成两对双绞线,用来传输信号。同时支持热插拔与即插即用,无须设置设备 ID 号或终端负载。

(3) 数据传输速度快。IEEE 1394 标准定义了三种数据传输速率:98.304Mb/s、196.608Mb/s、392.216Mb/s。目前的 IEEE 1394b 标准可将速度提升到 800Mb/s、1.6Gb/s 甚至 3.2Gb/s。

(4) 支持点对点传输。IEEE 1394 接口设备对等,设备之间不分主从。无须计算机等核心设备的控制,任何两个支持 IEEE 1394 的设备可以用电缆直接连接起来即可以传输数据。

(5) 拓扑结构灵活可扩展。同一网络可同时采用树形和菊花链结构连接。利用"级联"方式,IEEE 1394 在一个端口上最多可以连接 63 个设备,设备间电缆最大长度为 4.5m,采用树形结构时可达 16 层,从主机到末端外设总长可达 72m。

IEEE 1394 总线支持两种传输类型:异步传输和等时传输。异步传输有读取、写入和锁定三种基本类型,每个异步总线事务都由请求子事务和响应子事务组成。请求子事务向响应节点传输地址和命令,响应子事务向请求节点返回对应的请求子事务的完成状态与数据。异步传输通过 64 位的唯一地址确定目的节点,这种传输不需要以固定的速率传输数据,因而不要求有稳定的总线带宽。等时传输采用一个 6 位的信道号码来确定一个或多个设备,发起等时传输的节点叫作交谈者(talker),接收等时传输数据的节点叫作收听者(listener)。在开始等时传输前,交谈者必须首先向等时资源管理器申请所需要的总线资源,一旦获得总线带宽,信道就会在每个固定的时间间隔内获得对应的时间。由于等时传输的事务中没有确认环节,因此比异步传输简单很多。

11.3.3　CAN 总线

CAN(Controller Area Net,控制器局部网)是一种支持分布式控制或实时控制的串行数据通信协议。CAN 总线最初是由 BOSCH 公司提出的,由于具有强有力的检错与抗干扰能力,在工业现场控制领域得到了广泛应用。1991 年 9 月,PHILIPS 制订并发布了 CAN 技术规范。此后,1993 年 11 月 ISO 正式颁布了 CAN 标准 ISO 11898,为 CAN 总线标准化、规范化的推广铺平了道路。

与一般通信总线相比,CAN 总线具有突出的可靠性、实时性和灵活性,其特点可以概括如下。

(1) 可在多主机方式下工作,网络上任意一个节点均可以在任意时刻主动地向网上其他节点发送信息,最先访问总线的单元可获得总线控制权,而不分主从,通信方式灵活。

(2) 总线节点可分成不同的优先级,以满足不同的实时要求,高优先级的数据最多可在 $134\mu s$ 内得到传输。采用非破坏性总线仲裁技术,大大降低了在网络负载很重的情况下系统瘫痪的可能性。

(3) 支持点对点、一点对多点及全局广播方式传送和接收数据,无须专门的调度。直接通信距离最远可达 10km(5kb/s),通信速率最高可达 1Mb/s。

(4) 采用短报文结构,传输时间短,受干扰概率低,重新发送时间短。通信介质可采用廉价双绞线,无特殊要求。用户接口简单,编程方便。

(5) 节点在错误严重的情况下,具有自动关闭总线的功能,切断它与总线的联系,使总线上其他操作不受影响。每帧信息都有 CRC 校验及其他检错措施,降低了数据出错率。

CAN 总线遵从 ISO/OSI 模型,以确保可以在任何两个 CAN 器件之间的通信兼容性。但 CAN 总线主要应用于工业控制底层网络,其信息传输量较小,实时性要求较高,因此一般将 CAN 通信协议划分为两层:物理层和数据链路层,应用层可以由用户自行定义。

1. 物理层

物理层协议为网络中的最底层协议,主要作用是在不同节点之间根据它们的电气属性进行每位的实际传输。物理层主要划分为三个部分:物理信令、物理媒体附属装置与媒体相关接口。

2. 数据链路层

数据链路层又可划分为逻辑链路控制(LLC)与媒体访问控制(MAC)两个部分。LLC 子层主要负责帧接收滤波、超载通告和恢复管理。MAC 子层主要负责报文分帧、仲裁、应答、错误检测和标定。

CAN 总线协议规定,报文传输过程中发出报文的单元称为发送器。在总线空闲或丢失总线仲裁之前,该单元始终为发送器。如果不是发送器,并且总线不处于空闲状态,则该单元为接收器。报文传输格式按功能分可以具体分为如下4种。

(1) 数据帧:携带数据从发送器至接收器。

(2) 远程帧:由总线单元发出,请求发送具有同一识别符的数据帧。

(3) 错误帧:报告检测到的总线错误。

(4) 过载帧:用以在先行的或后续的数据帧提供附加延时。

4种报文数据格式如图11.5所示。

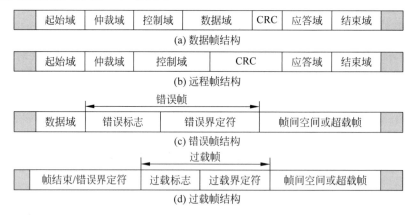

图11.5 IEEE 1394总线4种报文数据格式

由于CAN总线属于多主型总线,总线上任一节点都有可能作为主节点向总线发送报文,因此可能出现多个节点同时向总线发送报文的情况。在这种情况下,CAN总线采用类似以太网的CSMA/CA方法进行总线仲裁。各节点向总线发送显性电平作为帧的开始,在发送电平的同时,读取总线电平,并与自身发送的电平进行比较,如果电平相同继续发送下一位,不同则停止发送退出总线竞争。剩余的节点继续上述过程,直到总线上只剩下1个节点发送的电平,总线竞争结束,优先级最高的节点获得总线的控制权。基于这种优点,用户可以很容易地增加一个新的节点到一个已经存在的CAN总线网络中,而不用对已经存在的节点进行任何硬件或软件上的修改。

11.3.4 其他总线

1. SCSI总线

SCSI(Small Computer System Interface,小型计算机系统接口)用于计算机与磁盘机、扫描仪、通信设备和打印机等外部设备的连接。目前广泛用于微型计算机中主机与硬盘和光盘的连接,成为最重要、最有潜力的新总线标准。

SCSI是一种低成本、具有通用功能、用于计算机与外部设备并行传送的外总线,可以采用异步传送,当采用异步传送8位的数据时,传输速率可达1.5Mb/s。也可以采用同步传送,传输速率达5Mb/s。其下一代SCSI-2(fast SCSI)的传输速率为10Mb/s,Ultra SCSI传输速率为20Mb/s,Ultra-Wide SCSI(即数据为32位宽)传输速率高达40Mb/s。

SCSI的启动设备(命令别的设备操作的设备)和目标设备(接受请求操作的设备)通过高级命令进行通信,不涉及外设的物理层,如磁头、磁道、扇区等的物理参数,不管是与磁盘或光盘接口,都不必修改硬件和软件,所以是一种连接很方便的通用接口,也是一种智能接口。

当采用单端驱动器和单端接收器时，允许电缆长达 6m；若采用差动驱动器和差动接收器时，允许电缆可长达 25m。总线上最多可挂接 8 个总线设备（包括适配器和控制器），但在任何时刻只允许两个总线设备进行通信。

2. PCMCIA 总线

PCMCIA（个人计算机存储器卡国际协会）总线是笔记本计算机广泛采用的总线标准，按此标准制造的板卡称为 PCMCIA 卡（简称 PC 卡）。目前生产的 PCMCIA 卡有通用型卡、存储卡、FAX/Modem 卡、网络适配器卡、语音卡、多功能卡、硬驱卡等。

PCMCIA 总线分为两类：一类为 16 位的 PCMCIA；另一类为 32 位的 CardBus。CardBus 是一种用于笔记本计算机的新的高性能 PC 卡总线接口标准，就像广泛地应用在台式计算机中的 PCI 总线一样。该总线标准与原来的 PC 卡标准相比，具有以下优势。

（1）32 位数据传输和 33MHz 操作。如 CardBus 快速以太网 PC 卡的最大吞吐量接近 90Mb/s，而 16 位快速以太网 PC 卡仅能达到 20～30Mb/s。

（2）总线自主。使 PC 卡可以独立于主 CPU，与计算机内存间直接交换数据，这样 CPU 就可以处理其他任务。

（3）3.3V 供电，低功耗。提高了电池的寿命，降低了计算机内部的热扩散，增强了系统的可靠性。

（4）后向兼容 16 位的 PC 卡。老式以太网和 Modem 设备的 PC 卡仍然可以插在 CardBus 插槽上使用。

附录 A ASCII 编码表

行 \ 列	低 \ 高	0 000	1 001	2 010	3 011	4 100	5 101	6 110	7 111
0	0000	NUL	DLE	SP	0	@	P	、	p
1	0001	SOH	DC1	!	1	A	Q	a	q
2	0010	STX	DC2	"	2	B	R	b	r
3	0011	ETX	DC3	#	3	C	S	c	s
4	0100	EOT	DC4	$	4	D	T	d	t
5	0101	ENQ	NAK	%	5	E	U	e	u
6	0110	ACK	SYN	&	6	F	V	f	v
7	0111	BEL	ETB	'	7	G	W	g	w
8	1000	BS	CAN	(	8	H	X	h	x
9	1001	HT	EM	)	9	I	Y	i	y
A	1010	LF	SUB	*	:	J	Z	j	z
B	1011	VT	ESC	+	;	K	[	k	{
C	1100	FF	FS	,	<	L	\	l		
D	1101	CR	GS	—	=	M	]	m	}
E	1110	SO	RS	.	>	N	Ω	n	~
F	1111	SI	US	/	?	O	—	o	DEL

控制符号的定义

NUL	Null'	空白	DLE	Data line escape	转义
SOH	Start of heading	序始	DC1	Device control 1	机控 1
STX	Start of text	文始	DC2	Device control 2	机控 2
ETX	End of text	文终	DC3	Device control 3	机控 3
EOT	End of tape	送毕	DC4	Device control 4	机控 4
ENQ	Enquiry	询问	NAK	Negative acknowledge	未应答
ACK	Acknowledge	应答	SYN	Synchronize	同步
BEL	Bell	响铃	ETB	End of transmitted block	组终
BS	Backspace	退格	CAN	Cancel	作废
HT	Horizontal tab	横表	EM	End of medium	载终
LF	Line feed	换行	SUB	Substitute	取代
VT	Vertical tab	纵表	ESC	Escape	换码
FF	Form feed	换页	FS	File separator	文件隔离符
CR	Carriage return	回车	GS	Group separator	组隔离符
SO	Shift out	移出	RS	Record separator	记录隔离符
SI	Shift in	移入	US	Unit separator	单元隔离符
SP	Space	空格	DEL	Delete	删除

附录 B   DOS 功能调用表

AH	功　能	调 用 参 数	返 回 参 数
00	程序终止(同 INT 20H)	CS＝程序段前缀	
01	键盘输入并回显		AL＝输入字符
02	显示输出	DL＝输出字符	
03	异步通信输入		AL＝输入数据
04	异步通信输出	DL＝输出数据	
05	打印机输出	DL＝输出字符	
06	直接控制台 I/O	DL＝FF(输入)	AL＝输入字符
		DL＝字符(输出)	
07	键盘输入(无回显)		AL＝输入字符
08	键盘输入(无回显)		AL＝输入字符
	检测 Ctrl-Break		
09	显示字符串	DS:DX＝串地址	
		'＄'结束字符串	
0A	键盘输入到缓冲区	DS:DX＝缓冲区首地址	
		(DS:DX)＝缓冲区最大字符数	(DS:DX＋1)＝实际输入的字符数
0B	检验键盘状态		AL＝00 有输入
			AL＝FF 无输入
0C	清除输入缓冲区并请求指定的输入功能	AL＝输入功能号(1,6,7,8,A)	
0D	磁盘复位		清除文件缓冲区
0E	指定当前缺省的磁盘驱动器	DL＝驱动器号 0＝A,1＝B,…	AL＝驱动器数
0F	打开文件	DS:DX＝FCB首地址	AL＝00 文件找到
			AL＝FF 文件未找到
10	关闭文件	DS:DX＝FCB首地址	AL＝00 目录修改成功
			AL＝FF 目录中未找到文件
11	查找第一个目录项	DS:DX＝FCB首地址	AL＝00 找到
			AL＝FF 未找到
12	查找下一个目录项	DS:DX＝FCB首地址 (文件名中带 * 或?)	AL＝00 找到 AL＝FF 未找到
13	删除文件	DS:DX＝FCB首地址	AL＝00 删除成功
			AL＝FF 未找到
14	顺序读	DS:DX＝FCB首地址	AL＝00 读成功 ＝01 文件结束,记录中无数据

AH	功　　能	调 用 参 数	返 回 参 数
			＝02 DTA 空间不够
			＝03 文件结束,记录不完整
15	顺序写	DS:DX＝FCB 首地址	AL＝00 写成功
			＝01 盘清
			＝02 DTA 空间不够
16	建文件	DS:DX＝FCB 首地址	AL＝00 建立成功
			＝FF 无磁盘空间
17	文件改名	DS:DX＝FCB 首地址	AL＝00 成功
		(DS:DX＋1)＝旧文件名	＝FF 未成功
		(DS:DX＋17)＝新文件名	
19	取当前缺省 磁盘驱动器		AL＝默认的驱动器号 0＝A,1＝B,2＝C,…
1A	置 DTA 地址	DS:DX＝DTA 地址	
1B	取缺省驱动器 FAT 信息		AL＝每簇的扇区数 DS:BX＝FTA 标识字节 CX＝物理扇区的大小 DX＝默认驱动器的簇数
1C	取任一驱动器 FAT 信息	DL＝驱动器号	同上
21	随机读	DS:DX＝FCB 首地址	AL＝00 读成功 ＝01 文件结束 ＝02 缓冲区溢出 ＝03 缓冲区不满
22	随机写	DS:DX＝FCB 首地址	AL＝00 写成功 ＝01 盘满 ＝02 缓冲区溢出
23	测定文件大小	DS:DX＝FCB 首地址	AL＝00 成功 文件长度填入 FCB AL＝FF 未找到
24	设置随机记录号	DS:DX＝FCB 首地址	
25	设置中断向量	DS:DX＝中断向量 AL＝中断类型号	
26	建立程序段前缀	DX＝新的程序段的段前缀	
27	随机分块读	DS:DX＝FCB 首地址 CX＝记录数	AL＝00 读成功 ＝01 文件结束 ＝02 缓冲区太小,传输结束 ＝03 缓冲区不满 CX＝读取的记录数
28	随机分块写	DS:DX＝FCB 首地址 CX＝记录数	AL＝00 写成功 AL＝01 盘满 ＝02 缓冲区溢出
29	分析文件名	ES:DI＝FCB 首地址	AL＝00 标准文件

AH	功　　能	调　用　参　数	返　回　参　数
		DS:SI=ASCIIZ 串	=01 多义文件
		AL=控制分析标志	=FF 非法盘符
2A	取日期		CX=年
			DH:DL=月:日(二进制)
2B	设置日期	CX:DH:DL=年:月:日	AL=00 成功
			=FF 无效
2C	取时间		CH:CL=时:分
			DH:DL=秒:1/100 秒
2D	设置时间	CH:CL=时:分	AL=00 成功
		DH:DL=秒:1/100 秒	AL=FF 无效
2E	置磁盘自动	AL=00 关闭标志	
	读写标志	AL=01 打开标志	
2F	取磁盘缓冲区的首址		ES:BX=缓冲区首址
30	取 DOS 版本号		AH=发行号,AL=版号
31	结束并驻留	AL=返回码	
		DX=驻留区大小	
33	Ctrl-Break 检测	AL=00 取状态	DL=00 关闭 Ctrl-Break 检测
		AL=01 置状态(DL)	=01 打开 Ctrl-Break 检测
		DL=00 关闭检测	
		=01 打开检测	
35	取中断向量	AL=中断类型	ES:BX=中断向量
36	取空间磁盘空间	DL=驱动器号	成功:AX=每簇扇区数
		0=默认,1=A,2=B…	BX=有效簇数
			CX=每扇区字节数
			DX=总簇数
			失败:AX=FFFF
38	置/取国家信息	DS:DX=信息区首地址	BX=国家码(国际电话前缀码)
			AX=错误码
39	建立子目录(MKDIR)	DS:DX=ASCIIZ 串地址	AX=错误码
3A	删除子目录(RMDIR)	DS:DX=ASCIIZ 串地址	AX=错误码
3B	改变当前目录(CHDIR)	DS:DX=ASCIIZ 串地址	AX=错误码
3C	建立文件	DS:DX=ASCIIZ 串地址	成功:AX=文件代号
		CX=文件属性	失败:AX=错误码
3D	打开文件	DS:DX=ASCIIZ 串地址	成功:AX=文件代号
		AL=0 读	失败:AX=错误码
		=1 写	
		=2 读/写	
3E	关闭文件	BX=文件号	失败:AX=错误码
3F	读文件或设备	DS:DX=数据缓冲区地址	读成功:
		BX=文件代号	AX=实际读入的字节数
		CX=读取的字节数	AX=0 已到文件尾
			读出错:AX=错误码

244

AH	功　　　能	调 用 参 数	返 回 参 数
40	写文件或设备	DS:DX＝数据缓冲区地址 BX＝文件代号 CX＝写入的字节数	写成功： AX＝实际写入的字节数 写出错：AX＝错误码
41	删除文件	DS:DX＝ASCIIZ 串地址	成功：AX＝00 出错：AX＝错误码(2,5)
42	移动文件指针	BX＝文件代号 CX:DX＝位移量 AL＝移动方式(0,1,2)	成功：DX:AX＝新指针位置 出错：AX＝错误码
43	置/取文件属性	DS:DX＝ASCIIZ 串地址 AL＝0 取文件属性 AL＝1 置文件属性 CX＝文件属性	成功：CX＝文件属性 失败：AX＝错误码
44	设备文件 I/O 控制	BX＝文件代号 AL＝0 取状态 AL＝1 置状态 DX AL＝2 读数据 AL＝3 写数据 AL＝6 取输入状态 AL＝7 取输出状态	DX＝设备信息
45	复制文件代号	BX＝文件代号 1	成功：AX＝文件代号 2 失败：AX＝错误码
46	人工复制文件代号	BX＝文件代号 1 CX＝文件代号 2	失败：AX＝错误码
47	取当前目录路径名	DL＝驱动器号 DS:SI＝ASCIIZ 串地址	(DS:SI)＝ASCIIZ 串 失败：AX＝错误码
48	分配内存空间	BX＝申请内存容量	成功：AX＝分配内存首址 失败：BX＝最大可用空间
49	释放内存空间	ES＝内存起始段地址	失败：AX＝错误码
4A	调整已分配的存储块	ES＝原内存起始地址 BX＝再申请的容量	失败：BX＝最大可用空间 　　　AX＝错误码
4B	装配/执行程序	DS:DX＝ASCIIZ 串地址 ES:BX＝参数区首地址 AL＝0 装入执行 AL＝3 装入不执行	失败：AX＝错误码
4C	带返回码结束	AL＝返回码	
4D	取返回代码		AX＝返回代码
4E	查找第一个 匹配文件	DS:DX＝ASCIIZ 串地址 CX＝属性	AX＝出错代码(02,18)
4F	查找下一个 匹配文件	DS:DX＝ASCIIZ 串地址 (文件名中带? 或 *)	AX＝出错代码(18)
54	取盘自动读写标志		AL＝当前标志值
56	文件改名	DS:DX＝ASCIIZ 串(旧)	AX＝出错码(03,05,17)

AH	功　　能	调　用　参　数	返　回　参　数
57	置/取文件日期和时间	ES:DI＝ASCIIZ 串(新) BX＝文件代号 AL＝0 读取 AL＝1 设置(DX:CX)	DX:CX＝日期和时间 失败：AX＝错误码
58	取/置分配策略码	AL＝0 取码 AL＝1 置码(BX) BX＝策略码	成功：AX＝策略码 失败：AX＝错误码
59	取扩充错误码		AX＝扩充错误码 BH＝错误类型 BL＝建议的操作 CH＝错误场所
5A	建立临时文件	CX＝文件属性 DS:DX＝ASCIIZ 串地址	成功：AX＝文件代号 失败：AX＝错误码
5B	建立新文件	CX＝文件属性 DS:DX＝ASCIIZ 串地址	成功：AX＝文件代号 失败：AX＝错误码
5C	控制文件存取	AL＝00 封锁 AL＝01 开启 BX＝文件代号 CX:DX＝文件位移 SI:DI＝文件长度	失败：AX＝错误码
62	取程序段前缀地址		BX＝PSP 地址

附
录
B

DOS 功能调用表

附录 C BIOS 中断简要列表

中　断	功 能 简 介
INT 10H	屏幕显示(共 16 个功能) 0 置显示模式 1 设置光标大小 2 置光标位置 3 读光标位置 5 置当前显示页 6 上滚当前页 7 下滚当前页 8 读当前光标位置处的字符及属性 9 写字符及属性到当前光标位置处 10 写字符到当前光标位置处 11 置彩色调色板 12 在屏幕上画一个点 13 读点 14 写字符到当前光标位置处,且光标前进一格 15 读当前显示状态 19 写字符串
INT 13H	磁盘输入输出(共 6 个功能) 0 磁盘复位 1 读磁盘状态 2 读指定扇区 3 写指定扇区 4 检查指定扇区 5 对指定磁道格式化
INT 14H	异步通信口输入输出(共 4 个功能) 0 初始化 1 发送字符 2 接收字符 3 读通信口状态
INT 16H	键盘输入(共 3 个功能) 0 读键盘 1 判别有无按键 2 读特殊键标志

中　　断	功 能 简 介
INT 17H	打印机输出(共 3 个功能) 0 读状态 1 初始化 2 打印字符
INT 1AH	读写时钟参数(共 8 个功能) 0 读当前时钟 1 设置时钟 2 读实时钟 3 设置实时钟 4 读日期 5 设置日期 6 设置闹钟 7 复位闹钟

参 考 文 献

［1］ 戴梅萼,史嘉权.微型计算机技术及应用［M］.4版.北京:清华大学出版社,2008.

［2］ 孙力娟,李爱群,陈燕俐,等.微型计算机原理与接口技术［M］.2版.北京:清华大学出版社,2013.

［3］ 史新福,冯萍.32位微型计算机原理、接口技术及其应用［M］.2版.北京:清华大学出版社,2007.

［4］ 孙德文.微型计算机及接口技术［M］.北京:经济科学出版社,2007.

［5］ 冯博琴,吴宇.微型计算机原理与接口技术［M］.北京:清华大学出版社,2011.

［6］ 胡钢,王萍,张慰兮.微机原理及应用［M］.2版.北京:机械工业出版社,2005.

［7］ 王萍,周根元,李云.微机原理应用实践［M］.2版.北京:机械工业出版社,2005.

［8］ 杨有君.微型计算机原理及应用［M］.北京:机械工业出版社,2005.

［9］ 周明德.微机原理与接口技术［M］.北京:人民邮电出版社,2002.

［10］ 吴秀清,周荷琴.微型计算机原理与接口技术［M］.2版.合肥:中国科技大学出版社,2001.

［11］ 钱晓捷,陈涛.16/32位微机原理、汇编语言及接口技术［M］.北京:机械工业出版社,2001.

［12］ 王元珍.IBM-PC宏汇编语言程序设计［M］.2版.武汉:华中理工大学出版社,1996.

［13］ 李继灿.微机原理与接口技术［M］.北京:清华大学出版社,2011.

［14］ 余春暄.80x86/Pentium微机原理与接口技术［M］.2版.北京:机械工业出版社,2014.

［15］ 黄国睿,张平,魏广博.多核处理器的关键技术及其发展趋势［J］.计算机工程设计,2009,30(10),2414-2418.

［16］ 牟琦.微机原理与接口技术［M］.3版.北京:清华大学出版社,2018.

［17］ 王克义.微机原理［M］.北京:清华大学出版社,2014.

［18］ 胡伟武,汪文祥,苏孟豪,等.计算机体系结构基础［M］.3版.北京:机械工业出版社,2021.

图书资源支持

感谢您一直以来对清华版图书的支持和爱护。为了配合本书的使用,本书提供配套的资源,有需求的读者请扫描下方的"书圈"微信公众号二维码,在图书专区下载,也可以拨打电话或发送电子邮件咨询。

如果您在使用本书的过程中遇到了什么问题,或者有相关图书出版计划,也请您发邮件告诉我们,以便我们更好地为您服务。

我们的联系方式:

地　　址：北京市海淀区双清路学研大厦 A 座 714

邮　　编：100084

电　　话：010-83470236　010-83470237

客服邮箱：2301891038@qq.com

QQ：2301891038（请写明您的单位和姓名）

资源下载：关注公众号"书圈"下载配套资源。

资源下载、样书申请

书 圈

图书案例

清华计算机学堂

观看课程直播